高等学校大数据工程技术专业创新与实践系列教材

Spark

应用开发技术项目教程（Scala版）

主　编　李　静　赵　庆
副主编　曾凡晋
参　编　柴旭光　王　浩

清華大學出版社
北京

内容简介

本书是一本针对 Spark 大数据分析平台的应用开发实践指南，旨在为读者提供一套完整的学习和实战路径，从而深入理解和掌握 Spark 的各个核心模块及其在实际项目中的应用。本书通过详细的项目导向学习方式，结合实际任务和案例分析，引导读者逐步掌握 Spark 应用开发的技术细节。

本书共 8 个项目，涵盖 Spark 的各个重要组件，包括认识 Spark、Scala 语法应用、Spark Core 数据分析、Spark SQL 结构化数据处理、Spark 流式数据处理、Spark 结构化流式处理、Spark 机器学习应用、社交软件运营数据分析，逐步提升读者的技术水平和应用能力。每个项目由多个任务组成，通过任务提出、任务分析、知识准备、任务实现、任务总结、巩固练习和任务拓展的模块化结构，帮助读者系统化地掌握 Spark 应用开发的技术框架和核心概念。

本书适合作为高等学校本科数据科学与大数据技术专业教材，也适合作为高职本科、高职专科相关课程教材，还可以作为 Spark 开发初学者和中级开发人员的参考用书，帮助读者快速掌握 Spark 编程技术，提升在大数据分析和机器学习领域的实际能力。

图书在版编目（CIP）数据

Spark 应用开发技术项目教程：Scala 版 / 李静，赵庆主编. -- 北京：清华大学出版社，2025.9.
（高等学校大数据工程技术专业创新与实践系列教材）. -- ISBN 978-7-302-69811-1

Ⅰ. TP274

中国国家版本馆 CIP 数据核字第 2025GD7459 号

责任编辑：苏东方
封面设计：杨玉兰
责任校对：刘惠林
责任印制：刘　菲

出版发行：清华大学出版社
网　　址：https://www.tup.com.cn，https://www.wqxuetang.com
地　　址：北京清华大学学研大厦 A 座　　邮　编：100084
社 总 机：010-83470000　　邮　购：010-62786544
投稿与读者服务：010-62776969，c-service@tup.tsinghua.edu.cn
质量反馈：010-62772015，zhiliang@tup.tsinghua.edu.cn
课件下载：https://www.tup.com.cn，010-83470236
印 装 者：三河市君旺印务有限公司
经　　销：全国新华书店
开　　本：185mm×260mm　　印　张：18.25　　字　数：438 千字
版　　次：2025 年 10 月第 1 版　　印　次：2025 年 10 月第 1 次印刷
定　　价：59.00 元

产品编号：106490-01

高等学校大数据工程技术专业创新与实践系列教材

编写委员会

主　任：张小志、冯　磊

委　员：（按姓名拼音排序）

柴旭光、陈　军、陈永波（企业）、丁　莉、董　永、段雪丽、
房丽宁、冯笑雪、高　欢、高娟娟、郭小静、何南思、贺　静、
侯宇坤（企业）、胡启林、霍艳玲、李　静、李洪燕、李荣贵（企业）、
李小芳、李园园、李战军、刘　冬、刘绍廷、刘　霞、刘　鑫、
刘军旗、路俊维、骆　磊、马建珣、梅成芳、苗　瑞、慕　广、
钱孟杰、宋亚青、陶　智、佟　欢、汪　韵、王冬梅、王　刚、
王　浩、王晓晓、王　谊、王玉龙、吴超楠、吴庆双、徐振立、
杨　平、殷华英、游大海（企业）、于琦龙、于兴隆、袁　媛、
曾凡晋、张　静、张　莉、张宏伟、张火林、张清涛、
张耀强（企业）、张占昭、赵　庆、赵美枝、祝志奇、邹　君

专家委员会

主　任：王学东、刘少坤、田　鹏（企业）

副主任：王学军、甄立常、易海胜、郭田奇（企业）

委　员：（按姓名拼音排序）

陈　贺（企业）、高秀艳、贾　鑫、靳学昕（企业）、李　超、
梁伟豪、马国峰、马永斌、齐运瑞、孙　瑞、田敬军、魏仟仟（企业）、
严正香、杨　涛、杨　阳、杨玉坤、虞　沧、张鹏飞、张瑞君、
赵丙辰、郑阳平、朱慧泉

随着大数据时代的到来,数据处理和分析的需求日益增加,尤其是在分布式计算领域,Apache Spark 作为一个高效、灵活的开源框架,已经成为大数据应用开发的主流工具之一。无论是批量数据处理、实时流数据分析,还是机器学习算法的应用,Spark 都提供了强大的支持。

本书详细介绍了 Spark 3 版本的各个核心组件,涵盖从环境搭建到实际应用开发的整个过程,不仅探讨 Spark Core、Spark SQL、Spark Streaming、Structured Streaming 和 Spark MLlib 等重要模块的基本概念与实现方法,还通过一系列具体项目和任务,帮助读者在实践中逐步深入理解这些技术,掌握如何高效地开发、优化和调试 Spark 应用。

本书特色

本书作为职业本科大数据工程技术专业的系列教材之一,以职业本科学生编程能力培养需求为导向,采用任务引领的教学模式,结合"世界职业院校技能大赛(大数据应用开发赛项)"涵盖的技术框架,通过一系列精心设计的项目任务,引导学生逐步掌握 Spark 编程的基本知识和技能。每个任务均包括以下几部分。

- 任务提出:明确任务的背景和目标,让读者清楚学习的方向。
- 任务分析:分析任务的具体需求,帮助读者理解任务的实现过程。
- 知识准备:在实现任务之前,介绍完成任务所需的 Spark 核心技术,为读者打下扎实的理论基础。
- 任务实现:通过详细的步骤和代码示例,帮助读者实现项目任务。
- 任务总结:总结任务中的关键知识点,帮助读者回顾和巩固学习成果。
- 巩固练习:提供相关练习题,帮助读者巩固本章所学内容。
- 任务拓展:通过拓展内容,引导读者深入思考,进一步提升解决问题的能力。

通过这样的任务拆解,读者不仅能够掌握 Spark 的基本操作和用法,还能通过多角度的分析和实践,深入理解其底层原理和优化技巧,最终能够独立设计和开发 Spark 应用程序。本书通过多维度方式培养学生社会责任感与思想政治素质,紧紧围绕坚定学生理想信念,以爱党、爱国、爱社会主义、爱人民、爱集体为主线,围绕政治认同、家国情怀、文化素养、宪法法治意识、道德修养等重点优化课程思政内容供给,注重强化学生工程伦理教育,培养学生精益求精的大国工匠精神,激发学生科技报国的家国情怀和使命担当。

本书内容

项目 1 为认识 Spark,通过"搭建 Spark 环境""Spark 程序运行"2 个任务介绍 Spark 的运行模式和集群搭建,并理解 Spark 程序的运行流程,确保读者能够在自己的开发环境中顺利启动和运行 Spark 应用。

项目 2 为 Scala 语法应用,通过"安装 Scala""管理购物清单""分析图书馆借阅记录"3 个任务介绍 Scala 基本语法、集合、函数等 Scala 编程基础。

项目 3 为 Spark Core 数据分析。以零售电商销售数据为背景,通过"单词计数""统计交易额""商品交易量分析""分区保存销售数据"4 个任务学习 RDD 的概念、创建、常用操作、输出及分区保存等。

项目 4 为 Spark SQL 结构化数据处理。使用电影评论数据,通过"导入电影评分数据""分析电影评分数据""保存分析结果到 MySQL""保存分析结果到 Hive 表"4 个任务学习 DataFrame 对象的创建、输出、查询、Spark SQL 常见内置函数、Spark SQL 与 MySQL 的交互、Spark SQL 与 Hive 的交互等内容。

项目 5 为 Spark 流式数据处理。以处理实时订单数据为背景,通过"实时订单采集""实时订单金额分析""消费 Kafka 订单数据"3 个任务学习 DStream 的概念、创建、操作、窗口的概念、Spark Streaming 与 Spark SQL 的联合使用、Spark Streaming 与 Kafka 的组合使用等内容。

项目 6 为 Spark 结构化流式处理。通过"实时温度检测""公共交通实时监控"2 个任务学习 Structured Streaming 编程模型、基于 Datasets 和 DataFrame 的操作、水印、时间窗口、触发器等内容。

项目 7 为 Spark 机器学习应用。通过挖掘电商数据,完成"产品表特征值处理""产品类别预测""电商推荐系统实现"3 个任务,系统学习机器学习中的特征工程、分类和回归算法、聚类算法、推荐算法、模型评估等内容。

项目 8 为社交软件运营数据分析。该项目使用新道公司提供的真实企业案例及数据,对社交媒体运营数据进行时间、用户、地域、设备等多角度进行分析,并通过对用户聚类进行数据挖掘。通过该项目实战,读者将全面应用所学知识,解决实际问题,并通过项目任务的拆解,提升项目开发能力。

适用读者

本书可作为高等学校本科数据科学与大数据技术专业 Spark 程序设计课程的教材,也可以作为高职本科、高职专科相关课程教材,还可以作为 Spark 编程爱好者的参考用书。

为方便学习使用,本书配套丰富的教学资源,包括微课视频、课件、课程标准、教案、教学日历、实训任务、题库、任务案例代码等。另外,本书在智慧职教平台已经上线配套的在线开放课程"Spark 应用开发技术",支持实施翻转课堂教学和线上线下混合式教学。

本书配套资源中的任务、案例、编程题、拓展训练源代码都通过测试,所有源代码都是在 Windows 11 64 位操作系统中编写,所使用的集成开发环境为 IDEA Community 2022.3.3。由于开发工具版本更新速度较快,本书未能采用最新版本的开发工具。

由于大数据领域的技术更新速度快,同时限于编者能力水平,书中难免有疏忽、遗漏和错误,恳请广大读者提出宝贵意见和建议,以便今后改进。

全书由河北科技工程职业技术大学李静、赵庆任主编并负责统稿,由河北石油职业技术大学王学军负责审稿。本书的项目 3、项目 4、项目 6 由李静编写,项目 2、项目 7 由赵庆编写,项目 1、项目 8 由曾凡晋编写,项目 5 由柴旭光、王浩编写。本书在任务、案例的设计上得到了新道科技股份有限公司李荣贵、侯宇坤、游大海等多位工程师以及新华三技术有限公司陈永波的帮助,在此表示衷心感谢。

编　者

2025 年 7 月

目　录

项目 1　认识 Spark

项目 2 Scala 语法应用

项目 3　Spark Core 数据分析

项目 4 Spark SQL 结构化数据处理

项目 5 Spark 流式数据处理

项目 6　Spark 结构化流式处理

项目 7　Spark 机器学习应用

项目 8　社交软件运营数据分析

项目 1

认识 Spark

Apache Spark 是一种用 Scala 编写的快速的、通用的、可扩展的大数据分析引擎。它于 2009 年诞生于加州大学伯克利分校的 AMPLab,2010 年开源,2013 年 6 月成为 Apache 孵化项目,2014 年 2 月成为 Apache 顶级项目。

目前,Spark 生态系统已发展为一个包含多个子项目的集合,包括 Spark SQL、Spark Streaming、GraphX、MLlib 和 SparkR 等。Spark 是一个基于内存计算的大数据并行计算框架,它不仅扩展了广泛使用的 MapReduce 计算模型,还高效地支持多种计算模式,包括交互式查询和流处理。Spark 适用于各种原本需要多种不同分布式平台的场景,例如批处理、迭代算法、交互式查询和流处理,通过在一个统一的框架下支持这些不同的计算,Spark 整合各种处理流程,使其变得简单且高效,从而大大减轻了管理多种平台的负担。

本项目将通过完成两个具体任务,系统学习 Spark 环境的安装与配置,以及如何使用 Spark 自带的 jar 包运行程序完成计算。

【学习目标】

知识目标

1. 理解 Spark 的基本概念。
2. 掌握 Spark 的架构和组件。
3. 了解 Spark 的数据流和事件的概念。
4. 了解 Spark 的特性和优势。

能力目标

1. 能够独立安装 Spark。
2. 能够独立配置 Spark 的三种环境。
3. 能够掌握 Spark 作业运行流程。
4. 能够掌握 Spark 数据处理与分析功能。

素质目标

1. 培养学生在团队中分工协作的能力。
2. 引导学生关注数据隐私、数据安全等问题,培养数据伦理敏感度。
3. 培养学生的国际视野和开放心态,增强全球化技术背景下的竞争力和合作能力。

【建议学时】

4 学时。

任务 1　搭建 Spark 环境

【任务提出】

由于数据量激增,企业和组织需要处理海量数据,传统的数据处理方式已经不再适用,因此需要一个能够高效处理大规模数据集的工具。Apache Spark 是一个开源的大数据处理框架,它能够处理结构化数据、半结构化数据以及非结构化数据。它具有分布式计算能力,可以快速处理和分析数据,从而帮助企业做出数据驱动的决策。

Spark 得到了众多大数据公司的支持,包括 Hortonworks、IBM、Intel、Cloudera、MapR、Pivotal、百度、阿里巴巴、腾讯、京东、携程等。当前百度已将 Spark 应用于凤巢、大搜索、直达号、百度大数据等业务。阿里巴巴利用 GraphX 构建了大规模的图计算和图挖掘系统,实现了很多生产系统的推荐算法。腾讯的 Spark 集群规模达到 8000 台,是当前已知的世界上最大的 Spark 集群。

本任务需要掌握 Spark 单机版、Spark 伪分布式和 Spark 完全分布式三种环境的搭建方法。

【任务分析】

本任务需要安装 Spark 环境,具体的任务实施分析如下。

1. 下载并解压 Spark。
2. 修改 Spark 配置文件。
3. 测试 Spark 安装是否成功。

【知识准备】

视频讲解

1.1　认识 Spark

Spark 是一种基于内存的快速的、通用的、可扩展的大数据分析计算引擎,它继承了 MapReduce 分布式计算的优点并改进了其计算时延迟过高、无法实时且快速计算等明显缺陷。

Spark 具有以下关键特性和功能。

(1) 运行速度快。使用 Spark 和 MapReduce 运行多次迭代的逻辑回归算法,前者的运行速度是后者的 100 多倍,在磁盘上的运行速度是后者的 10 多倍。其原因在于 Spark 的中间数据存放于内存中,有更高的迭代运算效率,而 MapReduce 的数据存放于 HDFS 上,涉及硬盘的读写,运行效率相对较低。

（2）易用。Spark 支持 Java、Python 和 Scala 的 API，并支持超过 80 种高级算法，使用户可以快速构建不同的应用。Spark 还支持交互式的 Python 和 Scala Shell，可以非常方便地在 Shell 中使用 Spark 集群来验证解决问题的方法。

（3）通用。Spark 可以用于批处理、交互式查询（Spark SQL）、实时流处理（Spark Streaming）、机器学习（Spark MLlib）和图计算（GraphX）等。这些不同类型的处理都可以在同一个应用中无缝使用。Spark 统一的解决方案非常具有吸引力，可以帮助企业减少开发及维护的人力成本和部署平台的物力成本。

（4）兼容性。Spark 可以非常方便地与其他的开源产品进行融合。例如，Spark 可以使用 Hadoop 的 YARN 和 Apache Mesos 作为它的资源管理和调度器，并且可以处理所有 Hadoop 支持的数据，包括 HDFS、HBase 和 Cassandra 等，这对于已经部署 Hadoop 集群的用户特别重要，因为不需要做任何数据迁移就可以使用 Spark 的强大处理能力。Spark 也可以不依赖于第三方的资源管理和调度器，它使用 Standalone 作为其内置的资源管理和调度框架，因此进一步降低了 Spark 的使用门槛，可以非常容易地部署和使用 Spark。此外，Spark 还提供了在 EC2 上部署 Standalone 的 Spark 集群的工具。

1.1.1　Spark 内置模块

Apache Spark 提供了一些强大的内置模块，每个模块都有其特定的用途和功能，能够满足不同类型的数据处理需求，如图 1.1 所示。

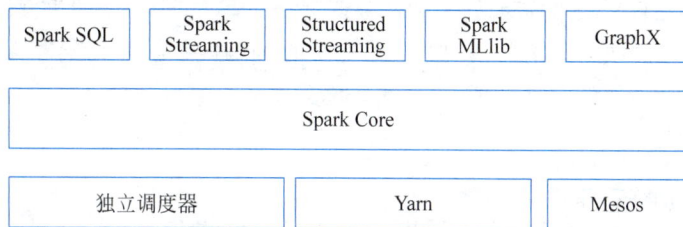

图 1.1　Spark 的内置模块

下面介绍 Spark 各模块的功能及特性。

（1）Spark Core 是 Spark 的基础模块，负责基本的功能，例如任务调度、内存管理、容错和 I/O 等，所有其他模块都是构建在 Spark Core 之上的。RDD（Resilient Distributed Datasets，弹性分布式数据集）是 Spark Core 的核心抽象，它是一个可进行并行操作的分布式对象集合，提供了容错机制，在节点出现故障时可以重新计算丢失的数据。Spark Core 提供了与 Spark SQL 的集成，支持 DataFrame 和 DataSet API，以便进行结构化数据处理。

（2）Spark SQL，用于处理结构化数据和进行 SQL 查询。Spark SQL 提供了类似于传统数据库的查询功能，同时支持复杂的查询操作。它允许用户通过 SQL 语言查询数据，也可以使用 DataFrame 和 Dataset API 进行编程。Spark SQL 支持 Hive 查询，同时支持读取和写入多种数据格式，如 JSON、Parquet、Avro 等，可以访问多种数据源。Spark SQL 内置 Catalyst 优化器可以对 SQL 查询进行优化，大大提高了执行效率。

（3）Spark Streaming 和 Structured Streaming，用于实时数据流处理。Spark Streaming 将实时数据流分成小批次，然后使用 Spark 的批处理能力进行处理，支持低延迟的数据流处理。采用的是基于 DataFrame 和 Dataset 的连续处理模型,它提供了更高级的 API,开发者可以更简单地定义复杂的数据流处理逻辑。二者支持从多种数据源获取数据,如 Kafka、Flume、HDFS 等。Structured Streaming 提供了对实时数据的批处理和窗口操作功能,也可以与 Spark SQL 集成,对数据流进行复杂查询。

(4) Spark MLlib 是 Spark 的机器学习库,提供了各种机器学习算法和工具,包括分类、回归、聚类、协同过滤、降维等。该模块提供了常用的机器学习算法和工具,如线性回归、决策树、支持向量机、K-Means 等,支持对模型的评估和参数调整。它与 DataFrame API 集成,方便用户进行数据预处理和完成特征工程的处理。

(5) GraphX,用于图计算和图分析,可以处理和分析大规模的图数据,如社交网络图、知识图谱等。该模块提供了图计算的基本操作,如图的创建、变换和操作,支持多种图算法,如 PageRank、连通组件、三角形计数等。

(6) 独立调度器是 Spark 自带的调度和资源管理系统。它是一个简单、内置的集群管理器,可以独立运行而不依赖于其他资源管理工具,如 YARN 或 Mesos。该调度器提供了一种轻量级的解决方案,配置和管理相对简单,可以根据任务需求动态调整资源,适用于 Spark 集群的基本需求。

Spark 各模块之间可以无缝集成,通过共享和传递数据,使得 Spark 能够处理从批数据到流数据、从数据分析到机器学习的各种数据处理任务。Spark Streaming 可以通过 Spark SQL 进行实时数据分析,Spark MLlib 可以使用 Spark SQL 处理的数据进行机器学习,所有组件都依赖 Spark Core 的资源管理和任务调度功能,Spark Core 的集群管理器则负责分配资源并协调任务的执行。这些模块组成了完整的 Spark 生态圈,综合了多种工具和功能,提供了一个统一且高效的数据处理平台,这些优势使 Spark 成为处理大数据、实时分析和机器学习任务的强大工具。

1.1.2　Spark 运行模式

Spark 支持多种运行模式以满足不同的应用场景和需求,以下是几种模式的联系和区别。

(1) 本地(Local)模式。在这种模式下,Spark 程序在单个机器上运行,所有的计算和存储都发生在本地机器上。这种模式易于设置和使用,调试和开发效率高,资源消耗低,但不适合大规模数据处理,无法模拟分布式计算环境中的实际情况,缺乏集群特性。

(2) 独立(Standalone)模式。这种模式是 Spark 自带的任务调度模式,它运行在 Spark 集群上,不依赖于外部资源管理器,需要配置 Spark 的 Master 和 Worker 节点,易于部署和管理,适合开发和测试的环境,但缺乏高级的资源调度和管理功能。

(3) Spark-on-Yarn 模式。在这种模式下,Spark 使用 Hadoop 的 Yarn 组件进行资源与任务调度,与现有的 Hadoop 生态系统集成,Yarn 为 Spark 程序提供了强大的资源管理和任务调度能力,适用于大规模数据处理。

(4) Mesos 模式。Spark 使用 Mesos 平台进行资源与任务的调度,支持资源共享和多租户,灵活性高,适合复杂的集群管理需求。

不同模式的选择取决于现有的基础设施和管理需求。

1.2　Spark 安装

Spark 安装分为单机模式、伪分布模式、完全分布式模式三种。

单机模式指所有的 Spark 进程都在同一台机器上完成,主要用于开发和测试,安装和配置简单,无须配置网络和集群,方便在开发过程中进行快速测试和调试。在进行程序计算时,这种模式使用的是本地资源,需要在运算时指定 master 为"local",不适合生产环境中的大规模数据处理。

伪分布模式下,所有的 Spark 进程,如 Master 和 Worker 都运行在同一台机器下,但是以分布式模式启动。它用于测试和小规模的实验场景,可以模拟分布式环境,因此称为伪分布模式。这种模式比单机模式更接近真实的集群环境,有助于开发人员进行更真实的测试,部署相对简单,不需要多个物理节点。其缺点在于,虽然模拟了分布式环境,但实际资源仍然受限于单台机器的性能,不适合处理大规模数据或实际生产工作负载。

完全分布式模式下,集群由多台机器组成,包括一个 Master 节点和多个 Worker 节点,利用集群的计算、存储和网络资源,支持大规模的分布式计算。在部署时,需要配置 Spark 集群的 Master 节点和 Worker 节点,并设置合适的资源管理器。这种模式能够处理大规模数据,适合生产环境和高性能计算,但配置和管理相对复杂,也需要对集群进行监控、维护和故障处理。

选取哪种模式取决于实际需求,包括数据量、资源可用性和环境部署等。

【任务实现】

1. 步骤分析

分别进行单机模式、伪分布模式、完全分布式模式的安装。安装过程均可分为解压、修改配置文件、启动测试等步骤。

2. 完成任务

(1) 单机模式安装。

① 解压安装包。

```
[root@master ~]    #tar -zxf /usr/local/software/spark-3.1.1-bin-hadoop3.2.tgz -C
/usr/local/src/
```

② 修改配置文件。

```
//配置环境变量
[root@master ~]    #vi /etc/profile
//添加如下信息
export SPARK_HOME=/usr/local/src/spark-3.1.1-bin-hadoop3.2
export PATH=$SPARK_HOME/bin:$PATH
//更新配置信息让环境变量生效
[root@master ~]    #source /etc/profile
```

③ 测试 Spark 是否安装成功。使用 spark-shell --version 能查看到正确的 Spark 版本

号,表明安装成功。

```
[root@master conf]    #spark-shell --version
Welcome to

   ____               __
  / __/__  ___ _____/ /__
 _\ \/ _ \/ _ `/ __/  '_/
/___/ .__/\_,_/_/ /_/\_\   version 3.1.1
   /_/

Using Scala version 2.12.10, Java HotSpot(TM) 64-Bit Server VM, 1.8.0_141
Branch HEAD
Compiled by user ubuntu on 2021-02-22T01:33:19Z
Revision 1d550c4e90275ab418b9161925049239227f3dc9
Url https://github.com/apache/spark
Type --help for more information.
```

Spark 单机版环境安装完成后,可以使用 spark-shell 命令进入 Spark 编辑界面进行相关操作。

（2）伪分布式模式安装。

① 解压安装包。

```
[root@master ~]     #tar -zxf /usr/local/software/spark-3.1.1-bin-hadoop3.2.tgz -C
/usr/local/src/
```

② 修改配置文件。

```
//在 conf 目录下复制 spark-env.sh
[root@master conf]    #cp spark-env.sh.template spark-env.sh
//配置 spark-env.sh 如下内容
export JAVA_HOME=/usr/local/src/jdk
export HADOOP_HOME=/usr/local/src/hadoop
export HADOOP_CONF_DIR=/usr/local/src/hadoop/etc/hadoop
export SPARK_MASTER_IP=master
export SPART_MASTER_PORT=7077
//配置环境变量
[root@master ~]        #vi /etc/profile
//添加如下信息
export SPARK_HOME=/usr/local/src/spark-3.1.1-bin-hadoop3.2
export PATH=$SPARK_HOME/bin:$PATH
//更新配置信息让环境变量生效
[root@master ~]        #source /etc/profile
```

③ 测试 Spark 是否安装成功。使用 spark-shell --version 能查看到正确的 Spark 版本号,表明安装成功。

```
//查看版本号
[root@master conf]    #spark-shell --version
Welcome to

   ____               __
  / __/__  ___ _____/ /__
 _\ \/ _ \/ _ `/ __/  '_/
```

```
/___/ ._/\_,_/_/ /_/\_\   version 3.1.1
   /_/
Using Scala version 2.12.10, Java HotSpot(TM) 64-Bit Server VM, 1.8.0_141
Branch HEAD
Compiled by user ubuntu on 2021-02-22T01:33:19Z
Revision 1d550c4e90275ab418b9161925049239227f3dc9
Url https://github.com/apache/spark
Type --help for more information.
```

④ Spark 解压目录下使用 ./sbin/start-all.sh 命令启动集群，使用 jps 命令查看进程，并使用 run-example SparkPi 计算 Pi 的值。

```
//启动 Spark 集群
[root@master spark-3.1.1-bin-hadoop3.2]    #./sbin/start-all.sh
org.apache.spark.deploy.master.Master running as process 1792. Stop it first.
localhost: starting org.apache.spark.deploy.worker.Worker, logging to /usr/
local/src/spark-3.1.1-bin-hadoop3.2/logs/spark-root-org.apache.spark.deploy.
worker.Worker-1-master.out
//使用 jps 查看进程
[root@master spark-3.1.1-bin-hadoop3.2]    #jps
1792 Master
2040 Worker
2090 Jps
//使用 run-example SparkPi 计算 Pi 的值
[root@master spark-3.1.1-bin-hadoop3.2]    #./bin/run-example SparkPi 10
Pi is roughly 3.1412311412311413
24/08/25 20:19:43 INFO SparkUI: Stopped Spark web UI at http://master:4040
24/08/25 20:19:43 INFO MapOutputTrackerMasterEndpoint: MapOutputTrackerMasterEndpoint
stopped!
24/08/25 20:19:43 INFO MemoryStore: MemoryStore cleared
24/08/25 20:19:43 INFO BlockManager: BlockManager stopped
24/08/25 20:19:43 INFO BlockManagerMaster: BlockManagerMaster stopped
24/08/25 20:19:43 INFO OutputCommitCoordinator$OutputCommitCoordinatorEndpoint:
OutputCommitCoordinator stopped!
24/08/25 20:19:43 INFO SparkContext: Successfully stopped SparkContext
```

从运行结果日志中，可以找到计算结果。

（3）完全分布式模式安装

① 解压安装包。

```
[root@master ~]    #tar -zxf /usr/local/software/spark-3.1.1-bin-hadoop3.2.tgz -C
/usr/local/src/
```

② 修改配置文件。

```
//在 src 目录下修改 Spark 目录名
[root@master src]    #mv spark-3.1.1-bin-hadoop3.2/ spark
//在 conf 目录下复制 spark-env.sh
[root@master conf]    #cp spark-env.sh.template spark-env.sh
//配置 spark-env.sh 如下内容
```

```
export JAVA_HOME=/usr/local/src/jdk
export HADOOP_HOME=/usr/local/src/hadoop
export HADOOP_CONF_DIR=/usr/local/src/hadoop/etc/hadoop
export SPARK_MASTER_IP=master
export SPART_MASTER_PORT=7077
//配置环境变量
[root@master ~]        #vi /etc/profile
//添加如下信息
export SPARK_HOME=/usr/local/src/spark
export PATH=$SPARK_HOME/bin:$PATH
//更新配置信息让环境变量生效
[root@master ~]        #source /etc/profile
//在 spark 的 conf 目录中复制 workers 文件
[root@master conf]     #cp workers.template workers
//修改 workers 文件
[root@master conf]     #vi workers
//将 localhost 修改为以下内容
#A Spark Worker will be started on each of the machines listed below.
master
slave1
slave2
//将配置好的 spark 目录分别发送给 slave1、slave2 节点
[root@master ~]        #scp -r spark/ slave1:/usr/local/src/
[root@master ~]        #scp -r spark/ slave2:/usr/local/src/
```

③ 测试 Spark 是否安装成功。使用 spark-shell --version 能查看到正确的 Spark 版本号，表明安装成功。

```
//查看版本号
[root@master conf]     #spark-shell --version
Welcome to
      ____              __
     / __/__  ___ _____/ /__
    _\ \/ _ \/ _ `/ __/  '_/
   /___/ .__/\_,_/_/ /_/\_\   version 3.1.1
      /_/
Using Scala version 2.12.10, Java HotSpot(TM) 64-Bit Server VM, 1.8.0_141
Branch HEAD
Compiled by user ubuntu on 2021-02-22T01:33:19Z
Revision 1d550c4e90275ab418b9161925049239227f3dc9
Url https://github.com/apache/spark
Type --help for more information.
```

④ Spark 目录下使用 ./sbin/start-all.sh 命令启动集群，使用 jps 命令查看进程，并使用 spark-submit 命令计算 Pi 的值。

```
//启动 Spark 集群
[root@master spark-3.1.1-bin-hadoop3.2]    #./sbin/start-all.sh
starting org.apache.spark.deploy.master.Master, logging to /usr/local/src/
spark-3.1.1-bin-hadoop3.2/logs/spark-root-org.apache.spark.deploy.master.
Master-1-master.out
```

```
slave1: starting org.apache.spark.deploy.worker.Worker, logging to /usr/local/
src/spark-3.1.1-bin-hadoop3.2/logs/spark-root-org.apache.spark.deploy.
worker.Worker-1-slave1.out
slave2: starting org.apache.spark.deploy.worker.Worker, logging to /usr/local/
src/spark-3.1.1-bin-hadoop3.2/logs/spark-root-org.apache.spark.deploy.
worker.Worker-1-slave2.out
master: starting org.apache.spark.deploy.worker.Worker, logging to /usr/local/
src/spark-3.1.1-bin-hadoop3.2/logs/spark-root-org.apache.spark.deploy.
worker.Worker-1-master.out
//分别在三个节点使用jps查看进程
[root@master spark-3.1.1-bin-hadoop3.2]       #jps
2713 Worker
2765 Jps
2638 Master
[root@slave1 ~]                               #jps
2416 Worker
2465 Jps
[root@slave2 ~]                               #jps
1861 Worker
1910 Jps
//使用spark-submit计算Pi的值
[root@master spark-3.1.1-bin-hadoop3.2]#./bin/spark-submit --class org.apache.
spark.examples.SparkPi --master spark://master:7077 ./examples/jars/spark
-examples_2.12-3.1.1.jar 10
2024-09-26 15:10:31,469 INFO scheduler.DAGScheduler: ResultStage 0 (reduce at
SparkPi.scala:38) finished in 3.614 s
2024-09-26 15:10:31,473 INFO scheduler.DAGScheduler: Job 0 is finished.
Cancelling potential speculative or zombie tasks for this job
2024-09-26 15:10:31,467 INFO scheduler.TaskSchedulerImpl: Removed TaskSet 0.0,
whose tasks have all completed, from pool
2024-09-26 15:10:31,489 INFO scheduler.TaskSchedulerImpl: Killing all running
tasks in stage 0: Stage finished
2024-09-26 15:10:31,491 INFO scheduler.DAGScheduler: Job 0 finished: reduce at
SparkPi.scala:38, took 3.708150 s
Pi is roughly 3.14151514151414
2024-09-26 15:10:31,528 INFO server.AbstractConnector: Stopped Spark@1a6f5124
{HTTP/1.1, (http/1.1)}{0.0.0.0:4040}
2024-09-26 15:10:31,535 INFO ui.SparkUI: Stopped Spark web UI at http://master:4040
2024-09-26 15:10:31,549 INFO cluster.StandaloneSchedulerBackend: Shutting down
all executors
2024-09-26 15:10:31,550 INFO cluster.CoarseGrainedSchedulerBackend$DriverEndpoint:
Asking each executor to shut down
2024-09-26 15:10:31,586 INFO spark.MapOutputTrackerMasterEndpoint: MapOutputTr-
ackerMasterEndpoint stopped!
2024-09-26 15:10:31,660 INFO memory.MemoryStore: MemoryStore cleared
2024-09-26 15:10:31,660 INFO storage.BlockManager: BlockManager stopped
2024-09-26 15:10:31,682 INFO storage.BlockManagerMaster: BlockManagerMaster stopped
```

可以从日志中看到计算结果,也可以在浏览器中输入 http://master:7077,结果如图 1.2 所示,可以看到程序运行状态为 FINISHED。

图 1.2　Master Web 监测

【任务总结】

通过本任务的学习,读者可以掌握如何配置 Spark 的环境,并使用简单的案例对 Spark 进行测试。在整个任务实施过程中需注意以下几点。

(1) 下载 Spark 时,若需要与 Hadoop 平台交互,或使用 Yarn 进行资源调度,需要注意与所用 Hadoop 版本号是否兼容。

(2) Spark 的配置文件名需为 spark-env.sh,注意修改默认的模板文件名。

(3) Spark 安装完成后,建议运行样例实例对 Spark 进行测试。

【巩固练习】

一、单选题

1. Apache Spark 是(　　)。

　　A. 一个关系数据库　　　　　　　　　　B. 一个大数据处理框架

　　C. 一个操作系统　　　　　　　　　　　D. 一个编程语言

2. Spark 的主要组件中,负责处理批处理和流处理的是(　　)。

　　A. Spark SQL　　　　　　　　　　　　B. Spark Streaming

　　C. MLlib　　　　　　　　　　　　　　D. GraphX

3. 下面不属于 Spark 的特点的是(　　)。

　　A. 易用　　　　　　B. 兼容性　　　　C. 运行速度快　　　D. 时效性

4. (　　)不是 Spark 的组件。

　　A. Spark SQL　　　　　　　　　　　　B. Spark Streaming

　　C. Spark Web　　　　　　　　　　　　D. Spark MLlib

5. Spark 的(　　)模块专注于机器学习。

　　A. GraphX　　　　　　　　　　　　　B. Spark SQL

　　C. MLlib　　　　　　　　　　　　　　D. Spark Streaming

二、判断题

1. Spark 是一个用于高效收集、聚合和移动大量日志数据的分布式系统。　（　　）
2. Spark 可以与 Hadoop 的 HDFS 进行集成。　（　　）
3. Spark 只支持批处理，不支持流处理。　（　　）
4. Spark 是一个适用于大数据处理的分布式计算框架。　（　　）
5. Spark MLlib 主要用于图计算和图分析。　（　　）

三、简答题

1. 简要说明 Spark 的四大特性。
2. 简要说明 Spark 完全分布式环境安装步骤。

【任务拓展】

在 Spark 安装过程中，对 Spark 安装包解压之后会看到一系列的文件夹和文件，它们分别扮演着不同的角色，请详细说明各文件夹的作用。

任务 2　Spark 程序运行

【任务提出】

Spark 是一个分布式计算框架，理解其架构有助于掌握分布式系统的基本概念和规则，能更有效地配置和管理计算资源，提高整体系统性能。同时，了解 Spark 集群的运行原理，可以更快速地定位和解决程序运行过程中的问题与故障。

本任务需要在已完成部署的 Spark 集群上执行一个单词计数的任务，通过此任务来理解 Spark 的集群架构、运行原理、作业流程及 RDD 等核心概念。

【任务分析】

Spark 集群为用户学习 Spark 编程提供了程序运行环境，但学习 Spark 编程前，还需要理解 Spark 的集群架构及其原理。本任务需要了解 Spark 集群架构，掌握 Spark 作业的运行过程，学习 Spark 中 RDD 的概念及使用方法。具体的任务实施分析如下。

1. 了解 Spark 集群架构。
2. 掌握 Spark 作业运行过程。
3. 学习 RDD 概念及核心原理。
4. 使用 Spark 执行 Word Count 程序进行词频统计。

【知识准备】

视频讲解

1.3 Spark 集群架构及运行原理

Apache Spark 集群架构是分布式计算系统的核心组成部分,其主要组件和流程如图 1.3 所示。

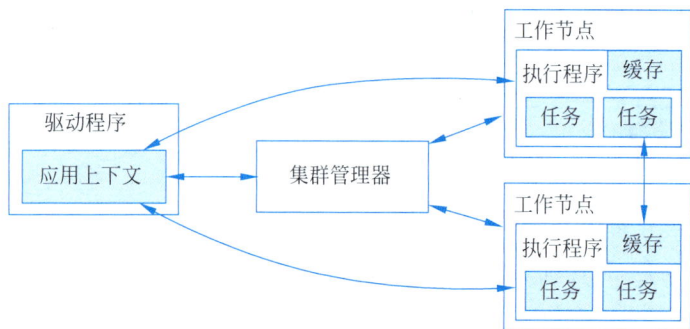

图 1.3 Spark 主要组件和流程

(1)应用上下文(Spark Context)。应用上下文负责连接到 Spark 集群的管理器,管理集群资源分配,协调任务执行,控制程序的整个生命周期。

(2)驱动程序(Driver Program)。驱动程序负责应用程序的协调和控制逻辑,创建和管理 SparkContext,调度作业和任务。其功能是提交作业(Job)并将其划分为多个阶段(Stage),并与集群管理器(Cluster Manager)交互,以获取计算资源,再把作业和任务分配给集群中的执行程序(Executors)。

(3)集群管理器(Cluster Manager)。集群管理器负责资源的管理和分配。Spark 支持多种集群管理器,包括 Standalone(Spark 自带的简易集群管理器,用于资源管理和任务调度)、Apache Yarn(Hadoop 的资源管理器,可以管理 Spark 应用程序的资源分配)、Apache Mesos(一种通用集群管理器,支持 Spark 等多种应用程序)以及 Kubernetes(容器编排平台,支持将 Spark 作业部署到 Kubernetes 集群中)。

(4)执行程序(Executor)。执行程序的作用是执行驱动程序分配的任务,处理和计算实际数据。其功能是执行任务并将结果返回给驱动程序,存储数据的中间结果,以减少重复计算。执行程序启动后,会在节点上运行,直到应用程序完成或被终止。

(5)作业(Job)。作业是用户提交的计算请求,通常由多个阶段组成。每个作业划分为多个任务在集群中并行处理。

(6)阶段(Stage)。阶段是作业的一个子集,基于数据依赖关系将作业划分为多个阶段,每个阶段包含一组任务。每个阶段的任务通常并行执行,阶段之间通过宽依赖关系进行数据交换。

(7)任务(Task)。任务是计算的基本单元,每个任务是一个处理数据分区的单独工作单元。由驱动程序分配到执行程序上执行,并行处理数据以提高计算效率。

用户提交 Spark 作业到驱动程序,然后驱动程序通过集群管理器请求资源,集群管理器分配资源给驱动程序,驱动程序将作业拆分成任务,并将这些任务分配给执行程序,执行程序并行处理任务,并将结果返回给驱动程序,最后驱动程序收集所有任务的结果,并生成最终输出。通过这种架构,Spark 能够高效地处理大规模的数据集,充分利用集群资源进行并行计算。

1.4 Spark 作业运行流程

1.4.1 Spark 本地模式

本地模式是指在单机环境中运行 Spark 应用程序的方式,该模式不需要连接 Spark 集群,也不需要配置集群和资源管理工具,用户只需在本地机器上安装 Spark,然后就可以直接运行应用,适合于程序开发、测试和调试。本地模式需指定 master 为 local(如 local[N],N 是线程数,为符号"＊"时,表示使用本地所有资源)来启动。Spark 本地模式运行命令如下。

```
//输入本地模式命令
[root@ master spark]#./bin/spark-submit --class org.apache.spark.examples.
SparkPi --master local[*] examples/jars/spark-examples_2.12-3.1.1.jar 10
```

1.4.2 Spark 独立模式

该模式使用 Spark 自带的资源管理器执行运算,由 Master 节点进行资源申请,由 Worker 节点执行运算。使用该模式时需要指定 master 为 Spark 集群的 URL 地址。Spark 独立模式运行命令如下。

```
//输入 spark-submit 命令
[root@ master spark]#./bin/spark-submit --class org.apache.spark.examples.
SparkPi --master spark://master:7077 examples/jars/spark-examples_2.12-3.1.1.
jar 10
```

1.4.3 Spark-on-Yarn 模式

该模式使用 Yarn 进行资源调度,这也是生产环境下经常使用的一种模式。使用 Yarn 进行各种计算任务的统一调度,可以更高效地分配多任务计算资源,使集群运行效率更高。Yarn 负责集群资源的管理和调度,Spark 通过 Yarn 请求资源来运行作业。Yarn 允许多个应用程序共享同一集群资源,同时进行隔离和调度,Yarn 可以根据负载动态调整资源分配,优化集群使用效率。通过配置"--master yarn"来指定 Spark 作业在 Yarn 上运行,且可以通过不同的 Yarn 队列和资源配置来优化作业执行。

1. Spark-on-Yarn 模式配置方法

运行 Spark-on-Yarn 模式需要修改 yarn-site.xml 和 spark-env.sh 两个配置文件,具体方法如下。

```
//配置 yarn-site.xml 文件(因为测试环境虚拟机内存较少,防止执行过程进行被意外杀死,添加
//如下配置)
[root@master spark]#vi /usr/local/src/hadoop/etc/hadoop/yarn-site.xml
```

```
<!--是否启动一个线程检查每个任务正使用的物理内存量 -->
<property>
<name>yarn.nodemanager.pmem-check-enabled</name>
<value>false</value>
</property>
<!--是否启动一个线程检查每个任务正使用的虚拟内存量-->
<property>
<name>yarn.nodemanager.vmem-check-enabled</name>
<value>false</value>
</property>
<!--由于 Hadoop3 版本默认的 container 物理内存为 1GB,虚拟内存为物理内存的 2.1 倍,运行
程序可能会出现内存不足的情况,将该倍数调大,如调为 4.1 倍即可避免该错误的产生-->
<property>
<name>yarn.nodemanager.vmem-pmem-ratio</name>
<value>4.1</value>
</property>
//配置 spark-env.sh 文件,增加如下内容
export SPARK_CONF_DIR=/usr/local/src/spark-3.1.1-bin-hadoop3.2/conf
export HADOOP_CONF_DIR=/usr/local/src/hadoop-3.1.3/etc/hadoop
export YARN_CONF_DIR=/usr/local/src/hadoop-3.1.3/etc/hadoop
```

2. Spark-on-Yarn 模式运行命令

运行 Spark-on-Yarn 模式需要先启动 HDFS 和 Yarn 集群,命令如下。

```
//启动 HDFS 和 Yarn 集群
[root@master hadoop]    #./sbin/start-dfs.sh
[root@master hadoop]    #./sbin/start-dfs.sh
```

Yarn 模式根据 Driver 在集群中的位置不同又可分为两种,一种是 Yarn-cluster(Yarn 集群)模式,另一种是 Yarn-Client(Yarn 客户端)模式,二者的区别如表 1.1 所示。

表 1.1　Spark-on-Yarn 两种模式的区别

特　　性	Yarn-Cluster 模式	Yarn-Client 模式
指令--deploy-mode	cluster	client
驱动程序位置	Yarn 集群内	客户端机器
资源管理	完全由 Yarn 管理	依赖于客户端的资源
适用场景	长时间作业、批处理	交互式应用、开发和调试
优点	高可用性、资源利用率高	实时交互、便于调试和开发

使用如下命令运行 Spark-on-Yarn 模式。

```
//Yarn-Cluster 运行命令
[root@master spark]#./bin/spark-submit --class org.apache.spark.examples.
SparkPi --master yarn --deploy-mode cluster /usr/local/src/spark/examples/jars/
spark-examples_2.11-2.0.0.jar 10
//Yarn-Client 运行命令
[root@master spark]#./bin/spark-submit --class org.apache.spark.examples.
SparkPi --master yarn --deploy-mode client /usr/local/src/spark/examples/jars/
spark-examples_2.11-2.0.0.jar 10
```

1.5 Spark RDD 及核心原理

RDD 是 Spark 中最基本的数据抽象。它代表一个不可变、可分区、可并行计算的集合。RDD 具有数据流模型的特点,允许用户在执行多个查询时,将数据显式地缓存在内存中,后续查询能重用这些数据,这极大地提升了查询速度。

视频讲解

在 Spark 中,对数据的操作包括创建 RDD、转化已有 RDD 以及调用 RDD 操作进行求值。每个 RDD 都被分为多个分区,每个分区可以在不同的工作节点上独立计算,也可通过 Yarn、Mesos 或 Spark 自有的资源管理器,将任务调度到合适的节点上执行。每个 RDD 都包含其生成过程的血统信息(即数据的来源和转换操作),这使得 Spark 可以在某个分区丢失时,依据血统信息重建该分区,进而实现较高的容错性。

RDD 支持两种类型的操作,包括转换操作和行动操作。RDD 的转换操作会返回一个新的 RDD,比如 map() 和 filter(),执行后会得到一个新的 RDD。而行动操作则是向驱动器程序返回结果,或把结果写入外部系统的操作,比如 count() 和 first(),前者返回 RDD 中所有元素的个数,后者返回 RDD 的第一个元素。Spark 采用惰性计算模式,RDD 只有在遇到行动操作时,才会触发计算。如果想在多个行动操作中重用同一个 RDD,可以使用持久化技术保存中间结果,以节省计算时间。

在 Spark 中,Job、Stage 和 Task 是理解其计算模型和执行过程的关键概念。

Job 是用户对 RDD 进行行动操作时触发的一个计算单元。每当调用一个行动操作,Spark 就会创建一个新的 Job,也就是说,Job 的执行过程由一系列转换操作构成,最后一个操作为行动操作。一个 Job 可以包含多个 Stage。

Stage 是 Job 中的一个执行单元,代表一组可以并行执行的任务。Spark 会根据 RDD 的血统信息将 Job 划分为多个 Stage。Stage 的划分基于窄依赖和宽依赖。窄依赖是指子 RDD 的一个分区只依赖于某个父 RDD 的一个分区,如 map、filter 等操作;宽依赖是指子 RDD 的一个分区依赖于某个或多个父 RDD 的一个以上的分区,如 groupByKey 等。宽依赖又称为 Shuffle 依赖,会伴随数据在不同节点上的网络传输。二者的区别如图 1.4 所示。

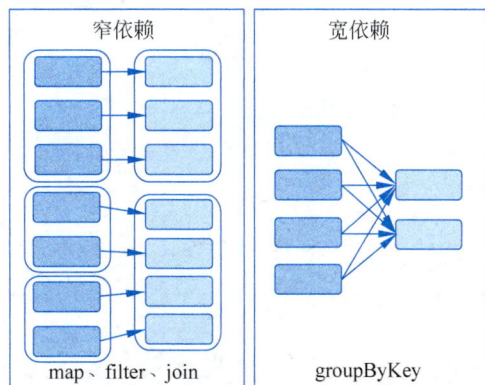

图 1.4 窄依赖和宽依赖

RDD 中的 Stage 划分是根据宽依赖进行的,即宽依赖是两个 Stage 的分界点。Shuffle 操作一般都是任务中最耗时、耗资源的部分,因为数据可能存放在 HDFS 不同的节点上,下一个 Stage 的执行首先要拉取上一个 Stage 的数据来保存到自己的节点上,这样就会增加网络通信和 I/O 消耗。Stage 的执行顺序是有依赖关系的,宽依赖的 Stage 必须在相关的窄依赖完成后才能执行。RDD 的 Stage 划分如图 1.5 所示。

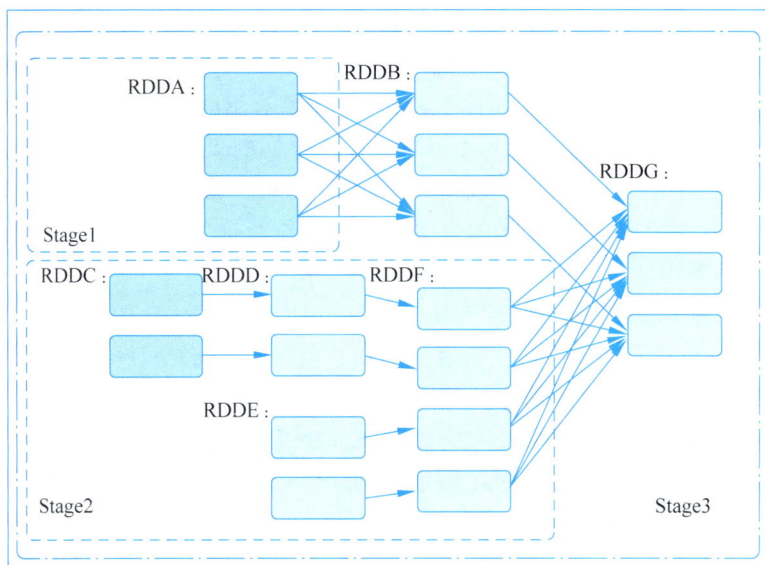

图 1.5　RDD 的 Stage 划分

Task 是 Spark 中的最小执行单元,它代表对 RDD 分区进行操作的工作单元。每个 Task 会在集群中的某个工作节点上执行,负责处理一个数据分区。因此,如果一个 RDD 有 N 个分区,那么在执行过程中会生成 N 个 Task。Task 的执行是相互独立的,可以并行进行,执行结果会被返回给 Driver 程序,或者用于生成新的 RDD。

RDD 的调度运行流程如图 1.6 所示。

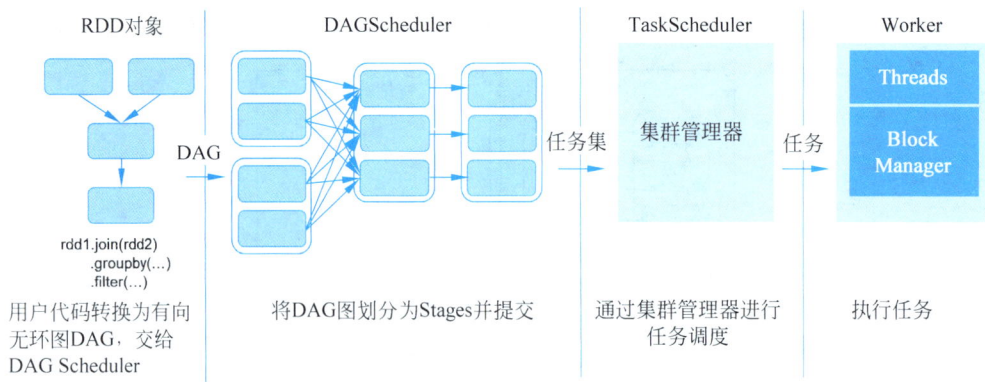

图 1.6　RDD 的调度运行流程

SparkContext 对象负责计算 RDD 之间的依赖关系,RDD 创建完成后,由其构建 DAG (有向无环图)。用户代码转换成 DAG 后,提交给 DAGScheduler,DAGScheduler 负责把 DAG 图分解成多个 Stage,每个 Stage 包含若干 Task。这些 Task 组成的任务集被提交给

TaskScheduler,由 Cluster Manager 进行任务调度,分配给每个 Worker 上的 Executer,执行具体的 Task。在 TaskScheduler 上,并不知道 Stage 的存在,运行的只有 Task。

【任务实现】

1. 步骤分析

首先,启动 Hadoop 集群,在指定目录准备词频统计文件 test.txt,并将 test.txt 上传到 HDFS,然后启动 Spark 集群,进入 Spark Shell 编写简单的 Scala 程序实现词频统计,并在历史日志中查看任务运行状态。

2. 完成任务

(1) 在 Spark 根目录下新建一个 test.txt 文件,并输入内容。

```
//创建 test.txt 文件,上传到 HDFS 根目录下
[root@master spark]    #vi test.txt
hadoop spark
flume hive spark
hbase hadoop sqoop
[root@master spark]    #hadoop fs -put test.txt /
[root@master spark]    #hadoop fs -ls /
Found 3 items
drwxr-xr-x - hadoop supergroup   0 2024-09-04 11:11 /directory
-rw-r--r-- 3 hadoop supergroup  49 2024-09-04 11:19 /test.txt
drwxr-xr-x - hadoop supergroup   0 2024-09-03 15:16 /user
```

(2) 启动 Spark 进程,进入 spark-shell 进行 WordCount 词频统计。

```
//使用 spark-shell --master spark://master:7077 进入 Scala 编辑界面
[root@master spark-3.1.1-bin-hadoop3.2]#bin/spark-shell --master spark://
master:7077
2024-11-01 10:14:37,639 WARN util.NativeCodeLoader: Unable to load native-hadoop
library for your platform... using builtin-java classes where applicable
Setting default log level to "WARN".
To adjust logging level use sc.setLogLevel(newLevel). For SparkR, use setLogLevel
(newLevel).
Spark context Web UI available at http://master:4040
Spark context available as 'sc' (master = spark://master:7077, app id = app-
20241101101453-0000).
Spark session available as 'spark'.
Welcome to
      ____              __
     / __/__  ___ _____/ /__
    _\ \/ _ \/ _ `/ __/  '_/
   /___/ .__/\_,_/_/ /_/\_\   version 3.1.1
      /_/

Using Scala version 2.12.10 (Java HotSpot(TM) 64-Bit Server VM, Java 1.8.0_231)
Type in expressions to have them evaluated.
```

```
Type :help for more information.
```

```
//使用 Spark 编程进行 wordcount 词频统计
scala> sc.textFile("/test.txt").flatMap(_.split(" ")).map((_,1)).reduceByKey(_+_).
foreach(println(_))
```

（3）在浏览器中输入 http://master:4040，查看 Spark Job、Stage 运行状态及程序最终结果，如图 1.7 所示。

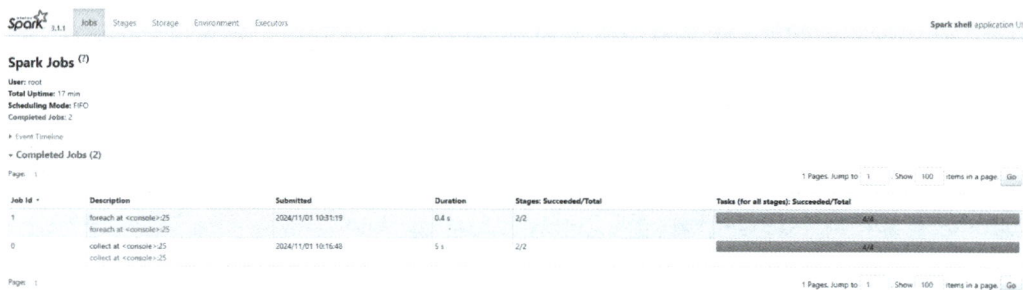

图 1.7 Job 列表

从图 1.7 可以观察到每个 Job 的描述、提交时间、运行持续时间、Stage 个数及状态、Task 个数及状态。单击该任务的描述，可以看到该任务的 DAG 图、Stage 列表及状态，如图 1.8 所示。

图 1.8 该 Job 的 DAG 图、Stage 列表及状态

用户可以继续单击每个 Stage，进入 Task 详细页面，如单击 Stage 3 详情页，浏览器跳转到 Stage3 的 Task 列表，如图 1.9 所示。

图 1.9 显示了该 Stage 的 DAG 图、运行时间、详细信息、日志等。由于在代码中使用 foreach(println(_))打印了计算结果，因此单击最后一个 Task 的"stdout"可以看到单词计数结果，如图 1.10 所示。

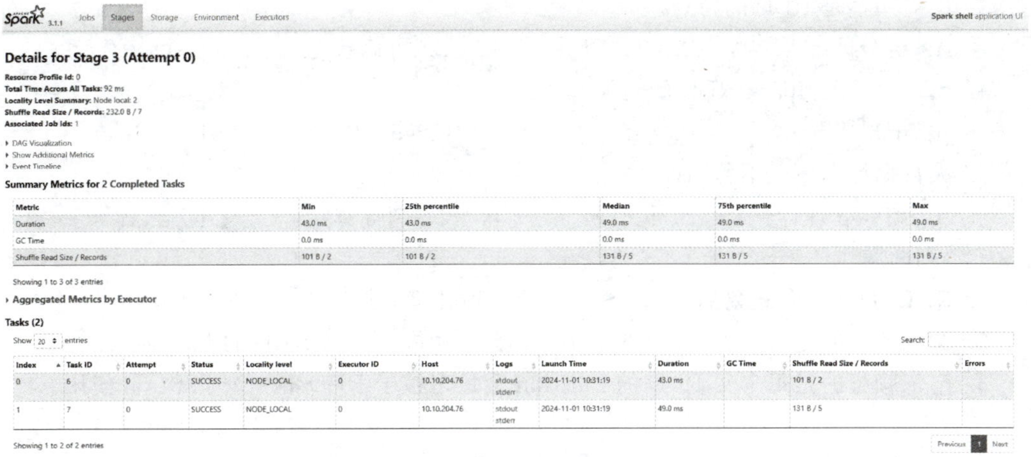

图 1.9 Stage3 的 Task 列表信息

图 1.10 单词计数打印结果

【任务总结】

通过本任务的学习,读者可以掌握 Spark 的运行架构和核心原理,以及 Spark 不同运行模式的区别,并能使用 Spark 进行词频统计。在整个任务实施过程中,需要注意以下几点。

(1) 在使用 spark-submit 提交作业时,需要根据适合场景设置相应的参数。

(2) 在配置 Spark-on-Yarn 模式时,因为测试环境虚拟机内存较少,防止执行过程进行被意外杀死,需要对 Hadoop 中的 yarn-site.xml 进行配置。

【巩固练习】

一、单选题

1. Spark 中的 RDD 全称是(   )。

A. Resilient Data Dataset   B. Real-time Data Distribution

C. Resilient Distributed Dataset   D. Random Data Distribution

2. (   )端不是 Spark 自带服务的端口。

A. 8080   B. 4040   C. 8090   D. 18080

3. （　　）不是 RDD 的特点。

    A. 可分区　　　　　B. 可序列化　　　　C. 可修改　　　　D. 可持久化

4. （　　）不是 Spark RDD 的转换算子。

    A. map　　　　　　B. filter　　　　　C. mapPatitions　　D. collect

5. 大数据计算模式不包括(　　)。

    A. 离线处理计算　　B. 流计算　　　　　C. 图计算　　　　D. 云计算

二、判断题

1. RDD(弹性分布式数据集)是 Spark 的一种容错数据结构。　　　　　　（　　）

2. 宽依赖指的是多个子 RDD 的 Patition 会依赖同一个父 RDD 的 Patition。　（　　）

3. 窄依赖指的是每个父 RDD 的 Patition 会最多被子 RDD 的一个 Patition 使用。

                                                                    （　　）

4. Spark-shell 命令可以进入 Spark 的编译界面。　　　　　　　　　　（　　）

三、操作题

使用 Spark-on-Yarn 模式，计算 Pi 值运行 100 次的结果，在历史日志中查看运行状态。

【任务拓展】

编写 WordCount 词频统计程序，对 Spark 根目录下的 LICENSE 文件进行词频统计，并在浏览器打开 4040 端口，查看该 Job 的 Stage、Task 运行状态。

项目 2

Scala 语法应用

Scala 是 Spark 的原生支持语言,它与 Spark API 的集成最为紧密,能利用 Spark 所有的特性及功能。另外,Scala 与 Java 具有良好的兼容性,学习 Scala 有助于理解 Spark 在 JVM 上的运行机制,与 Java 工具和库的兼容也使得 Scala 代码更易于与 Java 代码集成。最后,Scala 的静态类型和函数式编程特性使得代码更加简洁且性能更优。虽然 Spark 也支持 Python、R 等语言,但 Scala 往往被视为性能和功能的"最终"选择。

在本项目中,将通过 3 个具体的任务,系统学习 Scala 语言基础,包括 Scala 安装、基本语法、数据类型、函数等。

【学习目标】

知识目标

1. 理解 Scala 的安装过程。
2. 熟悉 Scala 的交互式命令行工具。
3. 理解 Scala 的基本语法规则。
4. 掌握 Scala 中函数的定义和使用方法。
5. 理解 Scala 面向对象编程概念。

能力目标

1. 能够独立完成 Scala 的安装。
2. 能够调试 Scala 代码并进行基本的单元测试。
3. 能够使用 Scala 的函数式编程特性。
4. 熟悉 Scala 集合库,能够使用常见的集合操作进行数据处理。
5. 能够创建和使用 Scala 中的类和对象。

素质目标

1. 培养学生解决问题的逻辑思维能力。
2. 提高学生自主学习新技术和工具的能力。
3. 培养学生自我反思和改进的能力。

【建议学时】

6 学时。

任务1 安装 Scala

【任务提出】

学习 Scala 的安装是掌握 Scala 编程语言的基础,了解 Scala 的安装过程有助于正确配置开发环境,确保顺利编写和运行 Scala 程序。配置环境包括安装 Java Development Kit (JDK)和 Scala,并设置合适的开发工具,如 IDE(集成开发环境)或文本编辑器,IDE 的配置在"项目 3"中会详细介绍。

本任务中使用的 Scala 版本为 2.12,安装 Scala 前需要先安装好 JDK,JDK 版本为 1.8 及以上。

【任务分析】

本任务需要安装 Scala,并使用命令行工具编写 Scala 程序,具体任务分析如下。

1. 安装 JDK。
2. 下载并安装 Scala。
3. 验证安装。

【知识准备】

2.1 了解 Scala

视频讲解

Scala 是 Scalable Language 的简写,意味着这种语言在设计上支持大规模软件开发,是一门多范式的编程语言。Scala 的开发始于 2003 年,由马丁·奥德斯基(Martin Odersky)在洛桑联邦理工学院启动,它融合了面向对象编程和函数式编程的优点。Scala 1.0 于 2004 年发布,后来在 2006 年和 2011 年分别推出了 2.0 和 2.8 版本,引入了许多关键特性,如类型推断和更强的泛型支持。Scala 3.0 于 2021 年发布,标志着该语言的一次重大更新,包含了简化的语法和更强的类型系统。

Scala 运行于 Java 虚拟机(Java Virtual Machine,JVM)上,并与现有的 Java 程序兼容。Scala 的编译模型(如独立编译、动态类加载等)与 Java 和 C♯一样,因此 Scala 代码可以调用 Java 类库。在安装时,也需要先安装 Java 环境,再安装 Scala。Scala 具有以下特性。

(1)面向对象。Scala 是一种具有高度表达性的编程语言,融合了面向对象编程和函数式编程的最佳特性。

(2)函数式编程。Scala 支持高阶函数,即函数可以作为参数传递给另一个函数,或从另一个函数返回。同时它提供强大的模式匹配功能,可以解析复杂数据结构,进行条件判断。

（3）静态类型。Scala 在编译时进行类型检查，保证代码的安全性和一致性。其强大的类型推断机制，能够根据上下文自动推导变量和表达式的类型。这减少了显式类型声明的需求，使代码更加简洁和易读。

（4）扩展性。Scala 提供了许多独特的语言机制，可以以库的形式无缝地添加新的语言结构。

Scala 的多范式编程模型以及强大的类型系统使其适用于多种应用场景，从大数据处理、金融服务到 Web 开发、机器学习和企业应用等，Scala 的灵活性使其成为现代软件开发中的一个重要工具。

2.2 编程范式

编程范式是编程语言或编程方法的一种风格或方法论，它定义了代码的组织和书写。不同的编程范式提供了不同的思维模式和结构，以解决编程问题。

命令式编程通过描述计算步骤来实现程序逻辑，程序由一系列的语句组成，这些语句按照顺序执行，改变程序的状态。这种范式关注的是如何完成任务，而不是任务的最终结果。

面向对象编程通过定义对象来组织代码，对象是具有状态和行为的实例，通过类进行创建，类封装了数据和操作这些数据的方法。

命令式编程是早期计算机编程的主要范式，从 20 世纪 50 年代开始发展，最初主要用于低级别的机器编程。面向对象编程从 20 世纪 60 年代开始发展，Smalltalk 等早期语言引入了对象的概念，20 世纪 80 年代，C++和 Java 等语言则进一步推广了面向对象编程的实践和理论，在软件工程中逐渐成为主流。

函数式编程将计算视为数学函数的求值，强调函数的不可变性和无副作用的计算。其特点如下所示。

（1）函数式编程认为数据是不可变的，一旦创建，不能被修改，这减少了副作用，使程序更易理解和调试。

（2）函数既可以作为参数传递给其他函数，也可以作为返回值从函数中返回。这使得函数可以进行组合和操作，从而实现更高的抽象层次。

（3）函数的输出只依赖于输入参数，不依赖于外部状态，也不会对外部状态产生副作用。这种函数在相同的输入下总是返回相同的输出，易于测试和推理。

（4）函数式编程鼓励将简单的函数组合成更复杂的功能。函数组合使得代码更加模块化。

（5）函数式编程侧重于描述"做什么"，而不是"怎么做"。这意味着程序员专注于结果而不是计算过程。

（6）函数式编程支持惰性求值，即仅在需要时才计算表达式，这可以提高性能并处理无限数据流。

函数式编程在处理并发和异步任务时表现出色，因此在现代编程中逐渐获得重视。随着时间的推移，许多现代编程语言如 Python、JavaScript 和 Scala 开始支持多种编程范式，使程序员可以根据具体的需求和任务选择合适的方法。二者的结合有助于构建更易维护和测试的系统，函数式编程在处理并发、异步任务以及需要高可维护性代码时的优秀表现与面向对象编程在组织复杂系统和数据建模方面的优势相结合，使得复杂系统的设计和实现更清晰。

Scala 是一种多范式编程语言,结合了面向对象编程和函数式编程的特点。它允许开发者使用面向对象编程的类和对象,同时也支持函数式编程的不可变数据结构和高阶函数。Scala 的设计使得程序员可以在同一语言中利用面向对象编程的封装和复用能力与函数式编程的函数组合和无副作用特性,从而实现更灵活、可维护的代码。

【任务实现】

1. 步骤分析

安装 Scala 时,首先检查 JDK 是否已经成功安装。不同操作系统的安装方法大同小异,均可分为解压缩、修改环境变量等步骤。需要注意的是,在安装 Spark 时,往往会默认已经安装 Scala,因此对于安装了 Spark 的环境,Scala 不需要单独进行安装。

2. 完成任务

Scala 语言可以运行在 Window、Linux、UNIX、mac OS X 等系统上。安装 Scala 之前必须安装 JDK,检查 JDK 是否已安装可以使用以下指令。

```
$java -version
java version "1.8.0_212"
Java(TM) SE Runtime Environment (build 1.8.0_212-b10)
Java HotSpot(TM) 64-Bit Server VM (build 25.212-b10, mixed mode)
```

（1）在 Linux 和 mac OS X 上安装 Scala。

在 Scala 官网上下载安装包,安装包名为"scala-2.12.18.tgz",将其上传至/opt/software 下,解压安装包至/opt/module。

```
$tar -zxf /opt/software/scala-2.12.18.tgz -C /opt/module
```

修改文件"/etc/profile",添加环境变量。

```
vim /etc/profile
#文件添加内容
export SCALA_HOME=/opt/module/scala-2.12.18
export PATH=$PATH:$SCALA_HOME/bin
#使 profile 文件生效
source /etc/profile
```

安装完成后,执行 scala 指令,输出以下信息,表示安装成功。

```
$scala
Welcome to Scala 2.12.18 (Java HotSpot(TM) 64-Bit Server VM, Java 1.8.0_212).
Type in expressions for evaluation. Or try :help.

scala>
```

（2）在 Windows 下安装 Scala。

从 Scala 官网上下载安装包后,将其解压,然后进入"我的电脑",右击"属性",找到"高级系统设置",单击"环境变量",添加系统变量"SCALA_HOME",如图 2.1 所示。

图 2.1　Windows 下配置 SCALA_HOME 系统变量

添加系统变量后,在用户变量 Path 中增加 SCALA_HOME 项,如图 2.2 所示。

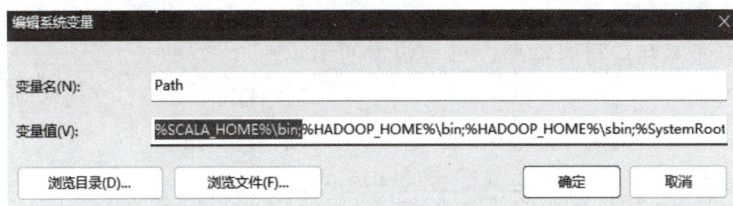

图 2.2　在 Path 中增加 SCALA_HOME 项

添加完成后,单击"确定"按钮。在命令行输入"scala",即可查看 Scala 版本号并进入 Scala 的 REPL(Read Eval Print Loop)交互式命令行工具,如图 2.3 所示。

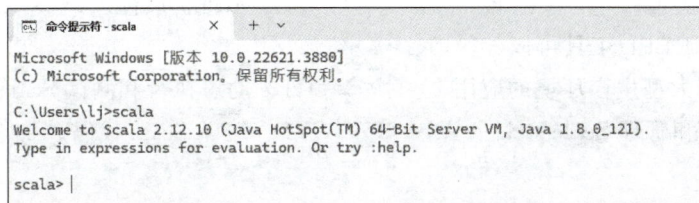

图 2.3　命令行运行"scala"验证安装

Scala 的 REPL 是一个非常有用的工具,允许用户即时编写、运行和测试 Scala 代码,而不需要事先编写完整的程序文件或进行编译。启动 REPL 工具后,在提示符下输入 Scala 代码并按 Enter 键进行执行,输入":q"或者使用 Ctrl+D 快捷键可退出 REPL。

对于大段的复杂代码,可以编写在"scala"为扩展名的源文件中,在 REPL 下使用":load"指令进行加载运行。也可以使用一些集成开发环境,如 IntelliJ IDEA 等工具进行程序的编译和运行,具体使用方法见 3.1 节。

【任务总结】

通过本任务的学习,读者可以了解 Scala 的特点以及安装方法。在整个任务实施过程中,需要注意以下几点。

(1) 系统确保安装了兼容的 JDK 版本,通常 Scala 需要 JDK 8 或更高版本。

(2) 正确设置 JAVA_HOME 和 SCALA_HOME 环境变量,并将 Scala 的 bin 目录添加到 PATH 中。但需要注意的是,JAVA_HOME 是必须设置的,SCALA_HOME 是可选的,但是为了方便使用,建议也进行设置。

(3) 对于大型项目或旧版项目,需确保所使用的 Scala 版本与其他库和工具兼容。

【巩固练习】

一、单选题

1. Scala 是一种(   )类型的编程语言。

    A. 纯面向对象编程语言   B. 纯函数式编程语言

    C. 多范式编程语言   D. 命令式语言

2. Scala 编译器和运行时需要(   )版本的 JDK。

    A. JDK 6   B. JDK 7

    C. JDK 8 或更高版本   D. JDK 11

3. 安装 Scala 时,(   )是必须配置的环境变量。

    A. SCALA_HOME   B. SBT_HOME

    C. JVM_HOME   D. JAVA_HOME

4. (   )不属于 Scala 特性。

    A. 面向对象编程   B. 函数式编程

    C. 静态类型   D. 不可扩展性

5. Scala 的 REPL 工具可以(   )。

    A. 运行大型生产环境的应用   B. 动态执行和测试 Scala 代码

    C. 创建和管理 Scala 项目   D. 编译 Scala 代码

二、判断题

1. 要运行 Scala 程序,必须在系统中安装 JDK 11 或更高版本。   (   )

2. Scala 的 REPL 可以用来交互地测试代码。   (   )

3. 安装 Scala 时，SCALA_HOME 环境变量是必须设置的。　　　　　　（　　）

4. Scala 支持类型推断，这意味着在定义变量时可以省略类型声明。（　　）

5. Scala 可以通过 scala 命令启动 REPL。　　　　　　　　　　　　（　　）

三、简答题

简述 Linux 操作系统下 Scala 安装的步骤。

【任务拓展】

查阅相关文档，在进入 Scala REPL 后，完成以下任务。

1. 直接在 REPL 命令行打印"hello world"。

2. 使用文本编辑器创建文件 Demo.scala，在文件中输入打印"hello world"的代码，然后在 REPL 中使用"：load"指令运行该代码文件。

任务 2　管理购物清单

【任务提出】

在快节奏的现代生活中，购物已经成为人们日常生活不可或缺的一部分。无论是去超市还是在网上采购，制作并管理一份清晰的购物清单可以帮助人们有效控制预算、避免遗漏重要物品，并提升购物效率。为了实现上述目标，购物清单管理系统需要具备以下核心功能。

1. 添加商品，用户可以将新的商品添加到购物清单中。

2. 删除商品，用户可以从购物清单中删除不需要的商品。

3. 查看清单，用户可以随时查看当前的购物清单，以便了解已有的商品。

4. 统计商品数量，系统能够显示目前购物清单中的商品总数，帮助用户管理购物规模。

本任务使用 Scala 中的数组来存储购物清单，并使用函数来完成相应功能，从而实现购物清单的设计和管理。

【任务分析】

本任务将购物清单存放在数组中，调用函数完成相应的管理功能。具体的任务实施分析如下。

1. 导入相应包，定义可变数组，用于保存购物清单数据。

2. 编写函数 addItem，实现添加商品功能。

3. 编写函数 removeItem，实现删除商品功能。

4．编写函数 printShoppingList 方法，实现查看清单功能。

5．编写函数 totalItems 方法，实现统计商品数量功能。

6．编写测试用例，确保每个功能模块正确无误。

【知识准备】

2.3　基本语法

Scala 基本语法与 Java 非常相似，但在使用 Scala 时要注意以下几点。

（1）区分大小写。Scala 区分大小写，"Hello"和"hello"在 Scala 中有不同的含义。

（2）程序文件名建议与对象名称保持一致，并以". scala"作为文件扩展名。

（3）命名规则。所有的类名的第一个字母大写，方法名第一个字母小写。

（4）Scala 标识符可以包含字母（a～z、A～Z）、数字（0～9）、下画线（_）和美元符号（$），但标识符不能以数字开头。以"$"开头的标识符为 Scala 中的保留关键字，应用程序应该避免使用"$"开始的标识符，以免造成冲突。

Scala 中的关键字如表 2.1 所示，不能使用关键字作为变量名进行使用。

表 2.1　Scala 中的关键字

abstract	case	catch	class	def	do
else	extends	false	final	finally	for
forSome	if	implict	import	lazy	match
new	null	object	override	package	private
protected	return	sealed	super	this	throw
trait	try	true	type	val	var
while	with	yield			

2.3.1　基本数据类型

视频讲解

Scala 支持的主要数据类型包括基本类型、集合类型和特殊类型，如表 2.2 所示。

表 2.2　Scala 数据类型

类型类别	数据类型	描　　述
基本类型	Byte	8 位有符号整数，数值范围为−128～127
	Short	16 位有符号整数，数值范围为−32768～32767
	Int	32 位有符号整数，数值范围为−2147483648～2147483647
	Long	64 位有符号整数，数值范围为−9223372036854775808～9223372036854775807
	Float	32 位 IEEE754 单精度浮点数
	Double	64 位 IEEE754 双精度浮点数
	Char	16 位无符号 Unicode 字符，数值范围为 U+0000～U+FFFF
	String	字符串类型，表示字符序列
	Boolean	布尔类型，值为 true 或 false

续表

类型类别	数据类型	描　　述
集合类型	List	不可变链表
	Set	不可变集合
	Map	不可变键值对集合
	Array	可变数组
	Tuple	元组,可包含不同类型元素的不可变容器
	Option	代表有可能含有值或为空的容器
	Either	表示两种可能的值类型之一
	Try	处理操作结果可能成功或失败的容器
特殊类型	Unit	表示无值,相当于 Java 中的 void
	Null	单例对象,表示所有引用类型的空值
	Nothing	表示无返回值类型,是所有类型的子类型
	Any	所有类型的超类型
	AnyRef	所有引用类型的超类型,等价于 Java 中的 Object

Scala 提供了强大的类型系统和丰富的数据结构,帮助开发者更安全和灵活地处理数据。Scala 在数据类型上提供了比 Java 更丰富和灵活的特性,包括对集合的强大支持、内建的元组类型、Option 类型来避免 null 可能引起的问题,以及更强大的模式匹配功能。例如,Scala 拥有强大的集合库,包括不可变和可变集合,并且不可变集合是默认选择。其集合 API 提供了许多函数式编程风格的方法,如 map、flatMap、filter 等。另外,Scala 中的 Unit 表示一个无值类型,相当于 Java 中的 void,通常用于函数或方法不返回有意义的值的场景。

Scala 可以自动推断变量、参数和返回值的类型,无须显式声明。在 Scala REPL 中输入数值时,Scala 就可以自动判断并赋予其相应的数据类型。

例 2.1　在 Scala REPL 中进行数值的类型推断。

```
scala> 1
res1: Int = 1
scala> 2.0
res2: Double = 2.0
scala> 2.0f
res3: Float = 2.0
scala> false
res4: Boolean = false
scala> "hello"
res5: String = hello
```

2.3.2　变量和常量

Scala 使用关键字"var"定义变量,"val"定义常量,语法如下所示。

```
//定义常量
val variableName : DataType = Initial Value
//定义变量
var variableName : DataType = Initial Value
```

视频讲解

关键字后依次是常量或变量名、冒号、数据类型、赋值运算符和初始值。由于 Scala 具备类型推断的功能,因此定义常量或变量时不需要显示指定数据类型。如果需要指定某种类型,可以在变量名后通过":DataType"说明类型。变量和常量在声明时必须进行初始化,否则编译器会报错。

例 2.2 定义常量和变量。

```
scala> var I = 3
i: Int = 3
scala> val j = 2.5
j: Double = 2.5
scala> val s = "hello"
s: String = hello
scala> val b:Boolean = false          //显示指定数据类型
b: Boolean = false
scala> val num:Double = 2             //显示指定数据类型
num: Double = 2.0
```

在 Scala 中,可以使用逗号分隔、元组解构和 for 推导式同时声明多个变量,这样可以使代码更加简洁,还可以保证多个变量在同一行声明时的相关性。

例 2.3 同时声明多个变量。

```
//使用逗号分隔定义两个常量 num1,num2
scala> val num1,num2 = 10
num1: Int = 10
num2: Int = 10
//使用元组解构定义两个常量
scala> val (x,y) = (3, "apple")
x: Int = 3
y: String = apple
```

在函数式编程中,尽量使用不可变的常量来保持函数的纯粹性,避免副作用。

2.3.3 运算符

Scala 含有丰富的内置运算符,包括算术运算符、关系运算符、逻辑运算符、位运算符和赋值运算符。

算术运算符用于两个数值的数学运算,如表 2.3 所示。

表 2.3 算术运算符

运 算 符	描 述	示 例
+	加	1+2
—	减	1-2
*	乘	1 * 2
/	除	1/2
%	取模	1%2

例2.4　算术运算符使用示例。

```
scala> val n1 = 30
n1: Int = 30
scala> val n2 = 4
n2: Int = 4
scala> n1 + n2
res7: Int = 34
scala> n1 % n2
res8: Int = 2
```

关系运算符用于判断两个数值的大小关系,结果为布尔类型的值,如表2.4所示。

表2.4　关系运算符

运　算　符	描　　述	示　　例
==	等于	1==2,返回 false
!=	不等于	1!=2,返回 true
>	大于	1>2,返回 false
<	小于	1<2,返回 true
>=	大于或等于	1>=2,返回 false
<=	小于或等于	1<=2,返回 true

例2.5　关系运算符使用示例。

```
//n1为30,n2为4
scala> n1 > n2
res9: Boolean = true
scala> n1 <= n2
res10: Boolean = false
scala> n1 != n2
res11: Boolean = true
```

逻辑运算符用于将两个布尔类型的数值或表达式进行逻辑运算,如"与""或""非",如表2.5所示。

表2.5　逻辑运算符

运　算　符	描　　述	示　　例
&&	与	true && false,返回 false
||	或	true || false,返回 true
!	非	! false,返回 true

例2.6　逻辑运算符使用示例。

```
//n1为30,n2为4
scala> true && false
res13: Boolean = false
scala> (n1 > n2) || (n2 < 0)
res14: Boolean = true
scala> ! (n2 > 2)
res15: Boolean = false
```

位运算符用于对二进制位进行操作,如表 2.6 所示。

表 2.6　位运算符

运　算　符	描　述	示　例
～	按位取"反"	～0
&	按位取"与"	1 & 2
|	按位取"或"	1 | 2
^	按位取"异或"	^1

例 2.7　位运算符使用示例。

```
//n1 为 30,n2 为 4
scala> ~n1
res18: Int = -31
scala> n1 & n2
res19: Int = 4
scala> n1 ^ n2
res20: Int = 26
```

表 2.7 列出了 Scala 支持的赋值运算符。

表 2.7　赋值运算符

运　算　符	描　述	示　例
=	指定右边操作数赋值给左边操作数	a = 2
+=	左右两边操作数相加后再赋值给左边操作数	a += 2
-=	左右两边操作数相减后再赋值给左边操作数	a -= 2
*=	左右两边操作数相乘后再赋值给左边操作数	a *= 2
/=	左右两边操作数相除后再赋值给左边操作数	a /= 2
%=	左右两边操作数取模后再赋值给左边操作数	a %= 2
<<=	按位左移后再赋值	a <<= 2
>>=	按位右移后再赋值	a >>= 2
&=	按位"与"运算后再赋值	a &= 2
^=	按位"异或"运算后再赋值	a ^= 2
|=	按位"或"运算后再赋值	a |= 2

例 2.8　赋值运算符使用示例。

```
//n1 为 30,n2 为 4
scala> var a = 4
a: Int = 4
scala> a += 2
scala> a
res23: Int = 6
```

2.4　集合类型之数组

在 Scala 中,数组是一种固定大小的容器,用于存储相同类型的元素。数组声明的语法格式如下所示。

视频讲解

```
var arr:Array[Int] = new Array[Int](3)
```

或

```
var arr = Array(3,5,6)
```

例 2.9 数组的声明。

```
scala> val arr = Array (1,2,3)
arr: Array[Int] = Array(1, 2, 3)
scala> val arr2 = new Array[String](3)
arr2: Array[String] = Array(null, null, null)
scala> arr2(0) = "pear"
scala> arr2(1) = "apple"
scala> arr2(2) = "grape"
scala> arr2
res27: Array[String] = Array(pear, apple, grape)
```

数组声明之后,可以使用括号对数组中的元素进行访问,如"arr(0)"获取数组的第一个元素。数组的常见操作方法如表2.8所示。

表 2.8 数组的常见操作方法

方　法	描　述
length	返回数组的长度
head	返回数组的第一个元素
tail	返回数组中除了第一个元素之外的所有元素
isEmpty	判断数组是否为空
contains(x)	判断数组是否包含元素 x
foreach	针对数组的每个元素应用函数,通常用于遍历数组并进行打印

例 2.10 数组常见操作方法的使用。

```
//arr = Array (1,2,3)
scala> arr.length
res28: Int = 3
scala> arr.head
res29: Int = 1
scala> arr.tail
res30: Array[Int] = Array(2, 3)
scala> arr.isEmpty
res31: Boolean = false
scala> arr.contains(3)
res32: Boolean = true
scala> arr.foreach(println)
1
2
3
```

Scala 中还有一些重要的数组操作方法,在使用前需要利用 import Array._引入包,如 range()方法,可以创建指定区间内的数组。具体用法如例2.11所示。

例 2.11 使用 range()方法创建数组。

```
//导入 Array._包
scala> import Array._
import Array._
//range()方法包含 3 个参数,1 为区间起始值,10 为区间终止值,2 为步长
scala> val myarr = range(1,10,2)
myarr: Array[Int] = Array(1, 3, 5, 7, 9)
```

默认情况下,数组是固定大小的,因此不能直接向数组中添加元素,若要实现动态添加元素的功能,可以使用可变数组类型 ArrayBuffer 来实现。

例 2.12 使用 ArrayBuffer 和固定大小的数组实现元素的添加和删除。

```
//使用 ArrayBuffer 动态添加和删除元素
//导入包
scala> import scala.collection.mutable.ArrayBuffer
import scala.collection.mutable.ArrayBuffer
//创建可变数组
scala> val array = ArrayBuffer[String]()
array: scala.collection.mutable.ArrayBuffer[String] = ArrayBuffer()
//向该数组中添加元素
scala> array += "apple"
res11: array.type = ArrayBuffer(apple)
scala> array += "banana"
res12: array.type = ArrayBuffer(apple, banana)
//从该数组中删除元素
scala> array -= "apple"
res14: array.type = ArrayBuffer(banana)
//使用固定大小的数组,而又想要"添加"元素,可以创建一个新数组,并将旧数组的元素复制到新
//数组中
scala> var arr = Array(1,2)
arr: Array[Int] = Array(1, 2)
//使用:=操作符添加元素
scala> arr :+= 3
scala> arr
res6: Array[Int] = Array(1, 2, 3)
```

在上述示例中,操作符":+"将新元素添加到数组的末尾,这一步会创建一个新的数组,新数组被重新赋值给 arr,使 arr 指向这个新的数组。

2.5 程序结构控制

2.5.1 判断结构

与其他编程语言一样,Scala 也使用 if 语句进行条件判断。if 语句由布尔表达式及条件满足后应执行的语句块组成。

例 2.13 if 语句使用示例。

```
//myarr: Array[Int] = Array(1, 3, 5, 7, 9)
scala> if (myarr.contains(3)){
```

```
    | print("myarr 包含 3")}
myarr 包含 3
```

if...else 语句通过一条或多条语句的执行结果来决定需要执行的代码块。当 if 圆括号中的条件表达式为"true"时,程序执行 if 后的代码块,否则执行 else 后的代码块。

例 2.14 if...else 使用示例。

```
scala> if (myarr.isEmpty){
    | print("数组为空")} else {
    | print("数组不为空")}
数组不为空
```

Scala 提供了强大的模式匹配机制,一个模式匹配包含一系列备选项,每个都开始于关键字 case,每个备选项都包含一个模式及一个或多个表达式,模式及表达式之间由箭头符号"=>"隔开。模式匹配用于对数据进行结构化和条件检查,类似于其他语言的 switch 语句,但功能更强大。

例 2.15 模式匹配的基本用法示例。

```
//定义常量 x,值为 2
scala> val x =2
x: Int = 2
//对 x 的值进行判断,返回相应结果
scala> x match {
    | case 1 => println("One")          //如果值为 1,打印 One
    | case 2 => println("Two")          //如果值为 2,打印 Two
    | case _ => println("Something else")   //如果值为其他值,打印 Something else
    | }
//运行结果
Two
```

例 2.16 模式匹配与变量绑定。

```
//声明元组 point,值为(2,3)
scala> val point = (2,3)
point: (Int, Int) = (2,3)
//判断 point 是否为二元元组,如果是,则进行打印
scala> point match {
    | case (x,y) => println(s"Point at ($x,$y)")
    | }
//运行结果
Point at (2,3)
```

2.5.2 循环结构

循环语句允许程序多次执行一条语句或语句组。Scala 语言提供了 3 种循环类型,如表 2.9 所示。

表 2.9　Scala 中的循环类型

循 环 类 型	描　　述
while	执行一系列语句,如果条件为 true,会重复执行,直到条件变为 false
do…while	类似 while 语句,区别在于判断循环条件之前,先执行一次循环的代码块
for	用来重复执行一系列语句,直到达成特定条件,一般通过在每次循环完成后增加计数器的值来实现

例 2.17　while 语句使用示例。

```
scala> var i = 1;
i: Int = 1
//循环语句,当 i 小于或等于 3 时,打印 i 值。每循环一次 i 值加 1
scala> while (i <= 3) {
    | println(i)
    | i += 1
    | }
//运行结果
1
2
3
```

for 语句是用于循环和生成集合的强大工具,语法格式如下。

```
for (变量 <- 集合 )        {循环语句}
```

例 2.18　for 语句基本用法示例。

```
scala> for ( i <- 1 to 5 ){
    | print(i + " ")
    | }
1 2 3 4 5
```

示例中打印整数 1 至 5,"1 to 5"表示 1 至 5 的区间,也可以使用"1 until 6"表示,until 所表示的区间不包含右侧数字。for 循环可以使用分号连接多个循环区间实现循环的嵌套,如例 2.19 所示。

例 2.19　for 循环嵌套示例。

```
scala> for (i <- 1 to 3; j <- 1 to 2) {
    | println(s"i = $i, j = $j")
    | }
i = 1, j = 1
i = 1, j = 2
i = 2, j = 1
i = 2, j = 2
i = 3, j = 1
i = 3, j = 2
```

for 循环还可以增加 if 语句进行判断过滤,如例 2.20 所示。

例 2.20 for 中的条件过滤。

```
scala> for (i <- 1 to 10 if i % 2 == 0) {
    | println(i)
    | }
2
4
6
8
10
```

Scala 语言中默认是没有 break 语句的，但 Scala 2.8 版本后可以使用另外一种方式来实现 break 功能，在程序执行到该语句时，就会中断循环并执行循环体之后的代码块。

例 2.21 break 语句的使用示例。

```
//导入包
scala> import scala.util.control._
import scala.util.control._
//创建 Breaks 对象
scala> val loop = new Breaks
loop: scala.util.control.Breaks = scala.util.control.Breaks@11c11a8b
//在 breakable 中循环
scala> loop.breakable{
    |     for(i <- 1 to 10){
    |     println(i + " ")
    |     if (i % 5 ==0)
    |      loop.break()        //循环中断
    |     }
    | }
//运行结果
1 2 3 4 5
```

2.6 函数

函数是 Scala 语言的核心特性之一，作为一种函数式编程语言，函数在 Scala 中具有很高的灵活性和表达力。定义函数的语法格式如下。

```
def functionName ([参数列表]) : [return type] = {
  function body
  return [expr]
}
```

函数定义由关键字 def 开始，然后是一个可选的参数列表、冒号":"和返回类型，之后是等号"="，最后是方法主体。方法体中的"return"语句可忽略，函数体的最后一行所代表的值或表达式将作为函数的返回值。如果函数没有返回值，则返回值类型为"Unit"。

例 2.22 定义一个函数 add，计算并返回两个整数的和。

```
def add(x: Int, y: Int): Int = {
  x + y
}
```

函数有多种不同的调用方式,以下是调用函数的标准格式。

```
functionName(参数列表)
```

如果方法使用了实例的对象来调用,则可以使用"类名.函数名(参数列表)"进行调用。

例 2.23 在类 Test 中定义函数 addDouble,并进行函数的调用。

```
scala> object Test {
    | def addDouble( a:Double, b:Double ) : Double = {
    |   var sum:Double = 0.0
    |   sum = a + b
    |   sum
    | }
    | }
defined object Test
//调用函数
scala> Test.addDouble(2.3,1.5)
res48: Double = 3.8
```

一般情况下函数调用参数,使用函数定义时的顺序依次传递,但 Scala 也支持通过指定参数名并且不需要按照顺序进行参数传递,如例 2.24 所示。

例 2.24 Scala 指定函数参数名进行参数传递。

```
scala> def printInt(a:Int, b:Int) = {
    | println("a 的值是"+a);
    | println("b 的值是"+b);
    | }
printInt: (a: Int, b: Int)Unit

scala> printInt(b=6,a=3)
a 的值是 3
b 的值是 6
```

2.6.1 匿名函数

在 Scala 中,匿名函数(也称为 lambda 表达式)是指没有名称的函数,用于简化代码,其基本语法格式如下所示。

```
(param1: Type1, param2: Type2) => expression
```

箭头"=>"左侧为参数列表,右侧为表达式,表达式将产生函数的结果。通常可以将匿名函数赋值给一个常量或变量,再通过常量或变量名调用该函数。

例 2.25 匿名函数使用示例。

```
//定义匿名函数,将其赋值给常量 result
scala> val result = (x:Int) => x *2
result: Int => Int = $$Lambda$1093/263969036@21c34bf8
//通过常量名调用该函数
scala> println(result(5))
10
```

当匿名函数只接受一个参数时,可以使用占位符"_"来代替参数名,多个参数的情况下,使用多个占位符来表示不同的参数位置。

例 2.26 占位符使用示例。

```
//一个参数时占位符使用方法
scala> val f1 = (_:Int) *2
f1: Int => Int = $$Lambda$1122/1523012874@44dcc0e4
//调用函数
scala> f1(3)
res5: Int = 6
//多个参数时占位符使用方法
scala> val f2 = (_:Int) *(_:Int)
f2: (Int, Int) => Int = $$Lambda$1123/1218677266@2aa65672
//调用函数
scala> f2(3,5)
res6: Int = 15
```

使用占位符时,要注意确保每个"_"对应的参数位置,避免混淆。占位符的使用更适合于简单的表达式,对于复杂的逻辑,使用明确的参数名会提升代码的可读性。

2.6.2 高阶函数

在 Scala 中,高阶函数是指可以接受一个或多个函数作为参数,或者返回一个函数的函数,用于支持函数式编程的更灵活的编程模式。

例 2.27 接受函数作为参数的高阶函数使用示例。

```
//定义一个高阶函数 applyFunction
def applyFunction(f: Int => Int, value: Int): Int = {
  f(value)              //调用传入的函数 f,并将 value 作为参数传递给它
}
//定义一个简单的函数 square
val square: Int => Int = x => x *x
//使用高阶函数 applyFunction
val result = applyFunction(square, 4)        //result: 16
println(result)                              //输出: 16
```

上述示例中,定义了一个高阶函数 applyFunction,它接受另一个函数 f 作为参数,f 是一个输入为 Int,输出也为 Int 的函数。value 是一个 Int 类型的参数,函数体中调用 f(value),即执行函数 f,将 value 作为输入,返回 f 的结果。square 保存了一个匿名函数,该匿名函数接受一个 Int 类型的数值 x,并返回 x 的平方。在调用高阶函数 applyFunction 时,传入 square 函数和整数 4,在执行时,4 会被传递给 square 函数,计算 square(4),即 4 的平方,返回 16,将结果存储在 result 中。

例 2.28 函数作为返回值的高阶函数使用示例。

```
//定义一个返回函数的高阶函数 makeIncrementer
def makeIncrementer(increment: Int): Int => Int = {
  (x: Int) => x + increment        //返回一个接受 Int 并返回 Int 的函数
}
```

```
//创建一个加 5 的函数
val addFive = makeIncrementer(5)
//使用返回的函数
val result = addFive(10)          //result: 15
println(result)                   //输出: 15
```

在上述示例中,创建了一个高阶函数 makeIncrementer,函数的返回类型是"Int =>
Int",表明返回的函数接受一个 Int 类型的参数,并返回一个 Int 类型的结果。函数体中,
"(x:Int) => x + increment"创建了一个匿名函数,该函数接受一个整数 x,并将其与高
阶函数的参数 increment 相加。接下来通过调用 makeIncrementer(5)创建了一个新的函数
addFive,它实际上是一个可以接受一个整数并将其增加 5 的函数。最后,调用 addFive(10)
传入一个参数 10,将其增加 5,结果为 15。

【任务实现】

1. 步骤分析

本任务使用数组保存购物清单,使用函数完成相应的功能,并在 main()方法中对各功
能模块进行测试。由于代码较为复杂,因此将代码写入 scala 源文件中,再使用":load"指令
进行加载运行。

2. 完成任务

(1) 新建 scala 类文件,文件名为 ShoppingList.scala。

(2) 在文件中输入如下代码。

```
import scala.collection.mutable.ArrayBuffer
object ShoppingList {
 //定义购物清单数组
 val shoppingList = ArrayBuffer[String]()
 //添加商品
 def addItem(item: String): Unit = {
  shoppingList += item                        //使用 += 操作符添加商品
 }

 //删除商品
 def removeItem(item: String): String = {
  if (shoppingList.contains(item)) {
    shoppingList -= item                       //使用 -= 操作符删除商品
    s"$item 已被删除"
  } else {
    s"$item 不在购物清单中"
  }
 }

 //打印购物清单
 def printShoppingList(): Unit = {
  println("当前购物清单:")
  shoppingList.foreach(println)
```

```
    }

    //返回总商品数量
    def totalItems(): Int = {
     shoppingList.length
    }

    def main(args: Array[String]): Unit = {
     //示例操作
     addItem("苹果")
     addItem("牛奶")
     printShoppingList()                        //打印当前清单
     println(s"总商品数量为 ${totalItems()}")      //打印总商品数量
     println(removeItem("牛奶"))                  //删除商品
     printShoppingList()                        //打印更新后的清单
     println(s"总商品数量为 ${totalItems()}")      //打印总商品数量
    }
   }
```

（3）在 REPL 中加载该文件，并运行 main 函数，代码运行结果如图 2.4 所示。

```
scala> :load "D:\spark\ShoppingList.scala"
Loading D:\spark\ShoppingList.scala ...
import scala.collection.mutable.ArrayBuffer
defined object ShoppingList

scala> ShoppingList.main(Array())
当前购物清单:
苹果
牛奶
总商品数量为 2
牛奶 已被删除
当前购物清单:
苹果
总商品数量为 1
```

图 2.4　购物清单代码运行结果

【任务总结】

通过本任务的学习，读者可以掌握程序需求分析的重要性，学会使用数组作为基本数据存储结构，理解如何在数组中管理和操作数据项，掌握函数的定义和调用，分别实现添加、删除、查看和统计功能，学会编写模块化代码，提高代码可维护性和可读性。在编程过程中，需要注意以下几点。

（1）本任务中的购物清单数据是实时变化的，因此使用的是可变数组结构 ArrayBuffer，可以更灵活地实现动态添加和删除元素。如果使用不可变数组 Array 数据结构，也可以实现该功能，但不如可变数组方便。

（2）根据任务的需求，采用函数的方式进行模块化编程，减少了重复代码，同时需遵循编程规范，保持代码整洁和注释清晰。

【巩固练习】

一、单选题

1. Scala 中的整型数据类型不包括( )。

    A. Int   B. Long   C. Float   D. Byte

2. 关键词( )用于定义 Scala 中的可变变量。

    A. val   B. var   C. def   D. let

3. 在 Scala 中,( )声明了一个只读的字符串变量。

    A. var name：String ＝"John"   B. val name：String ＝"John"

    C. def name：String ＝"John"   D. string name ＝"John"

4. 在 Scala 中,( )可用于循环遍历集合。

    A. foreach   B. for-each   C. loop   D. iterate

5. 在 Scala 中,使用( )定义匿名函数。

    A. def   B. lambda   C. ＝＞   D. function

6. ( )是合法的 Scala 函数定义。

    A. def multiply(a：Int，b：Int) ＝ a ＊ b

    B. def multiply(a：Int，b：Int)：Unit ＝ a ＊ b

    C. def multiply(a，b：Int)：Int ＝ a ＊ b

    D. multiply(a：Int，b：Int) ＝＞ a ＊ b

7. ( )是高阶函数的特性。

    A. 函数只能返回基本数据类型

    B. 函数只能接受基本数据类型作为参数

    C. 函数可以接受其他函数作为参数或返回其他函数

    D. 函数不能嵌套定义

二、判断题

1. 在 Scala 中,默认数组的长度是可变的。   ( )

2. Scala 的 for 循环可以用于遍历集合。   ( )

3. 在 Scala 中,match 表达式类似于其他语言中的 switch 语句。   ( )

4. 在 Scala 中,Option 类型用于表示可能缺失的值。   ( )

5. 使用 if 语句时,Scala 要求必须有 else 分支。   ( )

6. 在 Scala 中,函数可以没有返回类型,编译器会根据函数体自动推断返回类型。( )

7. Scala 的函数定义必须使用 def 关键字来声明。   ( )

8. Scala 中的匿名函数可以用＝＞符号表示,并且可以赋值给变量。   ( )

三、编程题

1. 编写一个函数,求两个数的最大公因数。

2. 打印九九乘法表。

3. 水仙花数指其个位、十位、百位 3 个数的立方和等于这个数本身。编写一个函数,找出所有的水仙花数。

【任务拓展】

编写一个 Scala 程序,定义一个函数 calculateAverageScore,该函数接受一个包含学生成绩的数组,并返回平均成绩。要求忽略负分和超过 100 分的成绩。任务要求如下。

1. 函数签名应为 def calculateAverageScore(scores:Array[Double]):Double。
2. 如果数组为空,返回 0.0。

任务 3 分析图书馆借阅记录

【任务提出】

在当今信息快速发展的时代,图书馆作为知识的宝库,承担着为公众提供学习和研究资源的重要职责。随着借阅量的增加,图书馆管理者需要依靠数据分析来优化资源配置、提升服务质量,以便更好地了解读者的需求。这尤其体现在借阅记录的管理方面,通过深入分析借阅情况,管理员可以发现哪些书籍最受欢迎、哪些书籍常被不同的读者借阅,从而做出相应的调整,如购入更多热门书籍、安排相关活动等。

为了帮助图书馆管理员有效地分析借阅记录,本任务需要开发一个简单的借阅记录分析工具,该工具能够自动处理借阅数据,并生成每本书的借阅统计信息。

【任务分析】

本任务将定义一个类,包含借阅记录的列表以及用于分析的方法。具体实施步骤如下。

1. 定义类,包含用于存储借阅记录的列表、添加借阅记录的方法和分析借阅记录的方法。

2. 采用列表形式存储借阅记录,便于动态添加和遍历。每条记录以元组的形式存储,包含书名、借阅者姓名和借阅时间。

3. 运用集合操作,按书名对借阅记录进行分组。遍历每个分组,计算出每本书的借阅次数和独立借阅者数量。

4. 最终输出每本书的借阅情况,帮助图书馆管理员基于数据做出决策。

【知识准备】

2.7　其他集合类型

在 Scala 编程语言中,集合是处理数据的重要工具。Scala 提供了丰富的数据结构以支

视频讲解

持各种集合操作,这些数据结构既灵活又高效。集合通常分为两大类:可变集合(Mutable)和不可变集合(Immutable)。不可变集合是 Scala 的默认选择,它能够确保数据的安全性和高效性,这使得并发编程变得更加简单。

Scala 的集合可以分为以下三大类。

(1) 序列(Sequences),这是一种元素的有序集合,可以是可索引的(如数组)或线性的(如链表)。

(2) 集合(Sets),一种无序的唯一元素集合。

(3) 映射(Maps),包含一组键值对的集合,类似于 Java Map、Python 的字典或 Ruby 的 Hash。

图 2.5 展示了 scala.collection 包中的集合类型,这些类型都是高层次的抽象类,具有可变或不可变的实现。

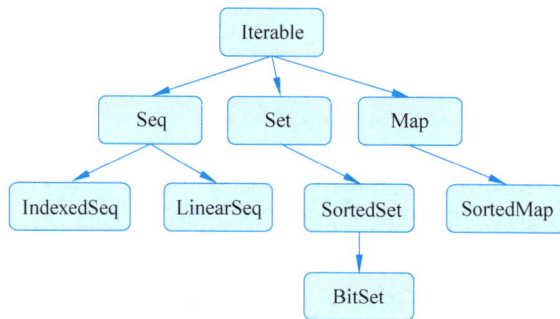

图 2.5 scala.collection 包中的集合类型

在 scala.collection.immutable 包中包含了上述类的不可变实现集合类,如图 2.6所示。

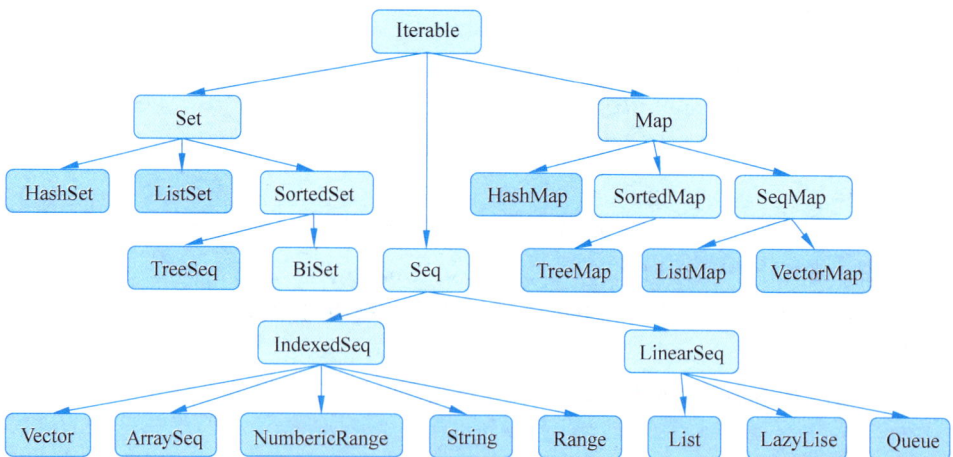

图 2.6 不可变实现集合类

在 scala.collection.mutable 包中包含了可变实现集合类,如图 2.7 所示。

通过理解这些集合类型及其特点,开发者可以更有效地进行数据处理与管理,提升代码的可读性和性能。

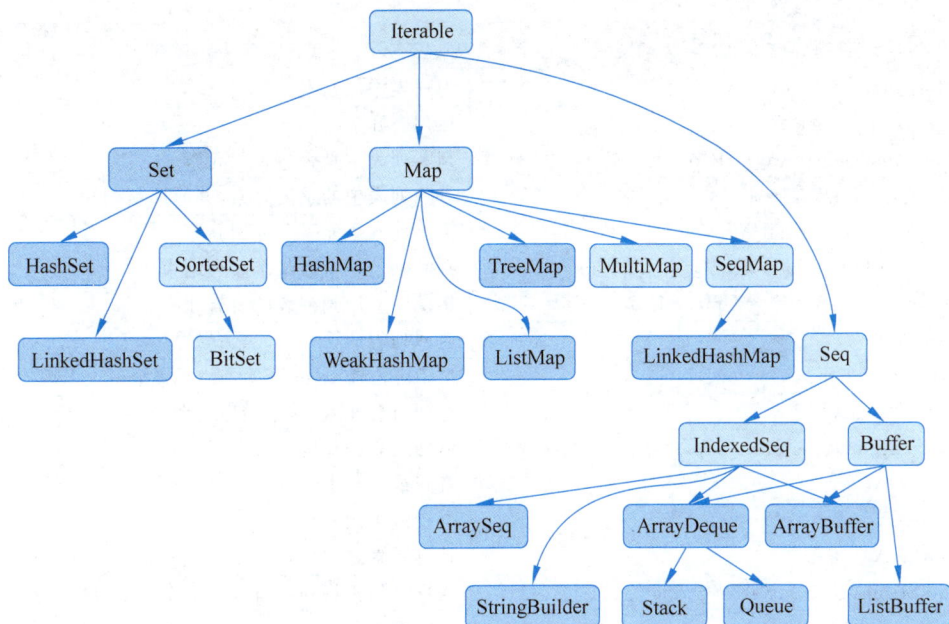

图 2.7　可变实现集合类

2.7.1　列表

在 Scala 中，列表（List）是一种非常重要的不可变实现集合类型，列表中的元素可以是任意类型，包括基本数据类型、对象，甚至其他列表。Scala 的列表默认是不可变的，一旦创建，无法修改。这意味着对列表的任何操作，如添加或删除元素，都会返回一个新的列表。

定义列表时，可以通过 List 构造器直接创建列表。

例 2.29　列表的定义。

```
scala> val list = List(1,3,4,2)
list: List[Int] = List(1, 3, 4, 2)
package book.sparkmllib
```

上述示例中创建了一个列表"list"，包含元素(1,3,4,2)，根据初值自动推断列表的数据类型为"Int"。

使用 Nil 可以创建空列表，如例 2.30 所示。

例 2.30　空列表的创建。

```
scala> val empty = Nil
empty: scala.collection.immutable.Nil.type = List()
```

列表作为 Scala 重要的数据结构之一，有许多方法进行操作，常用方法如表 2.10 所示。

表 2.10 列表的常见操作方法

方　　法	描　　述
def ＋:(elem：A)：List[A]	为列表添加元素
def ::(x：A)：List[A]	在列表开头添加元素
def contains(elem：Any)：Boolean	判断列表中是否包含某元素
def distinct：List[A]	去除列表中的重复元素,并返回新列表
def drop(n：Int)：List[A]	丢弃前 n 个元素并返回新列表
def endsWith[B](that：Seq[B])：Boolean	判断列表是否以某个序列结束
def foreach(f：(A) =＞ Unit)：Unit	将函数应用到列表的所有元素
def head：A	返回列表的第一个元素
def indexOf(elem：A，from：Int)：Int	从指定位置 from 开始查找元素第一次出现的位置
def init：List[A]	返回所有元素,除了最后一个
def length：Int	返回列表的长度
def max：A	查找最大元素
def min：A	查找最小元素
def sum：A	计算元素之和
def mkString(sep：String)：String	使用分隔符将列表所有元素作为字符串显示
def take(n：Int)：List[A]	提取前 n 个元素
def reverse：List[A]	列表反转
def startsWith[B](that：Seq[B]，offset：Int)：Boolean	判断列表在指定位置是否包含指定序列

例 2.31 列表的使用示例。

```
scala> val fruits = List("apple","banana","cherry")
fruits: List[String] = List(apple, banana, cherry)
//获取列表的某个元素
scala> println(fruits(1))
banana
//向列表中添加元素
scala> val moreFruits = "orange" :: fruits
moreFruits: List[String] = List(orange, apple, banana, cherry)
//遍历
scala> moreFruits.foreach(fruit => println(fruit))
orange
apple
banana
cherry
//定义一个列表 nums
scala> val nums = List(1,3,2,5)
nums: List[Int] = List(1, 3, 2, 5)
//求最大值
scala> nums.max
res2: Int = 5
//求最小值
scala> val min = nums.min
min: Int = 1
//求和
scala> val sum = nums.sum
```

```
sum: Int = 11
//判断是否包含 4
scala> val r = nums.contains(4)
r: Boolean = false
```

2.7.2　集合

集合(Set)是没有重复对象的集合,所有的元素都是唯一的,分为可变和不可变的集合。默认情况下,Scala 使用的是 scala.collection.immutable.Set 包中的不可变集合,若要使用可变集合,需要引入 scala.collection.mutable.Set 包。

使用 Set 构造器即可创建一个集合,除了常见的 contains、head、init、max、min、sum、tail、take 方法外,集合的常见操作方法如表 2.11 所示。

表 2.11　集合的常见操作方法

方　　法	描　　述
def ＋(elem：A)：Set[A]	为集合添加新元素,并创建一个新的集合,除非元素已存在
def −(elem：A)：Set[A]	移除集合中的元素,并创建一个新的集合
def ＋(elem1：A, elem2：A, elems：A＊)：Set[A]	通过添加传入指定集合的元素创建一个新的不可变集合
def ＋＋(elems：A)：Set[A]	合并两个集合
def −(elem1：A, elem2：A, elems：A＊)：Set[A]	通过移除传入指定集合的元素创建一个新的不可变集合
def &(that：Set[A])：Set[A]	返回两个集合的交集
def diff(that：Set[A])：Set[A]	比较两个集合的差集
def equals(that：Any)：Boolean	比较序列是否相等
def size：Int	返回不可变集合元素的数量
def addString(b：StringBuilder)：StringBuilder	将不可变集合的所有元素添加到字符串缓冲区

例 2.32　集合的使用示例。

```
//创建集合
scala> val fruits: Set[String] = Set("apple", "banana", "cherry")
fruits: Set[String] = Set(apple, banana, cherry)
//添加元素
scala> val newFruits = fruits + "date"
newFruits: scala.collection.immutable.Set[String] = Set(apple, banana, cherry,
date)
//删除元素
scala> val updatedFruits = newFruits - "banana"
updatedFruits: scala.collection.immutable.Set[String] = Set(apple, cherry,
date)
//遍历
scala> updatedFruits.foreach(println)
apple
cherry
date
//导入可变集合
scala> import scala.collection.mutable
import scala.collection.mutable
```

```
//定义可变集合
scala> val mutableFruits: mutable.Set[String] = mutable.Set("orange", "grape")
mutableFruits: scala.collection.mutable.Set[String] = Set(grape, orange)
//向可变集合中添加元素
scala> mutableFruits.add("kiwi")
res4: Boolean = true
//打印结果
scala> println(mutableFruits)
Set(grape, orange, kiwi)
//从可变集合中删除元素
scala> mutableFruits.remove("orange")
res6: Boolean = true
//打印结果
scala> println(mutableFruits)
Set(grape, kiwi)
//定义新的集合
scala> val moreFruits: Set[String] = Set("banana", "kiwi", "mango")
moreFruits: Set[String] = Set(banana, kiwi, mango)
//求集合的并集
scala> val union = fruits union moreFruits
union: scala.collection.immutable.Set[String] = Set(banana, mango, cherry,
apple, kiwi)
//求交集
scala> val intersection = fruits intersect moreFruits
intersection: scala.collection.immutable.Set[String] = Set(banana)
//求差集
scala> val difference = fruits diff moreFruits
difference: scala.collection.immutable.Set[String] = Set(apple, cherry)
```

2.7.3 映射

映射(Map)是一种可迭代的键值对结构,所有的值都可以通过键来获取,且 Map 中的键都是唯一的。Map 也称为哈希表(Hash tables),分为可变与不可变两种,默认情况下 Scala 使用不可变映射。如果需要使用可变映射,需要显式地引入 scala.collection.mutable.Map 类。

例 2.33　映射的使用示例。

```
//创建 Map 对象
scala> val fruits: Map[String, Int] = Map("apple" -> 1, "banana" -> 2, "cherry" -> 3)
fruits: Map[String, Int] = Map(apple -> 1, banana -> 2, cherry -> 3)
//访问元素
scala> println(fruits("apple"))
1
//添加元素
scala> val updatedFruits = fruits + ("date" -> 4)
updatedFruits: scala.collection.immutable.Map[String, Int] = Map(apple -> 1,
banana -> 2, cherry -> 3, date -> 4)
//删除元素
scala> val removedFruits = updatedFruits - "banana"
removedFruits: scala.collection.immutable.Map[String, Int] = Map(apple -> 1,
cherry -> 3, date -> 4)
//遍历
```

```
scala> removedFruits.foreach { case (key, value) =>
    |    println(s"$key: $value")
    |  }
apple: 1
cherry: 3
date: 4
//导入可变 Map 包
scala> import scala.collection.mutable
import scala.collection.mutable
//创建可变 Map
scala> val mutableFruits: mutable.Map[String, Int] = mutable.Map("orange" -> 5,
"grape" -> 6)
mutableFruits: scala.collection.mutable.Map[String, Int] = Map(orange -> 5,
grape -> 6)
//添加元素
scala> mutableFruits("kiwi") = 7
//删除元素
scala> mutableFruits.remove("orange")
res11: Option[Int] = Some(5)
//遍历可变 Map
scala> mutableFruits.foreach { case (key, value) =>
    |    println(s"$key: $value")
    |  }
kiwi: 7
grape: 6
```

Map 有三个基本操作，keys 用于返回所有的键，values 用于返回所有的值，isEmpty 在 Map 为空时返回 true。

2.7.4 元组

在 Scala 中，元组(Tuple)是一种可以存储多个不同类型的元素的数据结构。元组的元素数量是固定的，并且可以包含不同类型的数据。元组通常用于将多个值组合在一起，尤其是在函数返回多个值时非常有用。可以使用括号"()"来创建一个元组。Scala 提供了不同大小的元组，从二元组到二十二元组(Tuple2 到 Tuple22)。

例 2.34 元组定义示例。

```
//创建一个二元元组
scala> val tuple2 = (1, "apple")
tuple2: (Int, String) = (1,apple)
//创建一个三元元组
scala> val tuple3 = (1, "banana", 3.14)
tuple3: (Int, String, Double) = (1,banana,3.14)
//创建一个四元元组
scala> val tuple4 = (true, "hello", 42, 3.14)
tuple4: (Boolean, String, Int, Double) = (true,hello,42,3.14)
```

可以通过索引访问元组的元素，索引从"_1"开始，到"_N"(N 是元组的大小)结束。元组是不可变的，一旦创建后，其元素不能被修改，且其大小是固定的，无法删除或添加元素。

从技术上讲，Scala 2.x 的元组并不是集合类，它们只是一个便于使用的小容器。由于它们不是集合,因此不支持 map、filter 等方法。

例 2.35　元组使用示例。

```
//创建一个三元元组
scala> val myTuple = (10, "Scala", 3.14)
myTuple: (Int, String, Double) = (10,Scala,3.14)
//访问第一个元素
scala> val firstElement = myTuple._1
firstElement: Int = 10
//访问第二个元素
scala> val secondElement = myTuple._2
secondElement: String = Scala
//访问第三个元素
scala> val thirdElement = myTuple._3
thirdElement: Double = 3.14
//遍历元组
scala> myTuple match {
    | case (a, b, c) => println(s"First: $a, Second: $b, Third: $c")
    | }
First: 10, Second: Scala, Third: 3.14
```

2.8　集合类函数

Scala 集合类的一大优势是提供了大量预构建的函数,这样做的好处是操作集合时不需要每次都编写自定义的 for 循环。常用的集合类函数如表 2.12 所示。

表 2.12　常用的集合类函数

方　　法	含　　义
map	对集合的每个元素应用该函数进行计算
filter	判断集合的每个元素是否满足函数体书写的条件,如果不满足则将其删除
foreach	对集合的每个元素应用该函数,但没有返回值
head	获取集合的第一个元素
tail	获取除了第一个元素的其他元素集合
take(n)	获取前 n 个元素
drop(n)	删除前 n 个元素
reduce	对集合中的每个元素应用该聚合函数,得到聚合结果
groupBy	对集合中的每个元素应用自定义规则进行分组

例 2.36　集合类函数使用示例。

```
//声明一个包含整数 1~ 10 的 List
scala> val numbers = List(1, 2, 3, 4, 5, 6, 7, 8, 9, 10)
numbers: List[Int] = List(1, 2, 3, 4, 5, 6, 7, 8, 9, 10)
//1.map 对集合中的每个元素应用一个求平方的函数
scala> val squares = numbers.map(x => x * x)
squares: List[Int] = List(1, 4, 9, 16, 25, 36, 49, 64, 81, 100)
//2.filter 筛选满足条件的元素
scala> val evenNumbers = numbers.filter(x => x % 2 == 0)
```

视频讲解

```
evenNumbers: List[Int] = List(2, 4, 6, 8, 10)
//3.foreach 遍历集合中的每个元素并执行操作
scala> numbers.foreach(x => println(x))
1
2
3
4
5
6
7
8
9
10
//4.head 获取集合的第一个元素
scala> val firstElement = numbers.head
firstElement: Int = 1
//5.tail 获取除第一个元素外的剩余元素
scala> val restOfTheList = numbers.tail
restOfTheList: List[Int] = List(2, 3, 4, 5, 6, 7, 8, 9, 10)
//6.take 获取前 n 个元素
scala> val firstThree = numbers.take(3)
firstThree: List[Int] = List(1, 2, 3)
//7.drop 丢弃前 n 个元素
scala> val droppedFirstThree = numbers.drop(3)
droppedFirstThree: List[Int] = List(4, 5, 6, 7, 8, 9, 10)
//定义一个函数 add, 对参数进行求和, 并打印参数及求和结果
scala> def add(x: Int, y: Int): Int = {
     |   val theSum = x + y
     |   println(s"received $x and $y, their sum is $theSum")
     |   theSum
     | }
add: (x: Int, y: Int)Int
//8.reduce 调用 add 函数, 依次传入上一次的计算结果和新的元素, 并对其求和
scala> numbers.reduce(add)
received 1 and 2, their sum is 3
received 3 and 3, their sum is 6
received 6 and 4, their sum is 10
received 10 and 5, their sum is 15
received 15 and 6, their sum is 21
received 21 and 7, their sum is 28
received 28 and 8, their sum is 36
received 36 and 9, their sum is 45
received 45 and 10, their sum is 55
res8: Int = 55
//9.groupBy 函数, 根据自定义规则对集合中的每个元素进行分组, 返回一个 Map, Map 的键为组
//名, 值为分组之后的元素集合
scala> numbers.groupBy(x=>x%2==0)
res25: scala.collection.immutable.Map[Boolean,List[Int]] = Map(false -> List(1,
3, 5, 7, 9), true -> List(2, 4, 6, 8, 10))
```

2.9 面向对象编程基础

2.9.1 类和对象

Scala 作为一种面向对象的编程语言,类(Class)和对象(Object)是其核心概念,类是对象的蓝图或模板,定义了对象的属性和行为,对象则是类的实例。Scala 中的对象包括单例对象和类的实例两种。

例 2.37 创建类的代码示例。示例中创建了一个类 Person,该类有两个属性,分别为姓名 name 和年龄 age。类中实现了一个方法 greet,该方法对属性进行了说明及打印。

```
scala> class Person(val name: String, var age: Int) {
    | def greet(): Unit = {
    |   println(s"Hello, my name is $name and I am $age years old.")
    | }
    | }
```

使用"new"关键字可以创建一个对象,通过对象访问类的属性,调用类的方法。

例 2.38 对象的创建及使用。

```
//创建对象 person1
scala> val person1 = new Person("Alice", 30)
person1: Person = Person@55de1b68
//调用类的方法 greet()
scala> person1.greet()
Hello, my name is Alice and I am 30 years old.
//修改属性 age
scala> person1.age = 31
person1.age: Int = 31
//重新调用方法 greet
scala> person1.greet()
Hello, my name is Alice and I am 31 years old.
```

在 Scala 中,没有 static 关键字,但是可以通过 object 创建单例对象,它与类同名,但只有一个实例。单例对象通常用于定义静态方法或常量。

例 2.39 单例对象的创建及使用。

```
//创建单例对象 MathUtils
scala> object MathUtils {
    | def add(x: Int, y: Int): Int = x + y
    | def multiply(x: Int, y: Int): Int = x * y
    | }
defined object MathUtils
//调用对象的方法
scala> MathUtils.add(3,5)
res11: Int = 8
scala> MathUtils.multiply(4,2)
res14: Int = 8
```

当单例对象与某个类共享同一个名称时,单例对象被称作这个类的伴生对象,类被称为这个单例对象的伴生类。类和它的伴生对象可以互相访问其私有成员。需要注意的是,伴生对象与其伴生类需位于同一个源文件中。

例 2.40 伴生类和伴生对象的使用示例。

```scala
//定义伴生类
class Person(val name: String, var age: Int) {
  //伴生类中的私有方法
  private def secret(): String = s"My secret age is $age."
  //伴生对象可以访问私有方法
  def revealSecret(): String = Person.getSecret(this)
}
//定义伴生对象
object Person {
  //工厂方法,用于创建 Person 实例
  def apply(name: String, age: Int): Person = new Person(name, age)
  //伴生对象可以访问伴生类的私有方法
  private def getSecret(person: Person): String = person.secret()
}
//使用示例
object Main extends App {
  //使用伴生对象的工厂方法创建实例
  val person = Person("Alice", 30)
  println(s"Name: ${person.name}, Age: ${person.age}")   //输出: Name: Alice, Age: 30
  //调用 revealSecret 方法
  println(person.revealSecret())                          //输出: My secret age is 30.
}
```

2.9.2 样例类

在 Scala 中,样例类(case class)是一种特殊类型的类。样例类非常适合于模式匹配,可以轻松地提取数据。使用样例类时,可以省略 new 关键字。

例 2.41 样例类与模式匹配的使用示例。

```scala
//创建样例类 Person
case class Person(name: String, age: Int)
//定义描述函数,使用模式匹配根据 person 的不同情况生成相应的描述
def describe(person: Person): String = person match {
  case Person("Alice", age) => s"Alice is $age years old."
  case Person(name, age) => s"$name is $age years old."
}
//创建实例并调用函数
val bob = Person("Bob", 25)
println(describe(bob))        //输出: Bob is 25 years old.
```

在上述示例中,首先使用 case class 创建了一个样例类 Person,该类有两个字段: name 和 age。描述函数 describe 接受一个 Person 对象为参数,并返回一个字符串,在该函数中,使用模式匹配 match 判断 person 的字段值,从而生成相应的描述字符串。最后创建了一个实例 bob,调用描述函数,根据模式匹配的结果,输出字符串"Bob is 25 years old"。

样例类具有以下特点。

（1）样例类会自动生成 equals、hashCode 和 toString 方法。

（2）默认情况下,样例类的参数类型是 val 类型,即不可变常量。

（3）样例类会自动生成结构方法 apply 和 unapply,便于模式匹配。

【任务实现】

1. 步骤分析

本任务的输入为一系列的借阅记录,每条记录包含书名、借阅者姓名和借阅时间。需要编写方法用于统计每本书的总借阅次数和独立借阅者数量,最终返回 Map 结构的结果,其中键为书名,值是一个元组,包含分析结果。为实现这些功能,引入一个类来管理借阅记录,并在其中定义相关的方法进行统计。

2. 完成任务

（1）启动 Scala,进入 REPL 界面。

（2）在 REPL 端输入如下代码。

```scala
//定义一个 Library 类,用于管理借阅记录
class Library {
  //存储借阅记录的列表
  private var records: List[(String, String, String)] = List()
  //添加借阅记录的方法
  def addRecord(bookTitle: String, borrowerName: String, borrowDate: String):
Unit = {
    records :+= (bookTitle, borrowerName, borrowDate)
  }
  //分析借阅记录的方法
  def analyzeBorrowingRecords(): Map[String, (Int, Int)] = {
    //按书名分组借阅记录
    val groupedRecords = records.groupBy(_._1)
    //统计每本书的借阅次数和独立借阅者数量
    groupedRecords.map { case (bookTitle, entries) =>
      val totalBorrowed = entries.length
      val uniqueBorrowers = entries.map(_._2).toSet.size   //使用 Set 确保名字唯一
      bookTitle -> (totalBorrowed, uniqueBorrowers)
    }
  }
}
//示例用法
val library = new Library()
//添加一些借阅记录
library.addRecord("Scala Programming", "Alice", "2024-01-15")
library.addRecord("Scala Programming", "Bob", "2024-01-16")
library.addRecord("Java Programming", "Alice", "2024-01-17")
library.addRecord("Scala Programming", "Alice", "2024-01-18")
library.addRecord("Java Programming", "Charlie", "2024-01-19")
//分析借阅记录
val analysisResult = library.analyzeBorrowingRecords()
//打印分析结果
println(analysisResult)
```

（3）执行代码，结果如图 2.8 所示。

```
scala>  println(analysisResult)
Map(Scala Programming → (3,2), Java Programming → (2,2))
```

图 2.8　图书馆借阅记录分析结果

【任务总结】

通过本任务的学习，读者可以理解 Scala 中类的定义、方法的创建，学会使用 List、Set、Map 等结构进行数据存储和处理，通过创建类深入理解了面向对象编程的概念。在使用时需注意以下几点。

（1）使用清晰且具描述性的变量、方法和类名，遵循命名约定，以提高代码可读性。例如，addRecord 和 analyzeBorrowingRecords 明确表达了其功能。

（2）每个方法应只负责一个功能，确保代码模块化，便于测试和维护。例如，将数据添加与分析分开处理，避免一个方法承担过多责任。

（3）在进行输入验证时，确保所有输入数据是有效的。例如，检查书名和借阅者姓名是否为空，防止无效数据影响统计结果。

（4）尽量使用不可变的数据结构（如 List 和 Map），以减少副作用，提高程序的可靠性。

（5）评估操作的时间复杂度，特别是在处理大量数据时，选择高效的算法和数据结构。例如，使用 Set 来计算独立借阅者数量，避免重复计数。

【巩固练习】

一、单选题

1. （　　）方法用于筛选集合中满足特定条件的元素。

    A. map   B. filter   C. reduce   D. foreach

2. 在 Scala 中，关键字（　　）用于定义普通类。

    A. class   B. def   C. object   D. new

3. 在 Scala 中，（　　）可以创建一个伴生对象。

    A. 使用 object 关键字   B. 使用 class 关键字

    C. 使用 trait 关键字   D. 不可创建半生对象

4. 在 Scala 中，case class 的主要优点是（　　）。

    A. 允许继承   B. 自动生成 hashCode 和 equals 方法

    C. 不支持模式匹配   D. 只能有一个构造器

5. Scala 中，（　　）方法可以用来获取集合的第一个元素。

    A. head   B. first   C. top   D. begin

6. 在 Scala 中，reduce 函数的作用是（　　）。

    A. 过滤集合   B. 映射集合

C. 将集合元素合并为一个值　　　　　D. 遍历集合

二、判断题

1. Scala 是一种静态类型语言。　　　　　　　　　　　　　　　　　(　　)

2. List 和 Array 都是可变集合。　　　　　　　　　　　　　　　　(　　)

3. Scala 的 Map 集合可以包含重复的键。　　　　　　　　　　　　(　　)

4. Scala 中的 case class 不支持模式匹配。　　　　　　　　　　　　(　　)

5. Scala 可以与 Java 无缝互操作。　　　　　　　　　　　　　　　(　　)

三、编程题

1. 编写一个 Scala 函数 removeDuplicatesAndSort,该函数接收一个整数列表,返回一个去重并升序排序后的列表。

2. 定义一个名为 Person 的类,该类有两个属性:name(字符串类型)和 age(整数类型)。编写一个方法 isAdult,如果年龄大于或等于18,返回 true,否则返回 false。

3. 编写一个 Scala 函数 countOccurrences,该函数接收一个字符串列表,返回一个 Map,其中键是字符串,值是该字符串在列表中出现的次数。

【任务拓展】

假设购物车可以存放商品。每个商品都有名称、价格和数量。请编写一个 Scala 程序,定义一个 Product 类来表示商品,并实现一个 ShoppingCart 类来管理购物车中的商品。ShoppingCart 类应该具有以下功能。

1. 添加商品到购物车。

2. 从购物车中移除商品。

3. 计算购物车中所有商品的总价。

提示:可以使用 Map 来存储商品及其数量,以便于高效管理。

项目 3

Spark Core 数据分析

Spark Core 是 Spark 的核心模块,提供了分布式任务调度、内存计算、容错等基础功能。Spark Core 中的 SparkContext 对象用于连接到分布式集群并管理任务的执行,可将应用程序分解为一系列可执行的任务,并将这些任务分配给集群中的不同节点以实现并行计算。与传统的基于磁盘的 MapReduce 相比,Spark Core 采用内存计算,可以在内存中处理大规模数据集,大大提升了计算速度和效率。同时 Spark Core 具有良好的容错性,能够在系统故障时自动恢复丢失的数据或任务。

在本项目中,将通过完成 4 个具体的任务,系统学习 Spark Core 编程基础,包括 Spark 开发环境的搭建、RDD 的创建、常见算子的使用、RDD 的存储等。

【学习目标】

知识目标

1. 掌握 Spark 开发环境的部署方法。
2. 掌握创建 RDD 的方法。
3. 掌握 RDD 常见算子的使用方法。
4. 掌握键值对 RDD 的概念及创建方法。
5. 掌握键值对 RDD 常见算子的使用方法。
6. 掌握将数据存储为不同格式文件的方法。
7. 掌握自定义分区的使用方法。

能力目标

1. 能够独立完成 Spark 开发环境的部署。
2. 能够创建 RDD。
3. 能够使用 RDD 常见算子完成数据分析。
4. 能够创建键值对 RDD。
5. 能够使用键值对 RDD 常见算子完成数据分析。
6. 能够将 RDD 存储为不同格式的文件。
7. 能够实现自定义分区功能。

素质目标

1. 培养学生在解决实际问题时进行创新的能力。

2. 培养学生通过分工合作、知识共享,提升沟通与协调能力。

3. 培养学生的伦理意识,引导学生关注数据隐私、安全和公平问题。

【建议学时】

8 学时。

任务1 单词计数

【任务提出】

在集成开发环境 IntelliJ IDEA 中完成 Spark 环境的部署,搭建好项目后,编写 Spark 代码以实现单词计数功能。代码完成后将程序打包提交到 Hadoop 集群上,使用 Spark 本地模式运行程序,计算 HDFS 上 word.txt 文件中每个单词的出现次数。WordCount 输入文件内容和输出结果如图3.1所示。

```
Hello Spark          (hello,2)
Hello Hadoop Spark   (world,1)
Spark World          (spark,1)
```

图3.1 WordCount 输入文件内容和输出结果

【任务分析】

本任务需要在 IntelliJ IDEA 中创建并部署 Spark 环境,搭建好项目后,编写程序实现单词计数。在本地测试无误后,将程序打包发送到集群上运行。具体的任务实施步骤如下。

1. 安装 IntelliJ IDEA。
2. 在 IDEA 中安装 Scala 插件。
3. 创建 Maven 项目,并导入 Spark Core 依赖。
4. 编写 Scala 代码实现单词计数,在本地测试无误后将程序打包。
5. 将 Jar 包发送到集群,使用 Spark 本地模式运行程序,观察计算结果。

【知识准备】

3.1 下载并安装 IntelliJ IDEA

IntelliJ IDEA 是由 JetBrains 公司开发的一款集成开发环境(IDE),支持 Java、Kotlin、Groovy、Scala 等多种编程语言的开发。它以其强大的功能、智能的代码编辑器和出色的用户体验而闻名。本书使用的软件版本为 2022.3.3 社区版。

3.1.1 下载及安装

进入 IntelliJ IDEA 官网,找到社区版进行下载,按照以下步骤进行安装。

(1) 双击安装包,单击 Next 按钮,弹出图3.2所示对话框,选择安装路径。

(2) 单击 Next 按钮,弹出图3.3所示对话框,选择是否创建桌面快捷方式。

(3) 单击 Next 按钮,继续单击 Install 按钮完成安装。

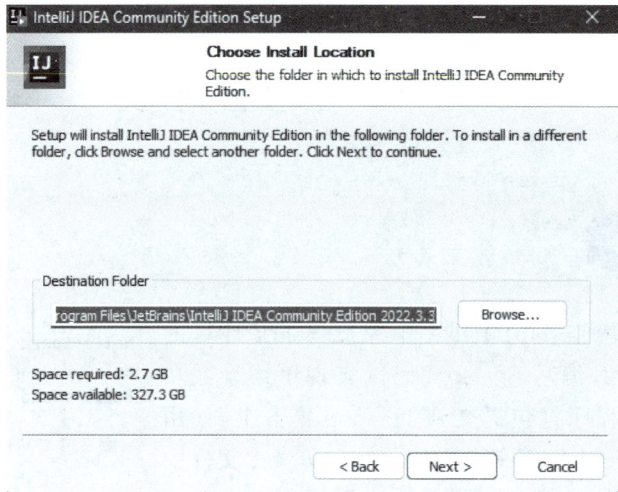

图 3.2　设置安装目录

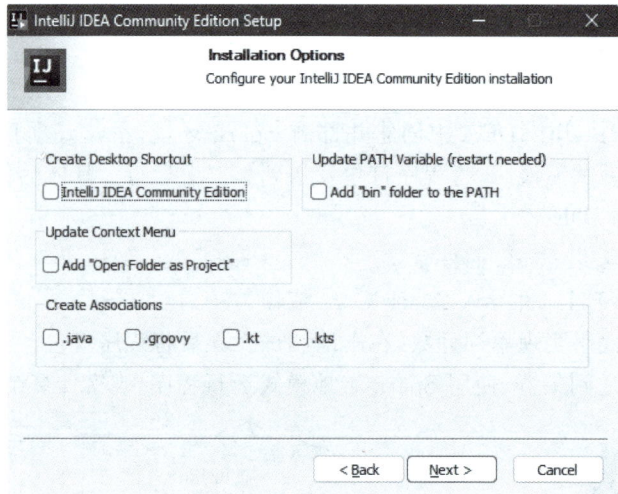

图 3.3　设置安装选项

3.1.2　安装 Scala 插件

安装完成后打开 IDEA,安装 Scala 插件,可选择在线安装或离线安装。

在线安装 Scala 插件步骤如下。

(1) 单击左侧的 Plugins 选项卡,右侧会显示 Marketplace 在线插件列表,如图 3.4
所示。

(2) 单击 Scala 右侧的 Install 按钮,会自动下载并安装 Scala 插件。安装完成后重启
IDEA。

离线安装 Scala 插件步骤如下。

(1) 下载所需要安装的 Scala 插件,也可以从官网链接找到 2022.3.3 版本进行下载。

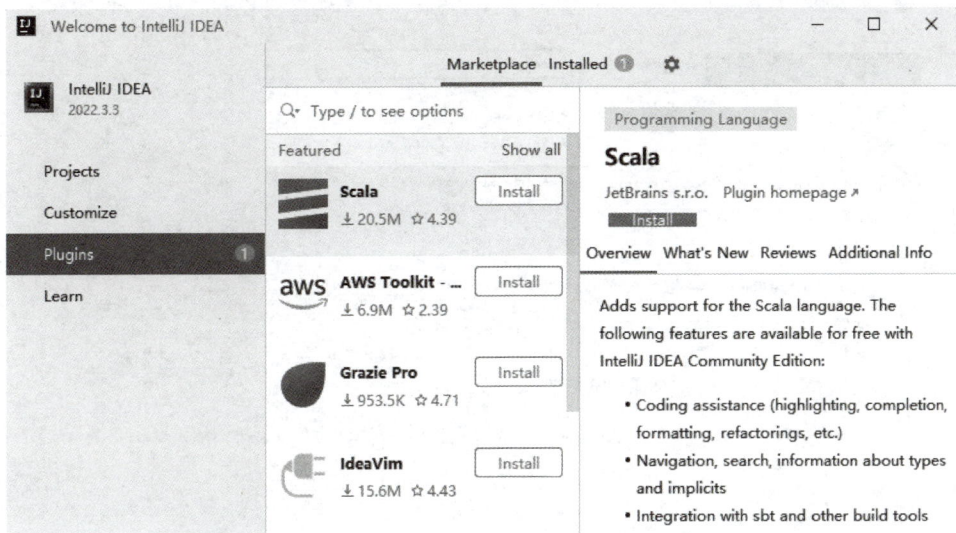

图 3.4   在线安装 Scala 插件

（2）单击 Plugins 选项卡，从本地磁盘选择已下载的 Scala 插件，如图 3.5 所示。

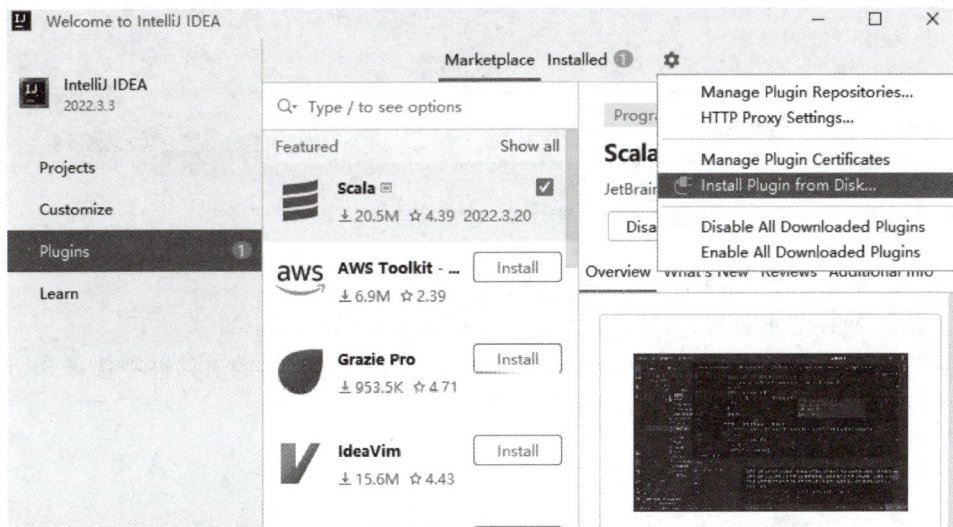

图 3.5   离线安装 Scala 插件

（3）从本地选择 Scala 插件后执行安装操作，安装完成后重启 IntelliJ IDEA。

3.2   部署 Spark 编程环境

首先创建 Spark 项目。安装 Scala 插件后，创建 Maven 项目以编写 Spark 程序。项目创建步骤如下。

（1）单击 New Project 选项，在弹出的对话框中设置项目名称等，如图 3.6 所示。

在 Name 处填写项目名，注意名称中不应包含中文且不以数字开头。选择项目所在路径，Language 选择 Java，Build system 选择 Maven，JDK 选择本地安装的 Java 1.8 版本。

视频讲解

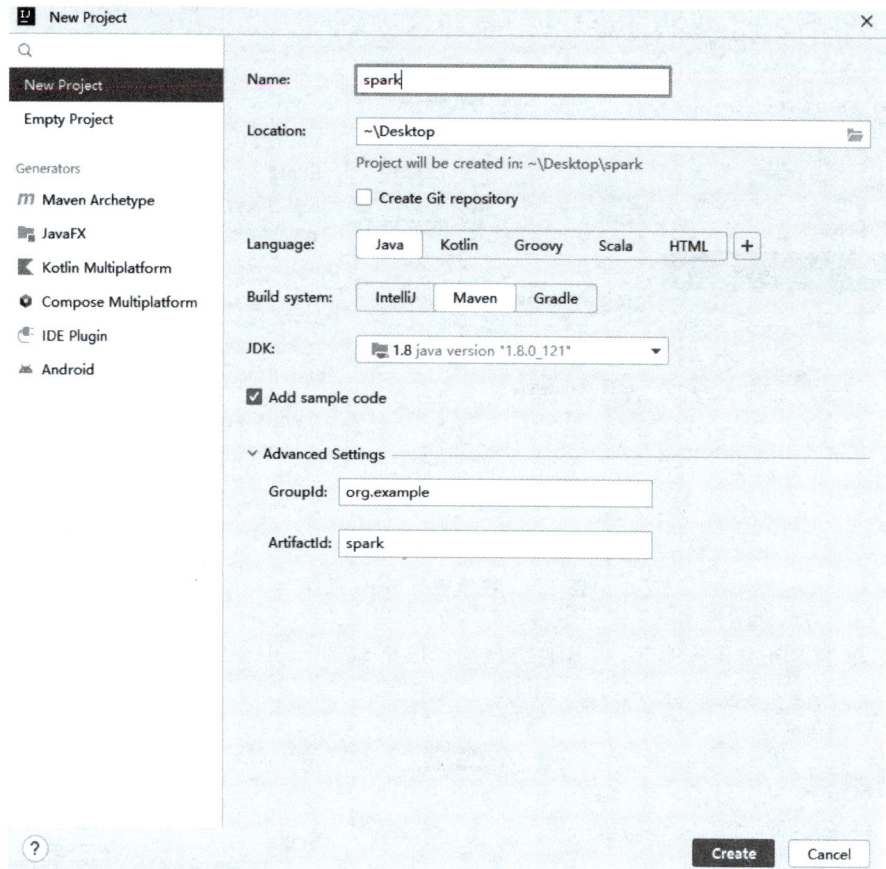

图 3.6　创建项目

（2）设置完成后单击 Create 按钮，完成项目创建。

创建好 Maven 项目后，需要进行 Scala 编程环境的配置。具体步骤如下。

（1）选中项目，右击选择 Add Frameworks Support，在弹出的对话框中选择 Scala，如图 3.7 所示，单击 OK 按钮关闭对话框。

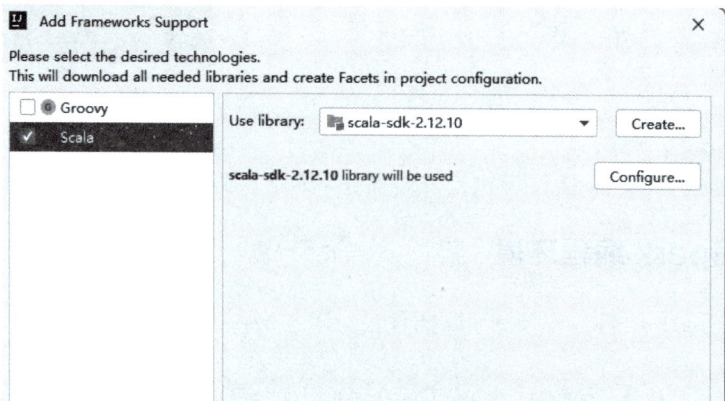

图 3.7　添加 Scala 框架支持

（2）将项目中默认生成的 java 文件夹进行重命名，如图 3.8 所示。

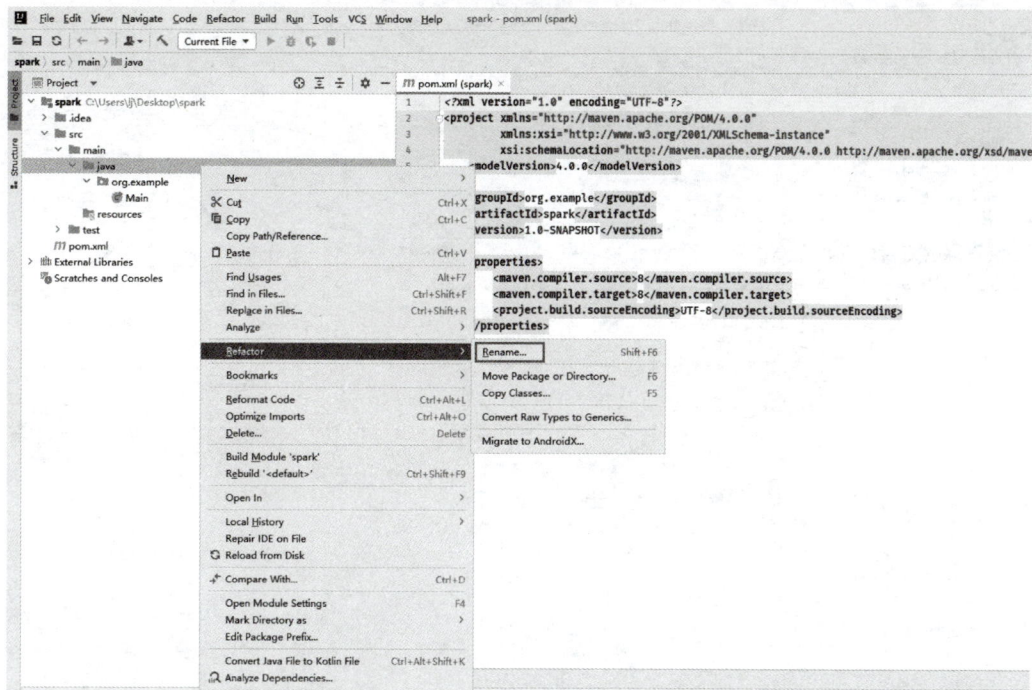

图 3.8　重命名

将文件名重命名为"scala"，如图 3.9 所示。

（3）将已有的包和类文件删除，选择新创建的"scala"文件夹，右击可新建包、新建 Scala 类，如图 3.10 所示。

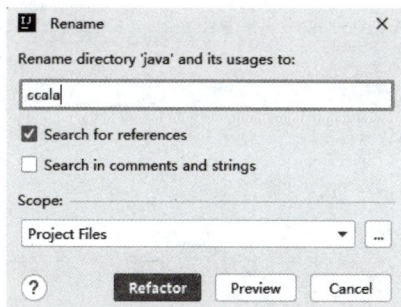

图 3.9　重命名为 scala 文件夹

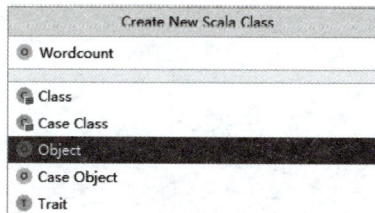

图 3.10　新建 Scala 类

（4）在进行 Spark 编程时，需要用到第三方依赖包。将依赖名写入 pom.xml 文件后，Maven 项目会根据配置文件，自动从镜像地址下载到本地。Maven 默认的镜像地址为国外网站，需要将该地址更改为国内阿里云镜像，并且配置本地库路径。右击项目右侧的 Maven 选项卡，在弹出的窗口中单击 🔧 图标，弹出图 3.11 所示对话框，用于设置 settings 文件和本地库路径。

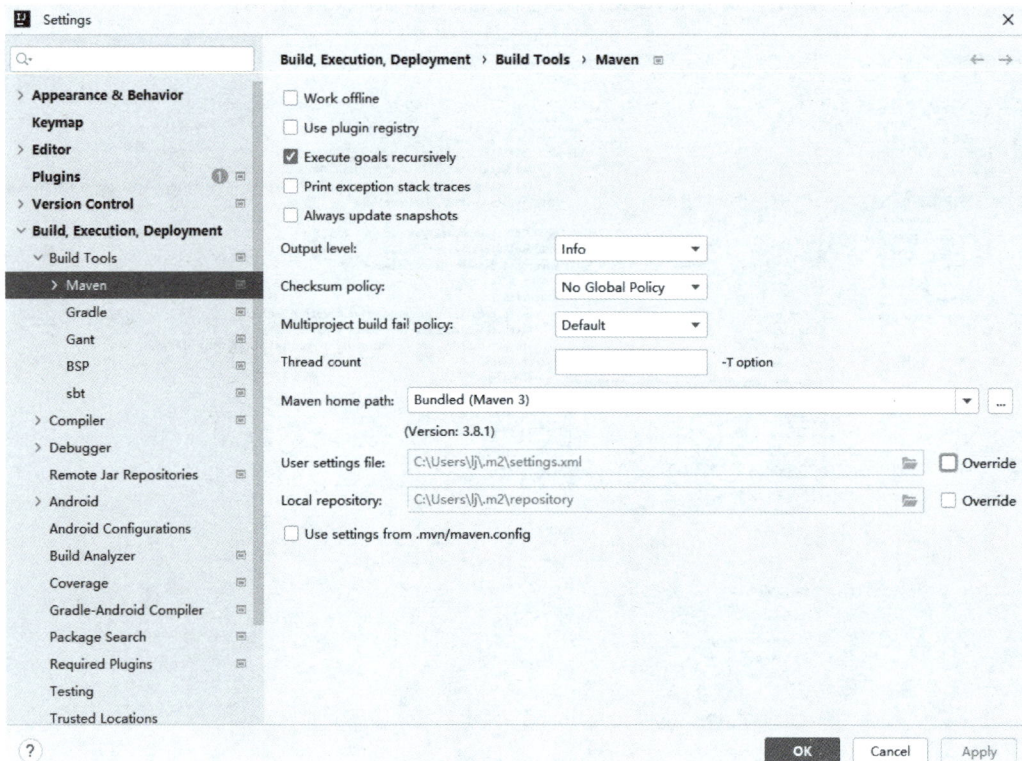

图 3.11 默认 settings 文件及本地库 Local respository 地址

打开该 settings.xml 文件,找到第 158 行,修改镜像地址。

```
158.  <--将原有的 mirror 注释掉
159.  <mirror>
160.  <id>mirrorId</id>
161.  <mirrorOf>repositoryId</mirrorOf>
162.  <name>Human Readable Name for this Mirror.</name>
163.  <url>http://my.repository.com/repo/path</url>
164.  </mirror>
165.  -->
166.  <mirror>
167.  <id>nexus</id>
168.  <mirrorOf>*</mirrorOf>
169.  <url>http://maven.aliyun.com/nexus/content/groups/public/</url>
170.  </mirror>
171.  <mirror>
172.  <id>nexus-public-snapshots</id>
173.  <mirrorOf>public-snapshots</mirrorOf>
174.  <url>http://maven.aliyun.com/nexus/content/repositories/snapshots/</url>
175.  </mirror>
```

找到第 53 行,修改本地库路径。

```
53.  <localRepository>E:/lj/course/maven/respository</localRepository>
```

修改完成后,回到 IntelliJ IDEA,选中 Override 选项,选择更改后的 settings. xml 文件,本地库路径会随之发生更改,检查无误后单击 OK 按钮,如图 3.12 所示。

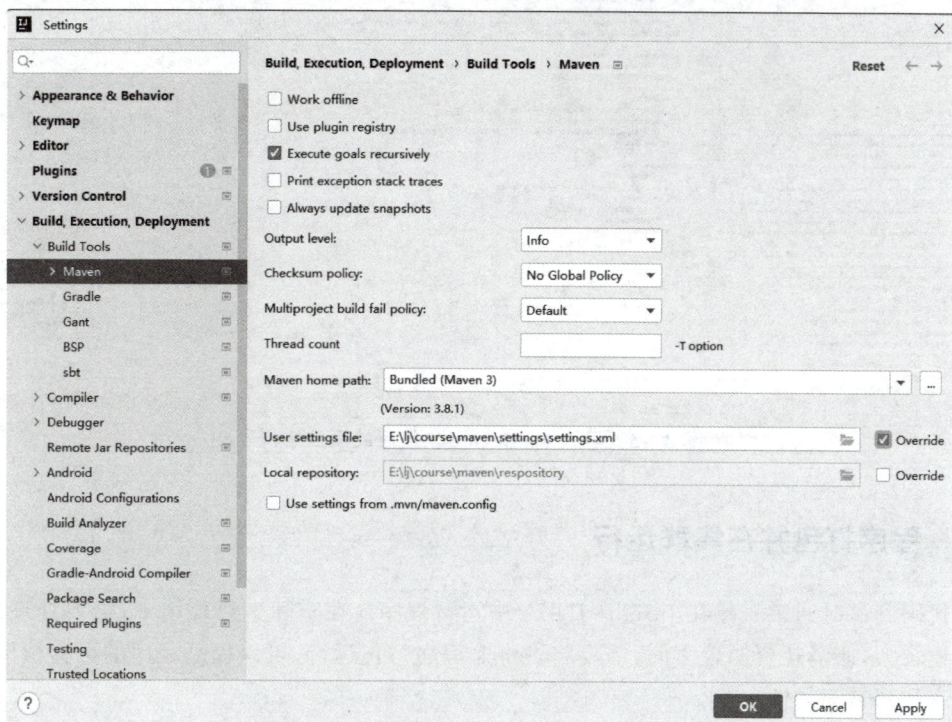

图 3.12 更新后的 settiings. xml 文件和本地库路径

(5) 打开项目的 pom. xml 文件,以增加 spark-core 依赖为例。本项目使用的 Scala 版本为 2.12,Spark 版本为 3.1.1。依赖的版本号应与所用软件版本号保持一致。更改完成后,单击屏幕右侧 按钮导入依赖。

```xml
<properties>
  <maven.compiler.source>8</maven.compiler.source>
  <maven.compiler.target>8</maven.compiler.target>
  <project.build.sourceEncoding>UTF-8</project.build.sourceEncoding>
</properties>
<!-- 增加依赖 -->
  <dependencies>
    <dependency>
      <groupId>org.apache.spark</groupId>
      <artifactId>spark-core_2.12</artifactId>
      <version>3.1.1</version>
    </dependency>
  </dependencies>
```

导入依赖后,在左侧"External Libraries"可以观察到已导入的依赖包,如图 3.13 所示。

在编写程序之前,需要确保"scala"文件夹为项目根路径,在 IntelliJ IDEA 编辑器中为浅蓝色,如果为普通灰色文件夹,需要选中该文件夹,右击"Mark Directory As",在弹出的菜单中选择"Sources Root"。

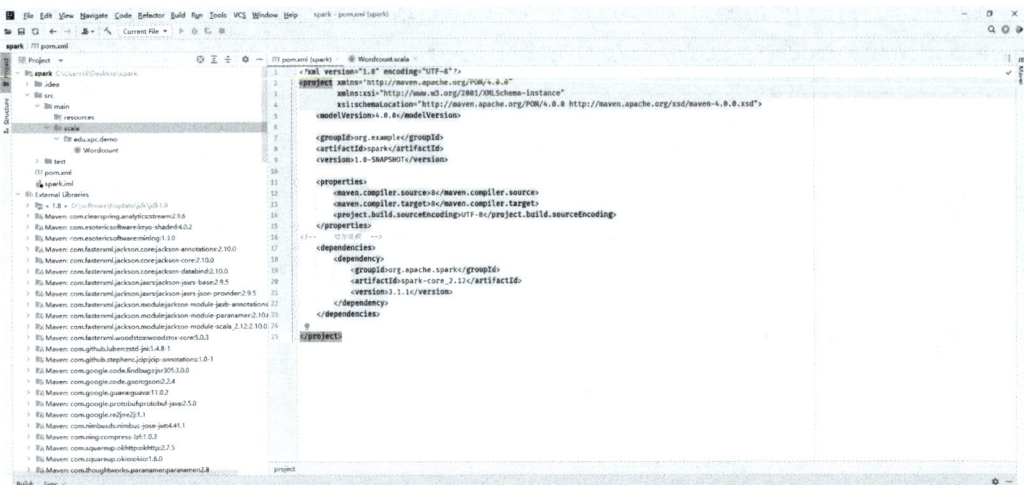

图 3.13 导入 Spark-core 依赖后的项目结构

3.3 程序打包并在集群运行

代码测试时通常直接在 IntelliJ IDEA 中运行程序。在实际生产环境下，需要处理的数据规模较大，所消耗资源较多时，需要将 Spark 程序打包运行，可以提高程序的可移植性、运行效率和部署简易性。

视频讲解

程序打包时需要在 pom.xml 文件中添加打包依赖，并完成导入。

```
<build>
    <sourceDirectory>src/main/scala</sourceDirectory>
    <testSourceDirectory>src/test/scala</testSourceDirectory>
    <plugins>
     <plugin>
        <groupId>net.alchim31.maven</groupId>
        <artifactId>scala-maven-plugin</artifactId>
        <version>3.2.2</version>
        <executions>
         <execution>
           <goals>
             <goal>compile</goal>
             <goal>testCompile</goal>
           </goals>
           <configuration>
             <args>
               <arg>-dependencyfile</arg>
               <arg>${project.build.directory}/.scala_dependencies</arg>
             </args>
           </configuration>
         </execution>
        </executions>
     </plugin>
     <plugin>
```

```
<groupId>org.apache.maven.plugins</groupId>
<artifactId>maven-shade-plugin</artifactId>
<version>3.4.3</version>
<executions>
  <execution>
    <phase>package</phase>
    <goals>
      <goal>shade</goal>
    </goals>
    <configuration>
      <filters>
        <filter>
          <artifact>*:*</artifact>
          <excludes>
            <exclude>META-INF/*.SF</exclude>
            <exclude>META-INF/*.DSA</exclude>
            <exclude>META-INF/*.RSA</exclude>
          </excludes>
        </filter>
      </filters>
      <transformers>
        <transformer implementation="org.apache.maven.plugins.shade.
resource.ManifestResourceTransformer">
        </transformer>
      </transformers>
    </configuration>
  </execution>
</executions>
</plugin>
</plugins>
</build>
```

在 IntelliJ IDEA 右侧 Maven 选项卡中单击项目名称下的 Lifecycle,再双击 package 即可完成打包。双击后,在左侧项目架构处生成文件夹 target,在该文件夹下生成两个 jar 包文件,如图 3.14 所示。

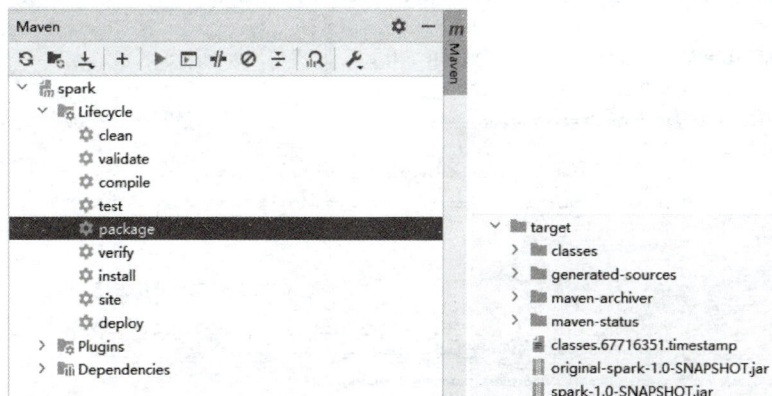

图 3.14 对代码进行打包,在 target 中生成 jar 包

其中，original-spark-1.0-SNAPSHOT.jar 包中主要包含程序代码，文件较小；spark-1.0-SNAPSHOT.jar 中将程序所需依赖进行了打包，文件较大。如果运行 jar 包的集群已经安装了所有依赖，则仅运行 original-spark-1.0-SNAPSHOT.jar 即可；如果环境中依赖不全，则需要使用 spark-1.0-SNAPSHOT.jar 运行程序。

打包的第二种方法是通过点击 File->File Structure->Project Settings->Artifacts 进行，依次选择 Add->JAR->From modules with dependencies，如图 3.15 所示。

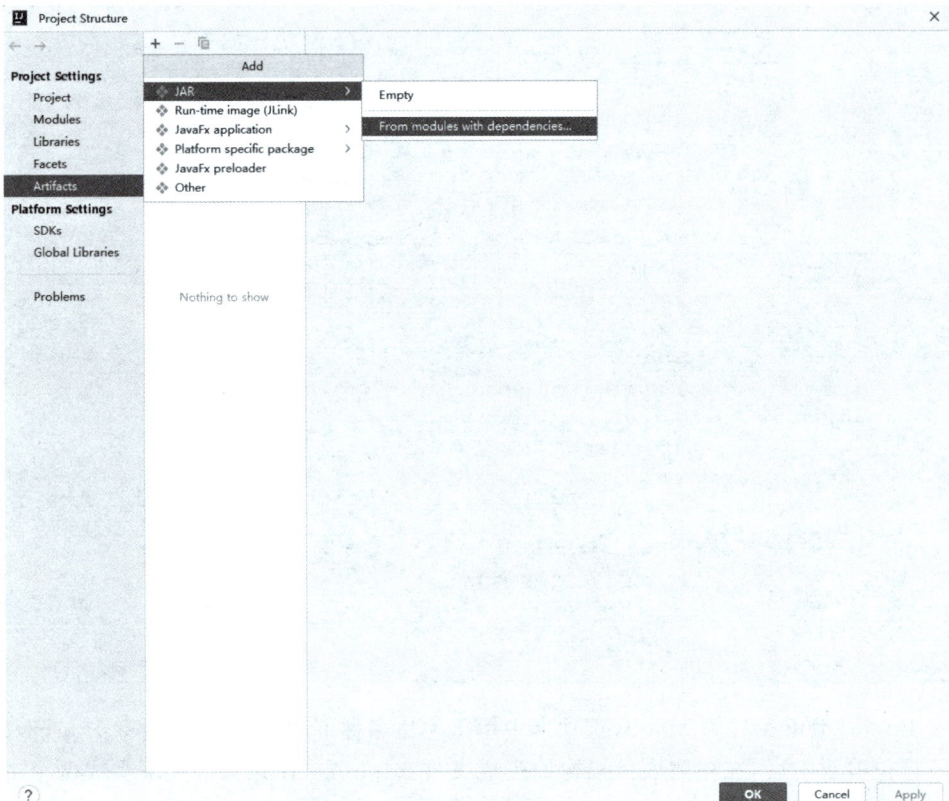

图 3.15　使用 Project Structure 进行打包

在弹出的对话框依次选择 Module、Main Class，如图 3.16 所示。

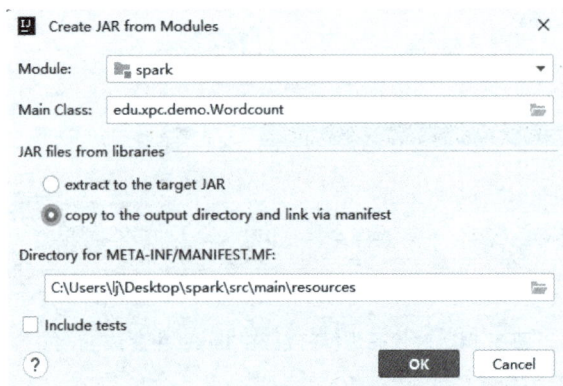

图 3.16　选择打包所需模块及主类

选择打包时所包含的依赖,如图 3.17 所示。

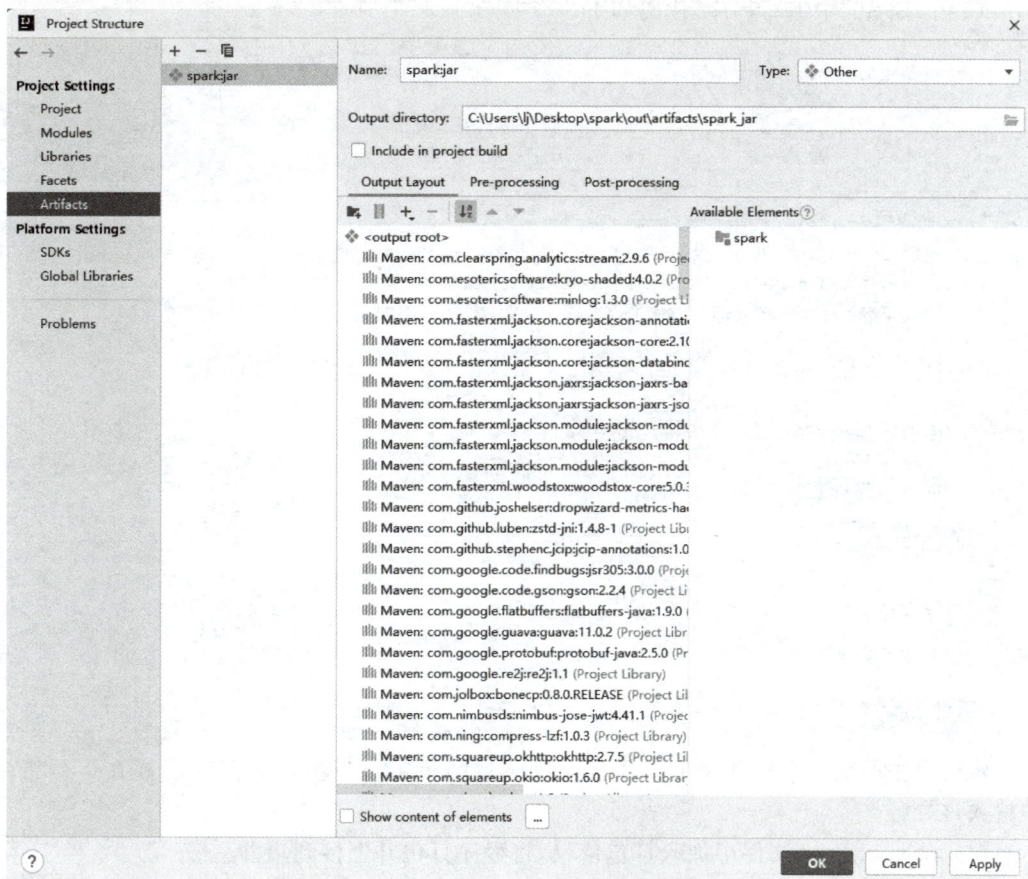

图 3.17　选择打包所包含的依赖

如果要运行的集群中包含程序所需要的所有依赖,则打包时可以将这些外部依赖删除,只保留代码,这样产生的 jar 包比较小,传输方便。选择完成后单击 OK 按钮。再单击右侧的 Maven 选项卡,依次选择 Lifecycle->package 按钮进行打包。

将 jar 包上传到虚拟机中,使用 spark-submit 指令即可运行程序。

【任务实现】

1. 步骤分析

首先,需要部署 IntelliJ IDEA 的 Spark 编程环境,创建项目;然后读取源文件并对数据进行处理,处理完成后将其保存为文本文件,确认代码中的输入文件路径和输出文件路径是作为主函数参数传递进去的。

2. 完成任务

(1)启动 IntelliJ IDEA,创建 Maven 项目,添加 Scala 插件。

(2)在 pom.xml 文件中加入 spark-core 依赖。

（3）在项目中新建包 edu. xpc. demo，在该包中新建 scala 类，类名为 WordCount，在 WordCount. scala 中编写程序，代码如下。

```
package edu.xpc.demo

import org.apache.spark.{SparkConf, SparkContext}

object Wordcount {
 def main(args: Array[String]): Unit = {
  //创建 SparkConf 对象,设置 AppName 为 WordCount,本地测试运行模式为 local[*]
  val sparkConf = new SparkConf().setAppName("WordCount").setMaster("local[*]")
  //创建 SparkContext 对象 sc
  val sc = new SparkContext(sparkConf)
  //设置 sc 日志级别
  sc.setLogLevel("ERROR")
  //读取本地文件 word.txt,将其转换为 rdd
  val rddinput = sc.textFile(args(0))
  //进行单词计数计算
  val rddout = rddinput.flatMap(_.split(" ")).map(w => (w, 1)).reduceByKey(_ + _)
  //打印结果
  rddout.foreach(println(_))
  //保存结果
  rddout.saveAsTextFile(args(1))
 }
}
```

将代码中的输入路径和输出路径设置成函数的参数，在运行 jar 包的时候在运行指令中输入该参数。

（4）在 pom. xml 文件中加入打包依赖，将程序打包并上传到集群。

（5）执行 jar 包运行指令，观察结果。

```
[root@master spark-3.1.1-bin-hadoop3.2]#bin/spark-submit --master local[*]
--class edu.xpc.demo.Wordcount /usr/local/src/data/original - spark - 1.0 -
SNAPSHOT.jar hdfs://master:9000/word.txt hdfs://master:9000/out
```

或

```
[root@master spark-3.1.1-bin-hadoop3.2]#bin/spark-submit --master local[*]
--class edu.xpc.demo.Wordcount /usr/local/src/data/spark - 1.0 - SNAPSHOT.jar
hdfs://master:9000/word.txt hdfs://master:9000/out1
```

程序的输入文件为集群根目录下的 word. txt 文件，两个 jar 包的输出分别为集群上 /out 和/out1 路径。执行完成后，在浏览器的地址栏中输入"master:9870"，观察集群输出，如图 3.18 所示。

分别使用指令查看文件内容。

```
[root@master spark-3.1.1-bin-hadoop3.2]#hdfs dfs -cat /out/*
2024-04-30 09:42:45,283 INFO sasl.SaslDataTransferClient: SASL encryption trust
check: localHostTrusted = false, remoteHostTrusted = false
(Hello,2)
```

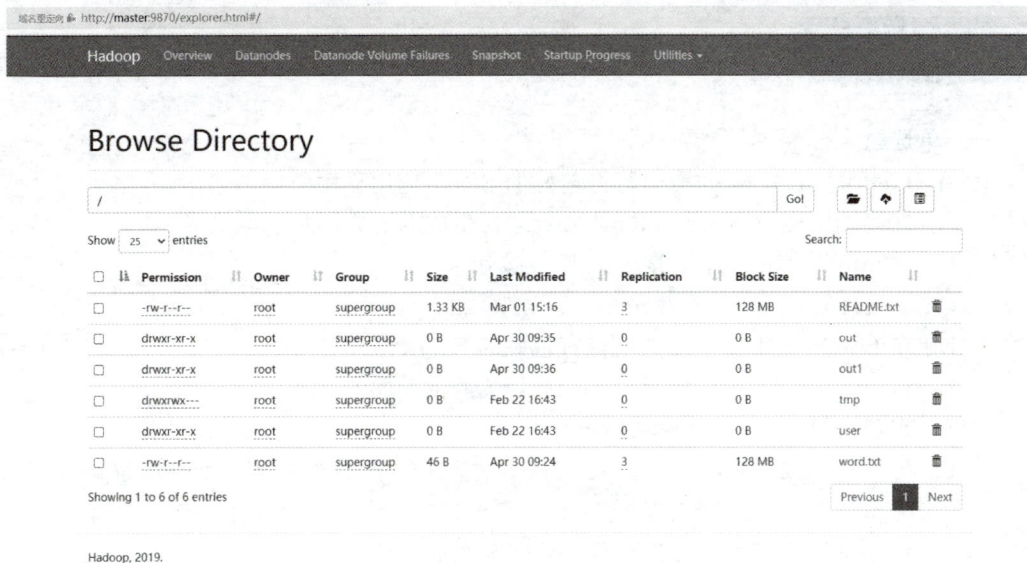

图 3.18 jar 包运行完成后 HDFS 上的文件结构

```
(World,1)
(Spark,3)
(Hadoop,1)
[root@master spark-3.1.1-bin-hadoop3.2]#hdfs dfs -cat /out1/*
2024-04-30 09:42:50,065 INFO sasl.SaslDataTransferClient: SASL encryption trust
check: localHostTrusted = false, remoteHostTrusted = false
(Hello,2)
(World,1)
(Spark,3)
(Hadoop,1)
```

可以看到,两个 jar 包运行的结果是一样的,都正确计算出了单词的个数。

【任务总结】

通过本任务的学习,掌握了如何在 IntelliJ IDEA 中部署 Spark 开发环境,完成代码后将程序打包上传至集群运行。在整个任务实施过程中需注意以下几点。

(1) 在部署 Spark 环境导入依赖时,需要注意依赖包中的各软件版本号,应确保与集群环境的版本号一致。在更新完 pom.xml 文件后,要手动将新增加的依赖导入项目中,否则不生效。

(2) 在使用 spark-submit 指令运行程序时,其中的--class 应为全类名,在书写时要将所在的包名一并写上。

(3) 运行 jar 包的输出路径,必须为一个不存在的路径。如果该路径已存在,程序会报错。

【巩固练习】

一、单选题

1. 在 IntelliJ IDEA 中,如何运行打包好的 Spark 应用程序?(　　)

　　A. 在终端中使用 spark-submit 命令运行生成的 jar 文件

　　B. 在 IntelliJ IDEA 中直接单击 Run 按钮

　　C. 在项目根目录下执行生成的 jar 文件

　　D. 在 IntelliJ IDEA 中无法运行打包好的 Spark 应用程序

2. 在 IntelliJ IDEA 中,如何导入 Spark 相关的依赖库?(　　)

　　A. 在项目根目录下手动添加 jar 包

　　B. 在 Project Structure 中选择 Libraries 选项卡,然后单击"＋"按钮添加依赖,或使用 pom. xml 文件添加依赖导入

　　C. 在 IntelliJ IDEA 中无法导入 Spark 相关的依赖库

　　D. 在项目根目录下创建一个名为"lib"的文件夹,将所有依赖的 jar 包放入其中

3. (　　)是 IntelliJ IDEA 插件管理工具。

　　A. Plugin Manager　　　　　　　　B. Extension Manager

　　C. PackageManager　　　　　　　　D. Marketplace

二、判断题

1. IntelliJ IDEA 支持多种编程语言,包括 Java、Python、Scala 等。　　(　　)

2. IntelliJ IDEA 提供了对多种版本控制工具的支持,包括 Git、SVN 等。　　(　　)

三、简答题

1. 简要说明在 IntelliJ IDEA 中创建 Maven 项目的步骤。

2. 简要说明如何在 Spark 项目中导入 Maven 依赖。

3. 简要说明 Spark 项目打包运行的具体步骤。

【任务拓展】

将单词计数生成的 jar 包使用 Spark-on-Yarn 模式在集群上运行,观察不同模式下 jar 包运行的结果。

任务 2　统计交易额

【任务提出】

online_retail_Ⅱ.txt 数据集封装了一家总部位于英国的某零售公司的所有销售数据,

该公司专注于多种场合的礼品销售。本数据集包含这家公司的部分交易数据,共541998条记录,涵盖产品代码、产品描述、交易数量、交易时间等多个维度。通过分析该数据集,可以深入了解该公司的销售模式、客户行为、产品受欢迎程度等信息,进而为公司的业务决策提供有力支持。

该数据集字段说明如下。

1. InvoiceNo 发票号码:描述每笔交易分配的唯一6位数发票号码,如果该号码以字母c开头,则表示这是一个退货订单。

2. StockCode 库存编号:用于描述每个不同的产品,是该产品分配的唯一5位整数代码,用于标识和追踪库存中的指定商品。

3. Description 产品信息:对每件产品的简略描述,通常包括产品的名称及类型,用于提供所购买产品的描述信息。

4. Quantity 产品数量:每笔交易中每种产品的数量。

5. InvoiceDate 发票日期和时间:每笔交易发生的日期和时间,可用于分析销售季节性、趋势、工作日与周末的差异等。

6. UnitPrice 产品单价:描述单位产品的价格。

7. CustomterID 顾客编号:为每个客户分配的唯一5位整数编号,可用于分析客户购买行为、客户忠诚度、细分客户群等。

8. Country 国家/地区:描述每个客户所在国家或地区的名称,可用于分析地理销售模式、国际销售趋势等。

现在需要在 IntelliJ IDEA 中编写程序,读取该文件,统计交易额最高的前10个订单程序运行结果如图3.19所示。

```
***************交易额最高的前10个订单及金额结果如下*******************
(581483,168469.6)
(541431,77183.6)
(574941,52940.93999999999)
(576365,50653.909999999996)
(556444,38970.0)
(567423,31698.159999999996)
(556917,22775.930000000008)
(572209,22206.0)
(567381,22104.8)
(563614,21880.439999999995)
```

图 3.19 统计交易额最高的前 10 个订单程序运行结果

【任务分析】

本任务需要读取源数据,创建 RDD,并根据数据格式分割出各字段,统计各订单的交易额,找出交易额最高的前10个订单。具体的任务实施分析如下。

1. 编写 Spark Core 程序,读取源文件,创建 RDD。

2. 数据清洗,去除已取消的订单,保留有效订单数据。

3. 对原始数据进行分割,获取相关字段,并进行相应的类型转换。

4. 按照订单号分组,计算各订单的交易额。

5. 按照交易额排序,取交易额最高的前 10 个订单,并打印。

【知识准备】

3.4 创建 RDD

每个 Spark 应用程序都包含一个驱动程序 Driver,它运行用户的主函数,并在集群中执行各种并行操作。Spark 提供的主要抽象是 RDD,它是一个元素集合,分布在集群的各节点上,能够进行并行操作。RDD 可以通过 Hadoop 文件系统或其他任何支持的文件系统中的文件来创建,也可以来自驱动程序中现有的 Scala 集合,还可以通过对已有的 RDD 进行转换来创建。同时,Spark 支持用户将 RDD 持久化到内存中,以便在并行操作中高效地重用。另外,RDD 可以自动从节点故障中恢复。

Spark 中的另一个抽象是共享变量,可用于并行操作。默认情况下,当 Spark 并行运行一个函数作为不同节点上的一组任务时,它会将函数中使用的每个变量的副本传输给每个任务。有时,需要在任务之间或在任务与驱动程序之间共享变量。共享变量有助于优化 Spark 程序的性能,特别是在分布式环境下,可以有效避免数据的重复计算和不必要的网络传输。

Spark 的核心概念是 RDD,它是一个容错的元素集合,可以并行操作。创建 RDD 有两种方式:一是在驱动程序中并行化现有集合;二是引用外部存储系统中的数据集,如共享文件系统、HDFS、HBase 或任何提供 Hadoop InputFormat 的数据源。

3.4.1 在驱动程序中并行化现有集合创建 RDD

视频讲解

在 Spark 驱动程序中,首先需要创建 Spark Context 对象。在 Spark Shell 界面中,该对象默认命名为 sc,如图 3.20 所示。

```
[root@master spark-3.1.1-bin-hadoop3.2]# bin/spark-shell
24/05/10 15:32:36 WARN NativeCodeLoader: Unable to load native-hadoop library for your platform... using builtin-java classes where applicable
Using Spark's default log4j profile: org/apache/spark/log4j-defaults.properties
Setting default log level to "WARN".
To adjust logging level use sc.setLogLevel(newLevel). For SparkR, use setLogLevel(newLevel).
24/05/10 15:32:47 WARN Utils: Service 'SparkUI' could not bind on port 4040. Attempting port 4041.
Spark context Web UI available at http://master:4041
Spark context available as 'sc' (master = local[*], app id = local-1715326367825).
Spark session available as 'spark'.
Welcome to

   ____              __
  / __/__  ___ _____/ /__
 _\ \/ _ \/ _ `/ __/  '_/
/___/ .__/\_,_/_/ /_/\_\   version 3.1.1
   /_/

Using Scala version 2.12.10 (Java HotSpot(TM) 64-Bit Server VM, Java 1.8.0_231)
Type in expressions to have them evaluated.
Type :help for more information.

scala>
```

图 3.20　Spark Shell 界面

在程序中,需要使用如下代码创建 Spark Context 对象。

```
//setAppName 用于设置程序名,setMaster 用于设置程序运行模式
val sparkConf = new SparkConf().setAppName("createRDD").setMaster("local[*]")
val sc = new SparkContext(sparkConf)
```

RDD 可以通过在驱动程序中的现有集合上调用 Spark Context 的 parallelize 方法来创建。该集合的元素会被复制,形成一个可以并行操作的分布式数据集。该方法有两个参数

输入。

(1) 要转换的集合,必须为 Seq 集合。

(2) 分区个数,默认为该 Application 分配到的资源的 CPU 数。

例 3.1 创建一个包含数字 1 到 5 的 RDD。

```
val data = Array(1, 2, 3, 4, 5)
val distData = sc.parallelize(data)
val distData2 = sc.parallelize(data, 2)      //分区数为 2
```

3.4.2 引用外部存储系统中的数据集创建 RDD

Spark 可以从 Hadoop 支持的任何存储源(包括本地文件系统、HDFS、Cassandra、HBase、Amazon S3 等)创建 RDD。通过使用 Spark Context 的 textFile 方法创建文本文件 RDD。该方法接受文件的 URI,同时可以设置分区个数。

视频讲解

例 3.2 读取本地文件创建 RDD,同时设置分区数为 2。

```
val words: RDD[String] = sc.textFile("data/word.txt", 2)
```

例 3.3 读取 HDFS 文件创建 RDD,同时设置分区数为 2。

```
val hdfswords = sc.textFile("hdfs://master:9000/word.txt", 2)
```

默认情况下,该方法会为文件的每个块创建一个分区,可以通过参数设置更大的分区数。

3.5 RDD 的常用转换操作

RDD 支持两种类型的操作:转换(Transformations)操作和行动(Actions)操作。转换操作从现有 RDD 创建一个新的 RDD,而行动操作在对 RDD 执行计算后将一个值返回给驱动程序。例如,map 是一种转换操作,它通过一个函数将每个数据集元素传递,并返回表示结果的新 RDD。另一方面,reduce 是一种行动操作,它使用某个函数聚合 RDD 的所有元素,并将最终结果返回给驱动程序。

Spark 中的所有转换操作都是惰性的,因为它们不会立即计算结果。相反,它们只是记住了应用到某个基本数据集(如一个文件)上的转换操作。转换操作只有在某个行动操作需要将结果返回给 Driver 时才会被计算。RDD 的常用转换操作如表 3.1 所示。

表 3.1 RDD 的常用转换操作

转 换 操 作	说 明
map(func)	将源数据集中的每个元素使用函数 func 进行处理,返回一个新的分布式数据集
filter(func)	返回一个新的数据集,通过函数 func 计算返回 true 的原数据集元素组成
flatMap(func)	类似于 map,但每个输入项可以映射到 0 个或多个输出项,因此 func 应返回一个序列而不是单个项

转 换 操 作	说　　明
distinct([numPartitions]))	返回一个新的数据集,由原始数据集去重后的元素组成
repartition(numPartitions)	重新设置RDD的分区数。会随机重排RDD中的数据,以创建更多或更少的分区,并在这些分区之间进行平衡
groupBy(keyfunc)	返回一个分组项的RDD。每个组由一个键和映射到该键的元素序列组成
sortBy(keyfunc)	返回按照给定键函数对该RDD进行排序的结果

这些操作类的方法会返回一个新的RDD,用于后续继续进行转换操作或行动操作。

3.5.1　使用map操作转换RDD

map操作是最基本的转换操作,用于将RDD中的每个元素进行转换,得到一个新的RDD。常见的应用场景有以下三种。

（1）对每个字符串类型的元素做切割、重组等操作。

（2）获取部分字段。

（3）对每个元素进行类型转换、数据结构的转换等。

例3.4　map的使用。将一个包含5个Int类型元素的RDD中的每个元素乘以10后的结果保存到新的RDD中。

```
val list = List(1,2,3,4,5)
val value = sc.parallelize(list)
val result = value.map(x => x *10)
result.foreach(println(_))
//*******************运行结果*******************
10
30
40
20
50
```

例3.5　map的灵活运用。现有多名同学的基本信息,包括姓名、分数。将每位同学的分数取出来并进行类型转换,最后打印结果。

```
val stu = List("Kevin,92","Lucy,84","Mark,87")
val rddstu = sc.parallelize(stu)
val rddscore = rddstu.map(x => x.split(",")(1).toInt)
rddscore.foreach(println(_))
//*******************运行结果*******************
87
92
84
```

3.5.2　使用filter操作过滤RDD

filter操作用于对RDD中的元素进行过滤,对原数据集中的每个元素应用函数进行计算,如果函数结果返回true,则保留该元素。经过过滤后的集合元素个数会小于或等于原始数据集,但不会改变原数据集的元素类型及格式。filter 通常用于对数据进行清洗等预处理。

例 3.6 filter 的使用。将包含 5 个元素的 RDD 中的偶数类元素过滤出来,保存为新的数据集并进行打印。

```
val list = List(1, 2, 3, 4, 5)
val value = sc.parallelize(list)
val result = value.filter(x => x % 2 == 0)
result.foreach(println(_))
//*******************运行结果*******************
4
2
```

例 3.7 filter 的灵活运用。将上述学生成绩中,成绩大于 90 分的学生信息过滤出来并打印。

```
rddstu
 .filter(x=>x.split(",")(1).toInt > 90)
 .foreach(println(_))
//*******************运行结果*******************
Kevin, 92
```

filter 方法并不会改变数据的结构,计算得到的结果为原始数据集的子集。

3.5.3 使用 flatMap 操作转换 RDD

flatMap 与 map 类似,不同的是,flatMap 将函数应用于 RDD 的每个元素,然后将返回迭代器的结果中的所有元素取出构成新的 RDD。例如在单词计数案例中,输入的每个元素为一行字符串,如"hello world",使用 flatMap 对该字符串进行切割得到数组,再将数组中的每个元素取出,在新的数据集中就会保存为两个元素,分别为"hello"和"world"。因此,经过 flatMap 操作后,新数据集中的元素个数往往会远远大于原数据集。

例 3.8 单词计数中的 flatMap。在单词计数任务中,需要对每一行文本进行切割得到每个单词。

```
val lines = sc.parallelize(List("hello world", "hello spark world"))
lines.flatMap(line => line.split(" "))
 .foreach(println(_))
//*******************运行结果*******************
hello
world
hello
spark
world
```

原数据集中仅包含"hello world"和"hello spark world"两个长字符串,flatMap 使用空格对原字符串进行切割,得到数组后依次取出每个元素,这样就获取到了每个单词,新集合中共包含 5 个元素。

3.5.4 使用 distinct 操作对 RDD 去重

distinct 操作用于去除 RDD 中的重复元素,这也是数据清洗的一种常见操作。

例 3.9 distinct 操作。原数据集中包含重复元素,使用 distinct 操作去除重复元素,并打印新数据集的结果。

```
val value1 = sc.parallelize(List(1, 1, 3, 2))
value1.distinct().foreach(println(_))
//*******************运行结果*******************
2
3
1
```

观察结果数据集,可以看到该操作实现了数据的去重。

3.5.5 使用 repartition 操作重新设置 RDD 分区数

repartition 方法用于重新设置 RDD 分区数,该方法接受一个 Int 类型的整数作为参数,返回一个新的数据集。

例 3.10 repartition 操作。首先打印 value1 的分区个数,再使用 repartition 操作将分区个数设置为1,再重新打印设置之后的分区个数。

```
println(value1.partitions.size)
println(value1.repartition(1).partitions.size)
//*******************运行结果*******************
8
1
```

由代码运行结果可知,默认情况下数据的分区数为程序分配到的 CPU 个数,此处为 8。重新设置为 1 个分区后,新的分区数被成功设置为 1。

3.5.6 使用 groupBy 操作对 RDD 分组

groupBy 操作用于对 RDD 中的元素进行分组,返回一个由分组项组成的 RDD,每个组由一个键和映射到该键的元素序列组成。该操作中的函数会对数据集中每个元素进行计算,根据计算结果将元素分到不同的组中。结果集中的键对应该组的组名,也就是函数的不同的计算结果;结果集中对应的元素序列为该组中所包含的元素列表。

例 3.11 groupBy 操作。对数据集(1,1,3,2)中的元素按奇偶性进行分组,将所有奇数分到一组,所有偶数分到另一组。

```
value1.groupBy(x => x % 2 == 0).foreach(println(_))
//*******************运行结果*******************
(true,CompactBuffer(2))
(false,CompactBuffer(1, 1, 3))
```

该数据被分成了两组,结果集中的 true 表示对该组中的元素应用对 2 取模的函数结果为 true,true 对应的序列中包含元素 2;false 表示对该组中的元素应用该函数结果为 false,

该组中对应的元素包括 1,1,3。此操作成功地对数据进行了分组。

3.5.7 使用 sortBy 操作对 RDD 元素排序

sortBy 用于对 RDD 中的元素进行排序。该操作包含以下 3 个参数。

（1）排序函数，根据函数获取元素中的排序字段。

（2）排序方向，为布尔类型，默认为升序，若要设置为降序，将该参数设置为 false。

（3）分区个数，为 Int 类型，该参数为排序后的 RDD 的分区个数。默认情况下，排序后的分区个数与排序之前的个数相等。

sortBy 操作仅对分区内的数据进行排序，因此只能实现局部排序。如果需要对数据进行全局排序，可以通过将分区个数设置为 1 的方式实现。

例 3.12 sortBy 操作。对 rddstu 中的元素按照成绩进行倒序排序。

```
val stu = List("Kevin,92","Lucy,84","Mark,87")
val rddstu = sc.parallelize(stu)
rddstu.sortBy(x=>x.split(",")(1).toInt,false).foreach(println(_))
//********************运行结果********************
Mark,87
Lucy,84
Kevin,92
```

该示例首先通过 split 函数切割学生信息，得到成绩字段后将其转换为数值类型，再按照成绩进行排序。运行结果显示，分数并没有按照预想的由高到低进行排列，这是因为该操作默认为分区内排序，仅保证每个分区内的顺序是正确的。如果希望完成全局排序，则需要在排序的时候将分区个数设置为 1。

例 3.13 sortBy 操作重新设置分区个数，实现全局排序。

```
rddstu.sortBy(x=>x.split(",")(1).toInt,false,1).foreach(println(_))
//********************运行结果********************
Kevin,92
Mark,87
Lucy,84
```

重新排序后，数据按照成绩字段由高到低重新排列。

3.6 RDD 的常用行动操作

行动操作输入一个 RDD，返回一个数值、数组或其他类型的计算结果。前面章节代码中用到的 foreach 方法就是一种行动操作。RDD 常用的行动操作如表 3.2 所示。

表 3.2 RDD 常用的行动操作

行 动 操 作	说 明
reduce(func)	使用一个函数 func(接受两个参数并返回一个参数)对数据集的元素进行聚合。该函数应满足交换律和结合律，以便在并行计算中正确地进行计算
collect()	将数据集的所有元素作为一个数组返回到 Driver

行 动 操 作	说　　明
count()	返回数据集的元素个数
first()	返回数据集的第一个元素
take(n)	返回数据集的前 n 个元素
foreach(func)	对数据集的每个元素运行函数 func

只有遇到行动操作,程序才会被触发执行。

3.6.1　使用 reduce 操作对 RDD 元素进行聚合

reduce 操作使用函数对 RDD 中的元素进行聚合。该函数以两个元素作为参数,返回两个元素聚合后的结果。

例 3.14　reduce 操作。使用 reduce 操作对 RDD 中的元素求和。

```
val value = sc.parallelize(List(1, 2, 3, 4))
val i = value.reduce((a, b) => a + b)
println(i)
//*******************运行结果*******************
10
```

该操作依次将 RDD 中的各元素相加,最终得到所有元素的和。reduce 操作可用于对元素个数求和、求最大值、求最小值等。

3.6.2　使用 collect 操作获取 RDD 元素集合

collect 操作返回一个包含 RDD 中所有元素的数组。

例 3.15　collect 操作,将 RDD 转换为一个数组。

```
val array: Array[Int] = value.collect()
```

需要注意的是,在数据集较大时不要使用该操作,因为它会将所有数据加载到 Driver 端的内存,数据集过大会导致内存溢出等问题。

3.6.3　使用 count 操作获取 RDD 元素个数

count 操作返回 RDD 中的元素个数,并将结果保存在 Long 类型的变量中。

例 3.16　count 操作。计算 RDD 中的元素个数并打印。

```
val array: Array[Int] = value.collect()
val l = value.count()
println(l)
//*******************运行结果*******************
4
```

3.6.4　使用 first 操作获取 RDD 第一个元素

若需要获取 RDD 中的第一个元素,可使用 first 操作实现。

例 3.17 frist 操作。获取 RDD 中的第一个元素并打印。

```
println(value.first())
//*******************运行结果*******************
1
```

3.6.5 使用 take 操作获取 RDD 前 n 个元素

take 操作返回 RDD 的前 n 个元素,并将结果保存在数组中。该操作从第一个分区开始扫描,并使用该分区的结果来评估满足个数条件所需的额外分区数量。

例 3.18 take 操作。获取 RDD 中的前三个元素并打印。

```
    val array: Array[Int] = value.take(3)
array.foreach(println(_))
//*******************运行结果*******************
1
2
3
```

需要注意的是,只有当预期的结果数组较小时,才建议使用此方法,因为所有数据都会加载到 Driver 的内存中。由于内部实现的复杂性,如果在一个包含 Nothing 或 Null 的 RDD 上调用此方法,它将引发异常。

3.6.6 使用 foreach 操作计算 RDD 每个元素

foreach 操作将函数应用于 RDD 中的每个元素。

例 3.19 foreach 操作。依次打印 RDD 中的每个元素。

```
value.foreach(println(_))
//*******************运行结果*******************
1
2
4
3
```

3.7 集合类操作

RDD 是一个分布式的数据集合,因此也有一些集合类的操作方法,例如并集、交集、补集、笛卡儿积等。这些方法最终都会返回一个 RDD,因此都属于转换操作。集合类操作方法如表 3.3 所示。

表 3.3 集合类操作方法

集合类操作	说　明
union(otherDataset)	返回两个 RDD 的并集
intersection(otherDataset)	返回两个 RDD 的交集
substract(otherDataset)	返回一个 RDD,元素为源数据集去除与参数数据集相同元素后剩余的结果
cartesian(otherDataset)	返回一个包含源数据集和参数数据集元素的笛卡儿积

3.7.1 使用 unoin 操作合并多个 RDD

union 操作返回两个 RDD 的并集,并且不会对结果进行去重。

例 3.20 union 操作。计算两个 RDD 的并集并打印。

```
val rdd1 = sc.parallelize(List(1, 2, 4))
val rdd2 = sc.parallelize(List(3, 4, 5, 6))
rdd1.union(rdd2).foreach(println(_))
//*******************运行结果*******************
1
2
4
3
4
5
6
```

3.7.2 使用 intersection 操作计算交集

intersection 操作返回两个 RDD 的交集。

例 3.21 intersection 操作。计算两个 RDD 的交集,并打印结果。

```
rdd1.intersection(rdd2).foreach(println(_))
//*******************运行结果*******************
4
```

为了找到两个数据集中相同元素的集合,Spark 首先会将两个 RDD 中的元素重新分配到合适的分区,然后每个分区会比较 rdd1 和 rdd2 中的元素并找到其交集,最终将计算结果进行合并。因为涉及数据的重新分配,因此会触发 Shuffle 过程,这种操作可能会因网络延迟和 I/O 开销导致系统性能下降,尤其对于大数据集,需要谨慎使用该操作。

3.7.3 使用 substract 操作计算差集

substract 操作返回一个 RDD,元素为源数据集去除与参数数据集相同元素后剩余的结果。

例 3.22 substract 操作。

```
rdd1.subtract(rdd2).foreach(println(_))
//*******************运行结果*******************
2
1
```

rdd1 中包含元素 1、2 以及 4,与 rdd2 中的相同元素为 4,去掉该相同元素后的结果为 1 和 2。

3.7.4 使用 cartesian 操作计算笛卡儿积

cartesian 操作返回 RDD 和另一个 RDD 的笛卡儿积,即所有元素对(a,b)的 RDD,其中

a 在原 RDD 中,b 在参数 RDD 中。

例 3.23　cartesian 操作。

```
val rdd1 = sc.parallelize(List(1, 2, 4))
val rdd3 = sc.parallelize(List("a", "b"))
rdd1.cartesian(rdd3).foreach(println(_))
//*****************运行结果*******************
(1,a)
(1,b)
(2,b)
(2,a)
(4,a)
(4,b)
```

结果集中的元素个数为两个 RDD 元素个数的乘积,值为两个 RDD 中元素组成的键值对。

【任务实现】

1. 步骤分析

首先,需要读取源文件并将其转换成 RDD,将得到的数据集中的每一行进行切割,并清洗无效订单数据。接着计算每个订单的交易额,最后按照交易额由高到低的顺序打印前 10 个订单的信息。

2. 完成任务

(1) 启动 IntelliJ IDEA,右击项目文件夹,选择相应的 package,新建 scala 类。

(2) 打开类文件,在代码编辑窗口中输入如下代码。

```
package edu.xpc.sparkcore
import org.apache.spark.{SparkConf, SparkContext}

object Rw2 {
 def main(args: Array[String]): Unit = {
  val sparkConf = new SparkConf().setAppName("WordCount").setMaster("local[*]")
  val sc = new SparkContext(sparkConf)
  val rddretail = sc.textFile("data/online_retail_II.txt")
  println("*************交易额最高的前 10 个订单及金额结果如下*************
*****")
  rddretail.map(x=>x.split("\t"))
   .filter(x=> !x(0).toLowerCase.startsWith("c"))
   .map(x=>(x(0),x(3).toDouble *x(5).toDouble))
   .groupBy(x=>x._1)
   .map(x=>(x._1,x._2.map(x=>x._2)))
   .map(x=>(x._1,x._2.sum))
   .sortBy(x=>x._2,false,1)
   .take(10)
   .foreach(println(_))
  sc.stop()
 }
}
```

（3）测试源代码，运行当前程序，结果如图3.19所示。

【任务总结】

通过本任务的学习，读者可以掌握如何创建RDD，以及如何使用RDD的各种算子进行数据的转换和分析。在编程过程中，需要注意以下几点。

（1）在进行数据分析前，往往需要对数据进行清洗。数据清洗不仅可以去除不满足规范的数据，还能提取关键字段，是大数据处理流程中必不可少的环节。

（2）在使用RDD的算子时，应注意各算子的应用场景，这样才能做到灵活运用，举一反三。

【巩固练习】

一、单选题

1. （   ）不是RDD的转换算子。

    A. filter()   B. map()   C. count()   D. flatMap()

2. 算子（   ）可以对RDD进行去重操作。

    A. union()   B. distinct()

    C. reduceByKey()   D. groupByKey()

3. 算子（   ）可以对RDD进行扁平化操作。

    A. map()   B. flatMap()   C. filter()   D. reduceByKey()

二、判断题

1. filter()函数可以对RDD中的元素进行筛选，并返回一个新的RDD。（   ）

2. map()函数可以将RDD中的每个元素通过一个函数映射为多个元素，并返回一个新的RDD。（   ）

3. sortBy()函数无法对RDD中的元素进行降序排序操作。（   ）

4. 在Spark中，RDD是不可修改的数据集。（   ）

5. Spark中的RDD可以包含任何类型的数据。（   ）

6. 在Spark中，RDD的操作是懒执行的，只有在遇到转换操作时才会真正执行计算。（   ）

7. 在Spark中，RDD是一种分布式数据集，可以跨多台机器进行计算。（   ）

三、编程题

1. 现有几位学生的分数，依次存放在列表中，分别是("kevin,85,79","lucy,92,84","mark,80,69")。计算每位同学的总分并打印结果。

2. 按照编程题第1题计算的总分，给所有同学按分数由高到低排序并打印结果。

3. 统计每个学生的平均分数。

4. 计算每门课程的平均分数。

【任务拓展】

现有一份关于某个地区的空气质量和气象情况的记录。其中,PM2.5浓度是一种衡量空气中颗粒物浓度的指标,DEWP、TEMP、HUMI、PRES这些字段则描述了气象情况,而cbwd、Iws、precipitation、Iprec等字段则反映了风向、风速和降水情况。对PM2.5浓度和气象条件进行分析的结果,可用于推断污染源和制定改善空气质量的措施。通过分析降水量和累计降水量,可以预测洪水等自然灾害的发生。这份数据包含的字段说明如表3.4所示。

表3.4 空气质量数据字段说明

序号	字段名	说明
1	No	数据行号
2	year	数据的年份信息
3	month	数据的月份信息
4	day	数据的日期信息
5	hour	数据的小时信息
6	season	季节(1:春季,2:夏季,3:秋季,4:冬季)
7	PM_Dongsi	PM2.5浓度(ug/m^3)。Dongsi监测点数据
8	PM_Dongsihuan	PM2.5浓度(ug/m^3)。Dongsihuan监测点数据
9	PM_Nongzhanguan	PM2.5浓度(ug/m^3)。Nongzhanguan监测点数据
10	PM_US Post	PM2.5浓度(ug/m^3)。US Post监测点数据
11	DEWP	露点(摄氏度)
12	HUMI	湿度
13	PRES	气压(hPa)
14	TEMP	温度
15	cbwd	联合风向
16	Iws	累计风速(m/s)
17	precipitation	小时降水量(mm)
18	Iprec	累计降水量(mm)

请完成以下分析任务。

1. 将该文件上传至HDFS,读取该文件后创建RDD。
2. 删除文件中缺失值大于3个字段的数据,并打印删除条数。
3. 在第2步的基础上删除文件中关键字段PM_US Post、HUMI、precipitation、Iprec中任意字段为空的数据,并打印删除条数。
4. 计算每个季节的平均PM2.5浓度(PM2.5的值根据PM_US Post字段计算),并按照季节的顺序输出结果。
5. 计算每个小时的平均湿度,并按照小时的顺序输出结果。
6. 找出PM2.5超过100的数据记录,并统计其出现次数。
7. 求出每个季节的最大降水量,并输出对应的季节和降水量值。
8. 将程序打包,上传到集群上运行,记录打印结果。

任务 3　商品交易量分析

【任务提出】

商品交易量分析可为商业决策提供有力支持,帮助企业和零售商更好地了解市场需求、优化库存、提高销售额和客户满意度。通过分析不同地区的畅销商品,企业可以了解市场趋势和消费者偏好,从而预测未来的市场需求。这有助于企业及时调整产品线,确保产品组合与市场需求相匹配。也可以帮助企业根据实际需求调整库存水平,避免库存积压或缺货现象,制定更具针对性的营销策略,如促销、广告、定价等,帮助企业在激烈的市场竞争中保持竞争优势。

本任务需要计算出每个地区每种商品的销量,然后找到销量最高的商品,返回的结果包含地区名、商品名及销量,将最终结果保存到文本文件中,如图 3.21 所示。

```
 1    Australia,MINI PAINT SET VINTAGE ,2952
 2    Portugal,POLKADOT PEN,240
 3    United Kingdom,PAPER CRAFT , LITTLE BIRDIE,80995
 4    Brazil,ROSES REGENCY TEACUP AND SAUCER ,24
 5    Canada,RETRO COFFEE MUGS ASSORTED,504
 6    Japan,RABBIT NIGHT LIGHT,3408
 7    Cyprus,HEART DECORATION PAINTED ZINC ,384
 8    Finland,CHILDRENS CUTLERY POLKADOT PINK,480
 9    European Community,WHITE ROCKING HORSE HAND PAINTED,24
10    Netherlands,RABBIT NIGHT LIGHT,4801
11    Iceland,ICE CREAM SUNDAE LIP GLOSS,240
12    Singapore,CHRISTMAS TREE PAINTED ZINC ,384
13    Sweden,MINI PAINT SET VINTAGE ,2916
14    RSA,ASSORTED BOTTLE TOP  MAGNETS ,12
15    Norway,SMALL FOLDING SCISSOR(POINTED EDGE),576
16    Denmark,RED  HARMONICA IN BOX ,288
```

图 3.21　每个地区最畅销商品的计算结果

【任务分析】

本任务首先需要计算商品销量,然后按照地区进行分组,求该地区销量最高的商品。具体实施步骤如下。

1. 读取源数据创建 RDD,清洗掉无效记录。
2. 计算每个地区每种商品的销量。
3. 按地区分组,求出最高销量的商品。
4. 将结果保存到文本文件中。

【知识准备】

3.8 键值对 RDD 的创建

大多数 RDD 操作适用于包含任意类型对象的 RDD,但是一些特殊操作仅适用于键值对的 RDD。最常见的特殊操作是分布式"Shuffle"操作,例如,按键对元素进行分组或聚合。在 Scala 中,这些操作自动适用于包含 Tuple2 对象的 RDD。键值对操作位于 PairRDDFunctions 类中,它会自动将 RDD 中的元素包装成元组。

键值对 RDD 可直接创建,也可以由普通 RDD 通过 map() 操作转换而来。

例 3.24 键值对 RDD 的创建。在单词计数的案例中,可以通过 map 将由单词组成的 RDD 转换成键值对 RDD。

```
val lines = sc.parallelize(List("hello world", "hello spark"))
val wordAndOne = lines.flatMap(x=>x.split(" "))        //元素变成每个单词
 .map(x=>(x,1))                                        //转换成键值对 RDD
wordAndOne.foreach(println(_))
//*******************运行结果*******************
(hello,1)
(world,1)
(hello,1)
(spark,1)
```

键值对 RDD 的元素是二元元组,元组的第一个元素为"键",第二个元素为"值",从而构成了键值对的结构。通过 keys 操作可以获取 RDD 的所有键,通过 values 操作可以获取 RDD 的所有值,二者均为转换操作。

3.9 键值对 RDD 的常用操作

部分转换操作仅适用于键值对 RDD,常用的转换操作如表 3.5 所示。

表 3.5 键值对 RDD 的常用转换操作

键值对常用操作	说 明
join(otherDataset,[numPartitions])	当在类型为(K,V)和(K,W)的数据集上调用时,返回一个数据集,其中包含每个键的所有元素对(K,(V,W))
groupByKey([numPartitions])	当在类型为(K,V)的数据集上调用时,返回一个数据集,其中包含每个键对应的(K,Iterable<V>)对
reduceByKey(func,[numPartitions])	当在类型为(K,V)的数据集上调用时,使用给定的 reduce 函数 func(该函数必须是类型为(V,V)=>V 的函数)对每个键的值进行聚合,并返回一个(K,V)对的数据集
sortByKey([ascending],[numPartitions])	当在类型为(K,V)的数据集上调用时,其中 K 实现了 Ordered 接口,它返回一个键按升序或降序排序的(K,V)对的数据集,具体排序顺序由布尔型参数 ascending 指定
countByKey()	该操作仅适用于类型为(K,V)的 RDD。它返回一个哈希映射,其中包含每个键的计数,类型为(K,Long)。这是一个行动操作

3.9.1　使用 join 操作连接键值对 RDD

join 操作用于连接两个键值对 RDD。它将两个具有相同键的数据放在同一个元组中，结果数据集只包含两个 RDD 中都存在的键的连接结果。例如，输入的两个 RDD 键值对分别为(K,V)和(K,W)，join 计算结果为(K,(V,W))。

例 **3.25**　join 操作连接两个键值对 RDD，并打印结果。

```
val rdd1 = sc.parallelize(List(("apple", 3), ("pear", 1), ("banana", 5)))
val rdd2 = sc.parallelize(List(("grape", 2), ("apple", 1)))
rdd1.join(rdd2).foreach(println(_))
//*******************运行结果*******************
(apple,(3,1))
```

若要实现外连接，可通过 leftOuterJoin、rightOuterJoin 和 fullOuterJoin 等操作实现。

3.9.2　使用 groupByKey 操作对键值对 RDD 进行分组

groupByKey 根据键对 RDD 中的元素进行分组。例如，输入的 RDD 键值对为(K,V)，分组结果为包含每个键的(K,Iterable<V>)对。

例 **3.26**　groupByKey 操作。在单词计数中按照单词对元素进行分组，并打印结果。

```
wordAndOne.groupByKey().foreach(println(_))
//*******************运行结果*******************
(hello,CompactBuffer(1, 1))
(spark,CompactBuffer(1))
(world,CompactBuffer(1))
```

该示例将相同单词的键值对元素放到了同一组，其中"hello"单词出现了两次，分组结果的键为该单词，值为两个 1 构成的可变序列。

如果需要分组后执行每个键上的聚合(如求和或平均值)，使用 reduceByKey 或 aggregateByKey 将获得更好的性能。默认情况下，输出中的并行级别取决于父 RDD 的分区数，但可通过可选的 numPartitions 参数来设置不同的分区个数。

3.9.3　使用 reduceByKey 操作对键值对 RDD 进行聚合

reduceByKey 操作用于合并具有相同键的值，该操作只对值进行处理。在进行处理时，该操作需要接收一个函数，相同键的值会根据函数进行合并，返回一个新的键值对元素。与 groupByKey 类似，可以通过可选的第二个参数来配置 reduce 任务的数量。

例 **3.27**　reduceByKey 操作。在单词计数案例中，可以直接通过 reduceByKey 操作对元素进行聚合，计算值的和，求出每个单词的个数。

```
wordAndOne.reduceByKey((a,b)=>a+b).foreach(println(_))
//*******************运行结果*******************
(spark,1)
(hello,2)
(world,1)
```

在该例子中,reduceByKey 会首先将相同键的两个值进行求和,新产生的和与下一个相同键的值继续求和,最终计算完所有的键值对元素,从而实现了单词计数功能。

3.9.4 使用 sortByKey 操作对键值对 RDD 进行排序

sortByKey 操作用于对键值对 RDD 中的元素按照键进行排序。该操作包含以下两个参数。

(1)排序方向,为布尔值类型。默认为 true,表示升序排序。若要实现降序排序,需要将该参数设置为 false。

(2)排序后的分区个数,默认值与原 RDD 的分区个数相同。与 sortBy 操作一样,该操作仅对分区内的元素实现排序。如果想实现全局排序,需要将分区个数设置为 1。

例 3.28　sortByKey 操作。对 wordAndOne 中的元素进行排序并打印结果。

```
wordAndOne.sortByKey(false,1).foreach(println(_))
//*******************运行结果*******************
(world,1)
(spark,1)
(hello,1)
(hello,1)
```

示例中的键为字符串,因此数据集会按照字符的顺序进行排序。

3.9.5 使用 countByKey 操作按键计算键值对 RDD 个数

countByKey 操作用于按键统计元素个数,返回 Map[K,Long]类型的变量。该操作会将所有数据加载到 Driver 端,当数据集较大时可能会造成内存溢出。

例 3.29　countByKey 操作。

```
wordAndOne.countByKey().foreach(println(_))
//*******************运行结果*******************
(hello,2)
(world,1)
(spark,1)
```

本操作适用于较小的数据集。若想处理较大的数据集,建议使用 map( )及 reduceByKey 操作实现,这些方法返回的是分布式的 RDD 数据集,不会将数据全部加载到 Driver 端的内存。

3.10　RDD 的输出操作

在实际生产环境中,对 RDD 进行处理之后,通常需要将结果保存,以便后续环节的分析与应用。与读取类似,RDD 保存格式包括文本文件、Sequence 文件和 Object 文件等。如果需要操作 json 文件或 csv 文件,需要导入第三方包,此处不再赘述。常见的 RDD 输出操作如表 3.6 所示。

视频讲解

89

表 3.6　常见的 RDD 输出操作

RDD 输出操作	说　　明
saveAsTextFile(path)	将 RDD 写入给定路径下的文本文件中(一个或多个文件,取决于分区数量),该操作支持本地文件系统、HDFS 或其他 Hadoop 可支持的任何文件系统。Spark 会调用 toString 方法将文件中的每一行文本转换成字符串进行保存
saveAsSequenceFile(path) (Java and Scala)	将 RDD 写入给定路径下的 Hadoop Sequence 文件中
saveAsObjectFile(path) (Java and Scala)	使用 Java 序列化将 RDD 写入 Object 文件中

　　输出操作中的路径参数必须是一个不存在的路径,如果该文件夹已存在,程序会报错。保存的文件个数与 RDD 的分区数相同,如果需要将所有数据保存到一个文件中,需要将该 RDD 的分区数重置为 1。

　　例 3.30　saveAsTextFile 操作。将单词计数的结果保存到本地文本文件中。

```
//直接保存到 data/wordcount 下
wordAndOne.reduceByKey((a,b)=>a+b).saveAsTextFile("data/wordcount")
//重新设置 1 个分区后保存到 data/wordcount2 下
wordAndOne.reduceByKey((a,b)=>a+b).repartition(1).saveAsTextFile("data/wordcount2")
```

　　RDD 输出结果如图 3.22 所示。

　　在 wordcount 文件夹下,共产生了 17 个文件。其中扩展名为".crc"的文件为校验文件,_SUCCESS 为状态标识文件,剩余的 8 个以"part"开头的文件为数据文件,分别代表 0~7 分区的数据。将分区数重置为 1 后,仅产生一个 part-00000 文件,RDD 输出结果如图 3.23 所示。

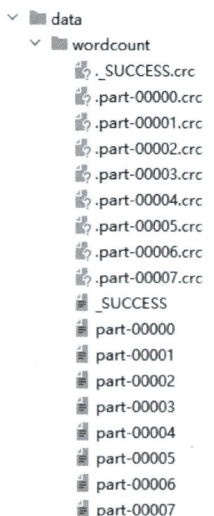

图 3.22　默认分区个数情况下的 RDD 输出结果　　　图 3.23　分区数重置为 1 后的 RDD 输出结果

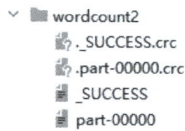

【任务实现】

1. 步骤分析

在计算每个地区每种商品的销量时,可以使用键值对 RDD 进行聚合运算,需要将地区和商品联合起来作为键,统计每个地区的最高销量的商品时,又需要将地区取出作为键进行分组,因此该过程会涉及较多的 map()操作和一系列的分组、聚合操作,有助于更好地理解和运用键值对 RDD。

2. 完成任务

(1) 启动 IntelliJ IDEA,右击项目文件夹,选择相应的 package,新建 scala 类。

(2) 打开类文件,在代码编辑窗口中输入如下代码。

```scala
package edu.xpc.sparkcore
import org.apache.spark.{SparkConf, SparkContext}

object Rw3 {
 def main(args: Array[String]): Unit = {
  val sparkConf = new SparkConf().setAppName("WordCount").setMaster("local[*]")
  val sc = new SparkContext(sparkConf)
  val rddretail = sc.textFile("data/online_retail_II.txt")
  rddretail.map(x=>x.split("\t"))
   .filter(x=> !x(0).toLowerCase.startsWith("c"))
   .map(x=>((x(x.length-1),x(2)),x(3).toInt))    //((地区,商品名),销售数量)
   .reduceByKey(_+_)                              //求出每个地区每种商品的销售量
   .map(x=>(x._1._1,(x._1._2,x._2)))              //(地区,(商品名,销售数量))
   .groupByKey()                                  //按地区分组
   .map(x=>{
   val country = x._1
   val list = x._2.toList.sortBy(x => -x._2)      //组内元素倒序排序
   (country,list(0))                              //(地区,最高销量的商品名及数量)
   })
.map(x=>x._1+","+x._2._1+","+x._2._2)
   .repartition(1)
   .saveAsTextFile("data/rw3")
 }
}
```

(3) 测试源代码,运行当前程序,部分结果文件内容如图 3.21 所示。

【任务总结】

通过本任务的学习,读者可以掌握键值对 RDD 的创建以及常用的操作。在使用键值对 RDD 时,需注意以下几点。

(1) 在做数据分析时,键值对 RDD 丰富的操作可以极大提高数据分析的效率,用户需要根据具体需求确定键和值。

（2）reduce 聚合运算适用于求和、求最值等场景，不适用于求均值。因为均值不满足交换律和结合律。

（3）涉及数学运算时，需要特别注意字段类型，必要时需要进行相应的类型转换。

【巩固练习】

一、单选题

1. 键值对 RDD 是指（　　）。
   A. 一种特殊类型的 RDD   B. 由键值对组成的数据集合
   C. 只能存储整数键和字符串值   D. RDD 的一种变换操作

2. 在 Spark 中，（　　）可以创建键值对 RDD。
   A. 使用 collect 操作   B. 使用 paralleize 操作
   C. 使用 textFile 操作   D. 使用 map() 操作

3. 键值对 RDD 与普通单值 RDD 相比，其特点在于（　　）。
   A. 键值对 RDD 可以进行更多类型的操作
   B. 键值对 RDD 可以并行处理
   C. 键值对 RDD 只支持整数键
   D. 键值对 RDD 可以持久化到磁盘

4. 在键值对 RDD 中，（　　）可以对每个键的值进行累加操作。
   A. 使用 collect 操作   B. 使用 reduceByKey 操作
   C. 使用 map() 操作   D. 使用 filter 操作

5. （　　）可以将两个键值对 RDD 进行关联操作。
   A. 使用 collect 操作   B. 使用 reduceByKey 操作
   C. 使用 join 操作   D. 使用 groupByKey 操作

二、判断题

1. 键值对 RDD 只支持基本的数学运算，如加法和减法。（　　）
2. 键值对 RDD 的值可以是一个列表或数组。（　　）
3. 键值对 RDD 可通过 collect 操作将数据收集到 Driver 端。（　　）
4. 键值对 RDD 的分区数量决定了计算任务的并行度。（　　）
5. 键值对 RDD 可以使用 groupByKey 操作将相同值的元素进行分组。（　　）
6. 可以使用 values 操作获取所有键值对的值。（　　）

三、编程题

1. 现有学生成绩存放在列表("bj1,kevin,82,76","bj1,mark,92,79","bj2,jack,85,69")中，计算每个班级的平均分。

2. 对于商品零售数据，计算该连锁商店在每个地区的总销售额，打印销售额最高的前10个地区。

【任务拓展】

分析电影评分数据有助于帮助人们了解电影的质量、受欢迎程度和观众口碑,对电影制作方、发行方和观众都具有重要的参考价值。

通过统计每年上映的电影数量和评分等指标,可以了解电影产业的发展趋势和受欢迎程度;通过计算导演执导的电影数量、评分数据和演员出演的电影分析,可以评估导演和演员的工作表现和知名度。

现有三张数据表,具体字段如表3.7~表3.9所示。

表 3.7 电影表 movies.dat 数据字段说明

序 号	字 段 名	说 明
1	id	电影 ID
2	title	电影名
3	imdbID	imdbID
4	spanishTitle	西班牙语电影名
5	imdbPictureURL	imdb 图片地址
6	year	年份
7	rtID	烂番茄 id
8	rtAllCriticsRating	烂番茄收视率
9	rtAllCriticsNumReviews	烂番茄评论浏览数
10	rtAllCriticsNumFresh	烂番茄最新评论数
11	rtAllCriticsNumRotten	烂番茄总差评数
12	rtAllCriticsScore	烂番茄总评分
13	rtTopCriticsRating	烂番茄知名评论收视率
14	rtTopCriticsNumReviews	烂番茄知名评论浏览数
15	rtTopCriticsNumFresh	烂番茄最新知名评论数
16	rtTopCriticsNumRotten	烂番茄知名评论差评数
17	rtTopCriticsScore	烂番茄知名评论得分
18	rtAudienceRating	烂番茄观众收视率
19	rtAudienceNumRatings	烂番茄观众评价数
20	rtAudienceScore	烂番茄观众得分
21	rtPictureURL	烂番茄图片地址

表 3.8 电影导演表 movie_directors.dat 数据字段说明

序 号	字 段 名	说 明
1	movieID	电影 ID
2	directorID	导演 ID
3	directorName	导演名

表 3.9　电影演员表 movie_actors.dat 数据字段说明

序　号	字　段　名	说　　明
1	movieID	电影 ID
2	actorID	演员 ID
3	actorName	演员名
4	ranking	排名

结合三张数据表,做如下数据分析。

1. 读取源数据,创建 RDD,并根据需求创建相应的键值对 RDD。

2. 统计每年上映的电影数量。

3. 计算每个导演执导的电影数量,并按照数量由高到低排序,结果包含导演名及电影数量。

4. 计算每个演员出演的电影数量,并按照数量由高到低排序,结果包含演员名及电影数量。

5. 统计每个年份烂番茄评分最高的电影。

6. 统计每个导演的电影平均烂番茄收视率,并按照收视率由高到低排序。

7. 计算每个导演的电影中,烂番茄评分最高的电影的评分,并将结果保存成文本文件。

任务 4　分区保存销售数据

【任务提出】

Spark RDD 的分区是指将数据集按照一定规则划分成多个逻辑数据块,每个分区都是一个独立的数据片段,能在集群的不同节点上并行处理。通过数据量大小和计算需求合理设置 RDD 的分区数量,可以优化 Spark 应用程序的性能和效率。分区数量过少可能导致负载不均衡,而分区数量过多会增加通信开销。默认情况下,Spark 会根据数据源的特性来确定 RDD 的分区数量。例如,对于文本文件,Spark 通常会对每一个输入文件创建一个分区,这样的默认分区策略可以确保每个输入文件都能被单独处理,从而实现了数据的并行处理。

Spark 的系统分区方式有两种,一种是哈希分区,另一种是范围分区。哈希分区是根据键值对 RDD 的键计算哈希值,然后利用该哈希值对分区数取模进行分区;范围分区是将一定范围的数据映射到一个分区中。用户也可以通过自定义分区器完成特定的分区要求。

本任务需要按照销售数据的年份进行分区,将销售数据保存到文本文件中。结果如图 3.24 和图 3.25 所示。

```
part-00000 ×    part-00001 ×    online_retail_II.txt ×
(2010,536365    85123A    WHITE HANGING HEART T-LIGHT HOLDER  6    2010-12-1 8:26  2.55    17850    United Kingdom)
(2010,536365    71053     WHITE METAL LANTERN 6    2010-12-1 8:26  3.39    17850    United Kingdom)
(2010,536365    84406B    CREAM CUPID HEARTS COAT HANGER  8    2010-12-1 8:26  2.75    17850    United Kingdom)
(2010,536365    84029G    KNITTED UNION FLAG HOT WATER BOTTLE  6   2010-12-1 8:26  3.39    17850    United Kingdom)
(2010,536365    84029E    RED WOOLLY HOTTIE WHITE HEART.  6    2010-12-1 8:26  3.39    17850    United Kingdom)
(2010,536365    22752     SET 7 BABUSHKA NESTING BOXES  2    2010-12-1 8:26  7.65    17850    United Kingdom)
(2010,536365    21730     GLASS STAR FROSTED T-LIGHT HOLDER  6    2010-12-1 8:26  4.25    17850    United Kingdom)
(2010,536366    22633     HAND WARMER UNION JACK 6    2010-12-1 8:28  1.85    17850    United Kingdom)
(2010,536366    22632     HAND WARMER RED POLKA DOT    6    2010-12-1 8:28  1.85    17850    United Kingdom)
(2010,536368    22960     JAM MAKING SET WITH JARS    6    2010-12-1 8:34  4.25    13047    United Kingdom)
(2010,536368    22913     RED COAT RACK PARIS FASHION 3    2010-12-1 8:34  4.95    13047    United Kingdom)
(2010,536368    22912     YELLOW COAT RACK PARIS FASHION    3    2010-12-1 8:34  4.95    13047    United Kingdom)
(2010,536368    22914     BLUE COAT RACK PARIS FASHION    3    2010-12-1 8:34  4.95    13047    United Kingdom)
(2010,536367    84879     ASSORTED COLOUR BIRD ORNAMENT    32    2010-12-1 8:34  1.69    13047    United Kingdom)
(2010,536367    22745     POPPY'S PLAYHOUSE BEDROOM  6    2010-12-1 8:34  2.1 13047    United Kingdom)
(2010,536367    22748     POPPY'S PLAYHOUSE KITCHEN    6    2010-12-1 8:34  2.1 13047    United Kingdom)
(2010,536367    22749     FELTCRAFT PRINCESS CHARLOTTE DOLL    8    2010-12-1 8:34  3.75    13047    United Kingdom)
(2010,536367    22310     IVORY KNITTED MUG COSY  6    2010-12-1 8:34  1.65    13047    United Kingdom)
(2010,536367    84969     BOX OF 6 ASSORTED COLOUR TEASPOONS  6    2010-12-1 8:34  4.25    13047    United Kingdom)
```

图 3.24 年份为 2010 的分区 0 数据集

```
part-00000 ×    part-00001 ×    online_retail_II.txt ×
(2011,560773    84877B    GREEN ROUND COMPACT MIRROR  2    2011-7-20 16:17 2.46         United Kingdom)
(2011,560773    84920     PINK FLOWER FABRIC PONY 1    2011-7-20 16:17 3.29         United Kingdom)
(2011,560773    84923     PINK BUTTERFLY HANDBAG W BOBBLES    1    2011-7-20 16:17 4.13         United Kingdom)
(2011,560773    84951A    SET OF 4 PISTACHIO LOVEBIRD COASTER 1    2011-7-20 16:17 2.46         United Kingdom)
(2011,560773    84969     BOX OF 6 ASSORTED COLOUR TEASPOONS  2    2011-7-20 16:17 3.29         United Kingdom)
(2011,560773    84971S    SMALL HEART FLOWERS HOOK    1    2011-7-20 16:17 1.63         United Kingdom)
(2011,560773    84988     SET OF 72 PINK HEART PAPER DOILIES 2    2011-7-20 16:17 2.92         United Kingdom)
(2011,560773    84991     60 TEATIME FAIRY CAKE CASES 1    2011-7-20 16:17 1.25         United Kingdom)
(2011,560773    85061W    WHITE JEWELLED HEART DECORATION 1    2011-7-20 16:17 1.63         United Kingdom)
(2011,560773    85086A    CANDY SPOT HEART DECORATION 2    2011-7-20 16:17 0.83         United Kingdom)
(2011,560773    85093     CANDY SPOT EGG WARMER HARE  1    2011-7-20 16:17 0.83         United Kingdom)
(2011,560773    85095     THREE CANVAS LUGGAGE TAGS    1    2011-7-20 16:17 0.83         United Kingdom)
(2011,560773    85099B    JUMBO BAG RED RETROSPOT 6    2011-7-20 16:17 2.08         United Kingdom)
(2011,560773    85099F    JUMBO BAG STRAWBERRY    3    2011-7-20 16:17 2.08         United Kingdom)
(2011,560773    85123A    WHITE HANGING HEART T-LIGHT HOLDER  1    2011-7-20 16:17 5.79         United Kingdom)
(2011,560773    85131B    BEADED CRYSTAL HEART GREEN ON STICK 1    2011-7-20 16:17 0.83         United Kingdom)
(2011,560773    85132C    CHARLIE AND LOLA FIGURES TINS  1    2011-7-20 16:17 5.79         United Kingdom)
(2011,560773    85176     SEWING SUSAN 21 NEEDLE SET  4    2011-7-20 16:17 0.79         United Kingdom)
```

图 3.25 年份为 2011 的分区 1 数据集

【任务分析】

本任务需要将数据按照年份实现自定义分区。Spark RDD 只能对键值对 RDD 设置分区方式,因此需要先提取数据中的年份信息,将其作为键,零售数据作为值,将原始 RDD 转换成键值对 RDD,然后编写自定义分区器,最后将数据保存到文本文件中。

【知识准备】

3.11 自定义分区器

实现自定义分区器,需要继承 org. apache. spark. Partitioner 类并实现其中的两个方法。

(1) def numPartitions:Int:返回需要创建的分区个数。

(2) def getPartition(key:Any):Int:对输入的键进行处理,返回该键的分区 ID。分

视频讲解

区 ID 范围是 0～（numPartitions－1）。

例 3.31 以班级为分区保存数据。现有一份学生列表，包含班级、学号、姓名字段，现需要以班级作为分区依据，将班级及学生姓名保存到文本文件中。

```scala
package edu.xpc.sparkcore

import org.apache.spark.{Partitioner, SparkConf, SparkContext}

object PartitionDemo {
 def main(args: Array[String]): Unit = {
  val sparkConf = new SparkConf().setAppName("partitioner").setMaster("local[*]")
  val sc = new SparkContext(sparkConf)
  val stu = List("bj1,01,kevin","bj1,02,lucy","bj2,01,mark")
  val rddstu = sc.parallelize(stu).map(x=>x.split(",")).map(x=>(x(0),x(2)))
  val c = rddstu.keys.distinct().count().toInt
  rddstu.partitionBy(new MyPartitioner(c)).saveAsTextFile("data/stuparts")
 }
 class MyPartitioner(numParts:Int) extends Partitioner{
  override def numPartitions: Int = numParts

  override def getPartition(key: Any): Int = {
   key.hashCode() % numParts
  }
 }
}
```

上述示例中，定义了一个类 MyPartitioner，继承 Partitioner，并重写了 numPartitions() 及 getPartition() 方法。getPartition() 方法根据键的哈希值对分区个数求模返回分区值。在 main() 方法中，读取原始数据转换为 RDD 后，使用 map() 方法将数据转换为键值对 RDD，键为班级（即分区字段），值为学生姓名，常量 c 为班级数（即分区数），将自定义类对象作为参数调用 partitionBy() 方法，重新设置分区后保存为文本文件。结果如图 3.26 所示。

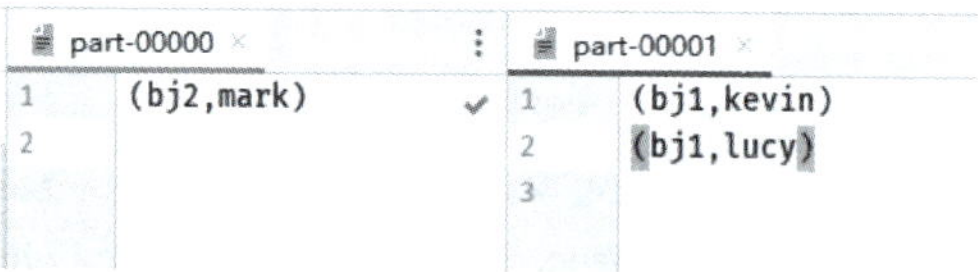

图 3.26 按班级进行分区运算结果

【任务实现】

1. 步骤分析

首先读取数据创建 RDD 后，将数据转换成键值对 RDD，并且以分区字段作为值。编写自定义分区类，当键值为不同年份时，设置对应的分区值，最后调用 partitionBy() 方法实现自定义分区保存。

2. 完成任务

（1）启动 IntelliJ IDEA，右击项目文件夹，选择相应的 package，新建 scala 类。

（2）打开类文件，在代码编辑窗口中输入如下代码。

```scala
package edu.xpc.sparkcore
import org.apache.spark.{Partitioner, SparkConf, SparkContext}

object Rw4 {
 def main(args: Array[String]): Unit = {
  val sparkConf = new SparkConf().setAppName("Rw4").setMaster("local[*]")
  val sc = new SparkContext(sparkConf)
  val rddretail = sc.textFile("data/online_retail_II.txt")
  rddretail.map(s=>s.split("\t"))
   .map(x=>(x(4).substring(0,4),x.mkString("\t")))
   .partitionBy(new MyPartition(2))
   .saveAsTextFile("data/retail_parts")
  sc.stop()
 }
 class MyPartition(numParts:Int) extends Partitioner{
  override def numPartitions: Int = numParts

  override def getPartition(key: Any): Int = {
   key match {
    case "2010" => 0
    case "2011" => 1
    case _ => 0
   }
  }
 }
}
```

（3）测试源代码，运行当前程序，部分结果文件内容如图 3.24 和图 3.25 所示。

【任务总结】

通过本任务的学习，读者可以掌握如何实现自定义分区。在对数据进行分区时，需要注意以下几点。

（1）自定义分区器需要继承 org.apache.spark.Partitioner 类，并且实现其中的 numPartitions() 和 getPartition() 两个方法。

（2）在 numPartitions() 方法中，需要指定 RDD 的分区数目，需要确保分区数合理，以充分利用集群资源并避免数据倾斜。

（3）在 getPartition() 方法中，根据元素的键计算分区逻辑，返回每个元素应该被分配到的分区编号。需要合理设计数据的特征或键，保证正确分区。

【巩固练习】

一、单选题

1. 自定义 Spark RDD 分区器需要继承(　　)类。

　　A. org. apache. spark. RDDPartitioner　　　B. org. apache. spark. Partition

　　C. org. apache. spark. Partitioner　　　　 D. org. apache. spark. PartitionFunction

2. 自定义分区器中必须实现(　　)方法来指定 RDD 的分区数目。

　　A. numPartitions()　　　　　　　　　　B. getPartitionsCount()

　　C. partitionCount()　　　　　　　　　　D. countPartitions()

3. 在自定义分区器中,getPartition()方法的作用是(　　)。

　　A. 返回 RDD 的分区数目

　　B. 返回 RDD 中每个元素所在的分区编号

　　C. 返回 RDD 的分区索引

　　D. 返回 RDD 的分区器类型

4. 在自定义分区器中,相同的键应该被映射到(　　)。

　　A. 相同的节点　　　　　　　　　　　　B. 相同的 RDD 分区

　　C. 不同的节点　　　　　　　　　　　　D. 不同的 RDD 分区

二、判断题

1. 自定义分区器可以通过重写 hashCode()方法来实现分区逻辑。　　　　　　(　　)

2. 自定义分区器可以在运行时动态调整分区数目。　　　　　　　　　　　　(　　)

3. 自定义分区器的性能调优应该避免复杂的计算。　　　　　　　　　　　　(　　)

4. 自定义分区器中的 getPartition()方法返回的是一个分区对象。　　　　　(　　)

5. 在自定义分区器中,分区数目的合理性对性能没有影响。　　　　　　　　(　　)

6. 自定义分区器中必须实现 getPartition()方法来指定 RDD 的分区数目。　　(　　)

三、编程题

现有数据存放在列表(1,2,3,4,5)中,将数据按照奇偶性分区保存。

【任务拓展】

现有一份全国城市平均气温数据,具体字段如表 3.10 所示。

表 3.10　平均气温数据字段说明

序　　号	字　段　名	说　　　明
1	No	数据行号
2	year	数据所在年份
3	province	省份
4	provinceID	省份 ID

续表

序　号	字　段　名	说　明
5	city	城市
6	cityID	城市 ID
7	avgtemp	平均气温

　　根据城市的平均气温对城市分类。如果该城市平均气温小于或等于10℃,则将该城市标记为"cold";如果平均气温在10～20℃,则将该城市标记为"warm";否则标记为"hot"。按照不同的标记将数据分区存放。

项目 4

Spark SQL 结构化数据处理

Spark SQL 是 Spark 生态系统中的一个模块，用于处理结构化数据。最初版本的 Spark 并不包含 SQL 支持，AMPLab 在 2012 年推出了 Shark 项目，该项目是在 Spark 之上构建的基于 Hive 的 SQL 查询引擎，将 HiveQL 转换为 Spark 的 RDD 操作。随着 Spark 项目的不断发展，结构化数据处理的需求逐渐增加，Spark SQL 于 2014 年成为 Spark 的一个正式模块，提供了更高效的 SQL 查询和结构化数据处理能力。从 Spark 1.3 版本起，引入了 DataFrame API，这是一种更加高级、抽象的数据操作接口，类似于传统数据库中的表格。随着大数据处理和分析需求的不断增长，Spark SQL 持续进行改进和优化，已成为 Apache Spark 项目中不可或缺的一部分，被广泛应用于各种大数据场景中，包括数据仓库、实时分析、机器学习等。

在本项目中，将通过 4 个具体的任务来系统学习 Spark SQL 编程基础，包括 DataFrame 的创建、查询、输出方法、Spark SQL 读写 MySQL、读写 Hive 的方法等。

【学习目标】

知识目标

1. 了解 Spark SQL 框架的作用及运行过程。
2. 了解 Spark SQL 编程模型。
3. 掌握创建 DataFrame 对象的方法。
4. 掌握 DataFrame 对象的查询和输出操作。
5. 掌握 Spark SQL 读写 MySQL 表的方法。
6. 掌握 Spark SQL 读写 Hive 表的方法。

能力目标

1. 能够读取文本文件创建 DataFrame 对象。
2. 能够通过 RDD 创建 DataFrame 对象。
3. 能够使用 DataFrame 对象的查询操作进行结构化数据分析。
4. 能够使用 Spark SQL 读写 MySQL 表。
5. 能够使用 Spark SQL 读写 Hive 表。

素质目标

1. 培养学生在数据分析过程中坚持公正与透明,避免数据偏见。

2. 培养学生在多领域团队协作中的沟通能力,鼓励学生与不同专业的团队成员合作,推进跨学科的技术创新与应用。

3. 激发学生的创新意识,鼓励其利用 Spark SQL 的强大功能解决实际生活和工作中的问题。

【建议学时】

8 学时。

任务1 导入电影评分数据

【任务提出】

用户评论已成为人们选择商品的重要参考,影评也是如此。影评数据分析在电影产业中的重要性不容忽视,它不仅为电影制作和营销提供了丰富的反馈和数据洞察,还能帮助观众做出更符合个人兴趣的观影选择,电影公司、投资者、发行商和观众都可以从中获得有价值的信息。随着大数据和人工智能技术的不断发展,影评数据分析将变得更加精准和高效,进一步推动电影产业的发展和繁荣。

本任务需要从文本文件创建 DataFrame 对象,为进一步分析做准备。涉及的数据集包含两张数据表,分别是电影表和评分表。电影表的字段说明如下。

1. 电影 ID:代表电影的唯一编号。

2. 电影名:为电影的英文名称。

3. 电影类别:标识该电影属于哪种类型,一部电影可能同时属于多种类别,如科幻、动作、惊悚等。

评分表的字段说明如下。

1. 用户 ID:评论数据中的用户 ID。

2. 电影 ID:被评论的电影 ID。

3. 评分:评分值为 1～5,5 分代表最高分。

4. 评分时间戳。

创建 DataFrame 对象后,查看两张表的前 5 行数据,结果如图 4.1 和图 4.2 所示。

```
+-------+----------------------------+----------------------------------+
|movieID|movieName                   |movieCategory                     |
+-------+----------------------------+----------------------------------+
|1      |Toy Story (1995)            |Animation|Children's|Comedy       |
|2      |Jumanji (1995)              |Adventure|Children's|Fantasy      |
|3      |Grumpier Old Men (1995)     |Comedy|Romance                    |
|4      |Waiting to Exhale (1995)    |Comedy|Drama                      |
|5      |Father of the Bride Part II (1995)|Comedy                      |
+-------+----------------------------+----------------------------------+
```

图 4.1 电影表导入结果

```
+------+-------+------+----------+
|userID|movieID|rating|ratingTime|
+------+-------+------+----------+
|1     |1193   |5.0   |978300760 |
|1     |661    |3.0   |978302109 |
|1     |914    |3.0   |978301968 |
|1     |3408   |4.0   |978300275 |
|1     |2355   |5.0   |978824291 |
+------+-------+------+----------+
```

图 4.2 评分表导入结果

【任务分析】

本任务需要读取原始数据，创建 DataFrame 对象，并查看数据内容，具体任务分析如下。

1. 编写 Spark SQL 程序，读取原始数据。
2. 创建 DataFrame 对象。
3. 查看数据内容。

【知识准备】

4.1 了解 Spark SQL

Spark SQL 是一个用于处理结构化数据的框架，可被视为一个分布式的 SQL 查询引擎，它提供了一个抽象的可编程数据模型 DataFrame。Spark SQL 框架的前身是 Shark 框架，由于 Shark 需要依赖于 Hive，这限制了 Spark 各组件的相互集成，因此 Spark 团队提出了 Spark SQL 项目。Spark SQL 具有以下基本功能。

（1）提供 SQL 查询接口。Spark SQL 允许用户使用标准的 SQL 语句来查询数据，包括 SELECT、INSERT、UPDATE、DELETE 等 SQL 操作，使得用户可以直接利用熟悉的 SQL 语法进行数据分析和处理。

（2）结构化数据处理。Spark SQL 支持对结构化文件进行处理，包括 CSV、JSON、Parquent 等格式的数据。用户可以通过 DataFrame API 来读取、处理和写入数据，而无须手动解析和处理数据格式。

（3）统一的数据访问方式。Spark SQL 支持连接各种数据源，包括 Hive、HDFS、关系型数据库等。

（4）与 Spark 高度集成。Spark SQL 与 Spark Core 和其他组件紧密集成，用户可以在同一个应用程序中同时使用 Spark SQL 和其他 Spark 组件，如 Spark Streaming、MLlib 等，从而实现更复杂的数据处理和分析任务。

总的来说，Spark SQL 提供了一种高效、灵活的方式来处理结构化数据，并且能够与 Spark 生态系统中的其他组件无缝集成，使得用户可以更轻松地进行大规模数据处理和分析。

4.1.1 Spark SQL 运行架构

Spark SQL 架构是在 Shark 原有的架构上重写了逻辑执行计划的优化部分，解决了 Shark 中存在的问题。Spark SQL 在 Hive 兼容层面仅依赖 HiveQL 解析和 Hive 元数据，也就是说，从 HQL 被解析成抽象语法树（AST）起，就全部由 Spark SQL 接管了。Spark SQL 执行计划生成和优化都由 Catalyst（函数式关系查询优化框架）负责。Spark SQL 运行架构如图 4.3 所示。

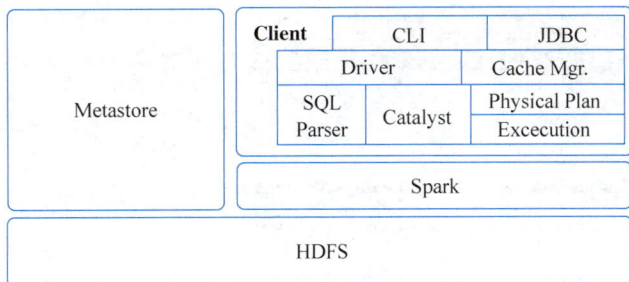

图 4.3　Spark SQL 运行架构

其中,Metastore 表示元数据库,SQL Parser 表示 SQL 解析器,Cache Mgr 表示主缓存,Physical Plan 表示实体计划,Execution 表示执行器。SQL 语句从解析到最终执行的流程如图 4.4 所示。

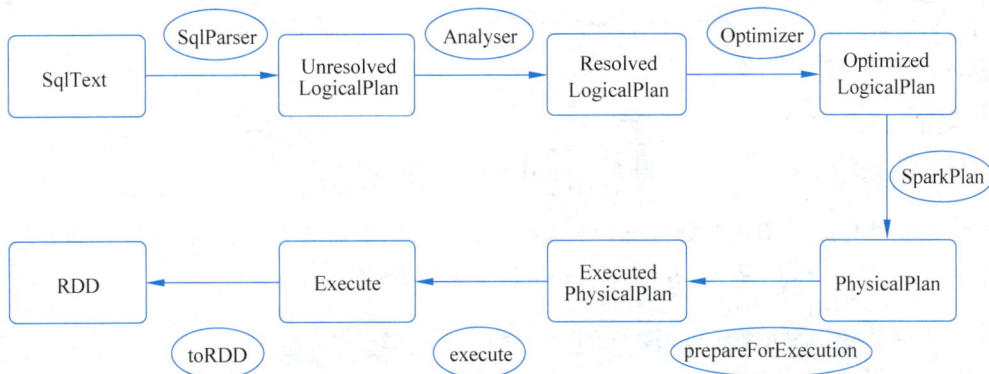

图 4.4　Spark SQL 运行流程

用户提交的 Application 首先会通过 API 读取 SQL 语句,接着通过 SQL 解析器解析生成未绑定的逻辑计划。Analyzer 配合元数据(SessionCatalog 或 Hive Metastore),完善未绑定的逻辑计划的属性,将其转换成已绑定的逻辑计划。Optimizer 对已绑定的逻辑计划进行合并、列裁剪、过滤器下推等优化工作后生成优化的逻辑计划。SparkPlan 使用优化后的逻辑计划进行转换,生成可执行的物理计划,并根据过去的性能统计数据,选择最佳的物理执行计划,再进行 preparations 规则处理,最后调用 SparkPlan 的 execute()方法执行计算。

4.1.2　部署 Spark SQL 编程环境

从 Spark 2.0 开始,Spark 对 SQLContext 和 HiveContext 进行整合,引入了统一的访问点,即 SparkSession,用于实现 Spark SQL 的各种功能,包括创建 DataFrame、执行 SQL 查询、读取数据等。Spark SQL 框架已经集成在 spark-shell 中,在启动 spark-shell 的过程中会初始化 SparkSession 对象为 spark,使用 spark 可以执行 SQL 语句和 HiveQL 语句,如图 4.5 所示。

在配置好的 Hive 环境下,开启 Hive metastore 服务,使用 spark-sql 可以直接执行 SQL 语句和 HiveQL 语句,如图 4.6 所示。

```
[root@master src]# spark-3.1.1-bin-hadoop3.2/bin/spark-shell
24/05/30 09:24:51 WARN NativeCodeLoader: Unable to load native-hadoop library for your platform... using builtin-java classes where applicable
Using Spark's default log4j profile: org/apache/spark/log4j-defaults.properties
Setting default log level to "WARN".
To adjust logging level use sc.setLogLevel(newLevel). For SparkR, use setLogLevel(newLevel).
24/05/30 09:25:06 WARN Utils: Service 'SparkUI' could not bind on port 4040. Attempting port 4041.
24/05/30 09:25:06 WARN Utils: Service 'SparkUI' could not bind on port 4041. Attempting port 4042.
24/05/30 09:25:06 WARN Utils: Service 'SparkUI' could not bind on port 4042. Attempting port 4043.
Spark context Web UI available at http://master:4043
Spark context available as 'sc' (master = local[*], app id = local-1717032307226).
Spark session available as 'spark'.
Welcome to
                        version 3.1.1

Using Scala version 2.12.10 (Java HotSpot(TM) 64-Bit Server VM, Java 1.8.0_231)
Type in expressions to have them evaluated.
Type :help for more information.

scala> spark.read.option("header",true).csv("/usr/local/src/data/house.csv");
res0: org.apache.spark.sql.DataFrame = [selling_price: string, bedrooms_num: string ... 12 more fields]

scala> res0.show(5);
+-------------+------------+-------------+------------+------------+---------+--------------+----------+-------------+----------+-----------+--------+---------+---------+
|selling_price|bedrooms_num|bathroom_num|housing_area|parking_area|floor_num|housing_rating|built_area|basement_area|year_built|year_repair|latitude|longitude|sale_data|
+-------------+------------+-------------+------------+------------+---------+--------------+----------+-------------+----------+-----------+--------+---------+---------+
|     545000.0|         3.0|        2.25|      1670.0|      6240.0|      1.0|           8.0|    1240.0|        430.0|      1974|          0| 47.6413| -122.113| 20200302|
|     785000.0|         4.0|         3.0|      3300.0|     10514.0|      2.0|          10.0|    3300.0|          0.0|      1984|          0| 47.6323| -122.036| 20200211|
|     765000.0|         3.0|        3.25|      3190.0|      5283.0|      2.0|           9.0|    3190.0|          0.0|      2007|          0| 47.5534| -122.002| 20200107|
|     720000.0|         5.0|         2.5|      2900.0|      9525.0|      2.0|           9.0|    2900.0|          0.0|      1989|          0| 47.5442| -122.138| 20191103|
|     449500.0|         5.0|        2.75|      2040.0|      7488.0|      1.0|           7.0|    1200.0|        840.0|      1969|          0| 47.7289| -122.172| 20190603|
+-------------+------------+-------------+------------+------------+---------+--------------+----------+-------------+----------+-----------+--------+---------+---------+
only showing top 5 rows
```

图 4.5　spark-shell 中使用 SparkSession 对象创建 DataFrame 并查询

```
[root@master src]# spark-3.1.1-bin-hadoop3.2/bin/spark-sql
24/05/30 09:36:21 WARN NativeCodeLoader: Unable to load native-hadoop library for your platform... using builtin-java classes where applicable
Using Spark's default log4j profile: org/apache/spark/log4j-defaults.properties
Setting default log level to "WARN".
To adjust logging level use sc.setLogLevel(newLevel). For SparkR, use setLogLevel(newLevel).
24/05/30 09:36:22 WARN HiveConf: HiveConf of name hive.metastore.event.db.notification.api.auth does not exist
24/05/30 09:36:22 WARN HiveConf: HiveConf of name hive.server2.active.passive.ha.enable does not exist
24/05/30 09:36:25 WARN Utils: Service 'SparkUI' could not bind on port 4040. Attempting port 4041.
Spark master: local[*], Application Id: local-1717032985409
spark-sql> show databases;
dbgd
default
ods
Time taken: 4.774 seconds, Fetched 3 row(s)
spark-sql>
```

图 4.6　spark-sql 使用 HiveQL

如果使用 IntelliJ IDEA 软件开发 Spark SQL 程序,则需要在 Maven 项目的 pom.xml 文件中加入 Spark SQL 依赖,并在程序开始位置创建 SparkSession 对象。

```
<!-- pom.xml 文件中增加 Spark SQL 依赖 -->
<dependency>
  <groupId>org.apache.spark</groupId>
  <artifactId>spark-sql_2.12</artifactId>
  <version>3.1.1</version>
</dependency>
```

添加依赖时注意软件版本号。程序中创建 SparkSession 对象的过程如下。

```
package edu.xpc.sparksql
import org.apache.spark.sql.SparkSession

object Test {
  def main(args: Array[String]): Unit = {
    val spark = SparkSession.builder().master("local[*]").appName("sparksql").
getOrCreate()
  }
}
```

上述代码中,使用 SparkSession 的 builder()方法创建 SparkSession 对象,master()方法用于设置运行模式,与 SparkConf 中的 setMaster()方法等效,appName()方法用于设置程序名称,与 SparkConf 中的 setAppName()方法等效。

4.2 创建 DataFrame 对象

DataFrame 提供了一种以结构化方式处理数据的方法,类似于关系型数据库中的表,它是由行和列组成的数据集。每一列都有特定的名称和数据类型,整个 DataFrame 由多个命名列组成。DataFrame 可以由多种数据源创建,如结构化数据文件、Hive 表、外部数据库等。不同数据源的数据转换成 DataFrame 的方式也不同。

视频讲解

4.2.1 通过结构化文件创建 DataFrame

Spark SQL 可以通过 load()方法将结构化文件转换为 DataFrame,该方法默认导入的文件格式是 parquet。

例 4.1 通过 load()方法加载 parquet 文件创建 DataFrame。

```
val usersDF = spark.read.load("src/main/resources/users.parquet")
```

对于其他格式的文件,如 json、csv、libsvm 等,可以通过 format()指定其格式进行读取。

例 4.2 读取 json 文件创建 DataFrame。

```
val employeesDF = spark. read. format ( "json"). load ( "src/main/resources/
employees.json")
```

例 4.3 读取 csv 文件创建 DataFrame。

```
val peopleDF = spark.read.format("csv").load("src/main/resources/people.csv")
```

在读取结构化文件时可以使用 option()设置加载选项,如读取 csv 文件时,可使用 sep 设置分隔符,使用 header()设置该文件是否包含表头。

例 4.4 读取 csv 文件时使用 option 设置加载选项。

```
val peopleDF = spark.read.format("csv")
 .option("header","true")
 .option("sep",";")
 .option("inferSchema","true")
 .load("src/main/resources/people.csv")
```

4.2.2 通过外部数据库创建 DataFrame

Spark SQL 可以使用 JDBC 的方式从其他数据库中读取数据,返回 DataFrame。

例 4.5 使用 JDBC 方式通过外部数据库创建 DataFrame。

```
val jdbcDF = spark.read
 .format("jdbc")
 .option("url", "jdbc:postgresql:dbserver")
 .option("dbtable", "schema.tablename")
 .option("user", "username")
 .option("password", "password")
```

```
.load()

val connectionProperties = new Properties()
connectionProperties.put("user", "username")
connectionProperties.put("password", "password")
val jdbcDF2 = spark.read
 .jdbc("jdbc:postgresql:dbserver", "schema.tablename", connectionProperties)
```

示例使用了两种方式连接外部数据库,jdbcDF 使用 option 选项设置连接属性,jdbcDF2 使用 Properties 对象设置连接使用的用户名密码,两种方式都可以成功创建 DataFrame。

4.2.3 通过 RDD 创建 DataFrame

通过 RDD 创建 DataFrame 有两种方式。第一种是利用反射推断模式,该模式需要构建具有特定结构的样例类,然后根据样例类的结构自动推断出 DataFrame 的模式。

例 4.6 通过反射推断模式将 RDD 转换成 DataFrame。

```
//people.txt 文件内容
Michael,29
Andy,30
Justin,19
//设置样例类
case class People(name:String,age:Int)
//创建 SparkContext 对象
val sc = spark.sparkContext
//读取 people.txt 文件内容,创建 RDD
val peopleRDD = sc.textFile("src/main/resources/people.txt")
//导入 spark 隐式转换
import spark.implicits._
val peopleDF = peopleRDD.map(x => x.split(","))
 .map(x => People(x(0), x(1).toInt))//将 RDD 元素封装在 People 类中
 .toDF()//使用 toDF 方法将 RDD 转换成 DataFrame
```

注意,使用反射机制时,需要手动导入 spark 隐式转换,否则无法调用 toDF()方法。

第二种方法是使用编程指定 Schema 的方式将 RDD 转换成 DataFrame。这种方式需要手动定义 DataFrame 的 Schema 模式,然后将 RDD 中的数据映射到该模式上。指定该模式时,需要创建 StructType 对象进行描述,并使用 Row 对象映射 RDD 中的数据。

例 4.7 使用编程指定 Schema 的方式将 RDD 转换成 DataFrame。

```
//手动创建 Schema 模式
val schema = StructType(Seq(
 StructField("name", StringType, false),
 StructField("age", IntegerType, false)
))
//将 RDD 中的元素封装到 Row 对象中
val rowRDD = peopleRDD.map(x => x.split(","))
 .map(x => Row(x(0), x(1).toInt))
//使用 createDataFrame 将 rowRDD 转换成 DataFrame
val peopleDF = spark.createDataFrame(rowRDD, schema)
```

两种方法都可以通过 RDD 创建 DataFrame。通常情况下,如果数据结构比较简单且不需要特别的定制,可使用第一种方法,如果需要更精细地控制数据模式,建议使用第二种方法。

除了以上创建 DataFrame 的方式外,还可以通过读取 Hive 表直接创建 DataFrame,具体内容见 4.8 节。

4.3 查看及保存 DataFrame 对象

创建好 DataFrame 之后,可以通过 show()方法等查看对象内容,也可以通过 write()方法将数据写入文件、数据库中的表或 Hive 表中。

4.3.1 查看 DataFrame 对象

查看 DataFrame 对象及获取数据的常用方法如表 4.1 所示。

视频讲解

表 4.1 查看 DataFrame 及获取数据的常用方法

方　　法	说　　明
printSchema()	打印 Schmea 模式
show()	查看数据,默认输出前 20 条
first()/head()/take()/takeAsList()	获取若干条数据
collect()/collectAsList()	获取所有数据

printSchema()方法将模式信息以树状图打印到控制台,包括列的名称、类型、是否可为空等。

例 4.8 printSchema()方法打印数据模式。

```
peopleDF.printSchema()
//********************运行结果********************
root
|-- name: string (nullable = false)
|-- age: integer (nullable = false)
```

创建 DataFrame 对象后,可以通过此方法打印数据模式信息,检查列名、数据类型是否正确。

使用 show()方法可以查看 DataFrame 数据,该方法可填入多个参数,具体如表 4.2 所示。

表 4.2 show()方法参数及说明

方　　法	说　　明
show()	显示前 20 条数据
show(numRows：Int)	显示前 numRows 条数据
show(truncate：Boolean)	显示前 20 条数据,超过 20 个字符的列值是否进行截断,默认为 true
show(numRows：Int, truncate：Boolean)	显示前 numRows 条数据,并设置过长字符串的显示格式

show()方法默认显示前 20 条数据,可通过参数设置显示的记录条数,并且最多只显示 20 个字符。如果需要显示所有字符,需要将 truncate 设置为 false。

例 4.9 show()方法查看数据。

```
//创建 DataFrame 并使用 show()方法查看前 3 条数据
val viewlogDF = spark.read.format("csv").load("data/jc_content_viewlog.txt")
viewlogDF.show(3)
//*******************运行结果*******************
+------+-----+----------------+-----+--------------------+-------------------+
|   _c0|  _c1|             _c2|  _c3|                 _c4|                _c5|
+------+-----+----------------+-----+--------------------+-------------------+
|478896| 1043|/jszx/1043.jhtml|14884|F6D362B9AFAC436D1...|2017-03-01 00:23:07|
|478897|  983| /news/983.jhtml|14884|F6D362B9AFAC436D1...|2017-03-01 00:23:12|
|478900|  983| /news/983.jhtml|14884|F6D362B9AFAC436D1...|2017-03-01 00:24:35|
+------+-----+----------------+-----+--------------------+-------------------+
only showing top 3 rows
//使用 show()方法查看前 3 条数据,并且设置超过 20 个字符后不截断
viewlogDF.show(3,false)
//*******************运行结果*******************
+------+-----+----------------+-----+--------------------------------+-------------------+
|   _c0|  _c1|             _c2|  _c3|                             _c4|                _c5|
+------+-----+----------------+-----+--------------------------------+-------------------+
|478896|1043 |/jszx/1043.jhtml|14884|F6D362B9AFAC436D153B7084EF3BA332|2017-03-
01 00:23:07|
|478897|983  |/news/983.jhtml |14884|F6D362B9AFAC436D153B7084EF3BA332|2017-03-01
00:23:12|
|478900|983  |/news/983.jhtml |14884|F6D362B9AFAC436D153B7084EF3BA332|2017-03-01
00:24:35|
+------+-----+----------------+-----+--------------------------------+-------------------+
only showing top 3 rows
```

获取 DataFrame 若干条记录除了使用 show()方法外,还可以使用 first()、head()、take()、tail()、takeAsList()等方法,具体说明如表 4.3 所示。

表 4.3　获取 DataFrame 若干条记录的方法

方　　法	说　　明
first()	获取第一条数据,存放在 Row 对象中
head(n：Int)	获取前 n 条数据,并存放在数组中
take(n：Int)	获取前 n 条数据,并存放在数组中
tail(n：Int)	获取最后 n 条数据,并存放在数组中
takeAsList(n：Int)	获取前 n 条记录,并存放在列表中

例 4.10 获取 DataFrame 若干条记录的方法示例。

```
//spark-shell 中读取数据创建 DataFrame
scala> spark.read.option("header",true).csv("/usr/local/src/data/house.csv");
res0: org.apache.spark.sql.DataFrame = [selling_price: string, bedrooms_num:
string ...12 more fields]
```

运行结果如图 4.7 所示。

```
scala> res0.first()
res3: org.apache.spark.sql.Row = [545000.0,3.0,2.25,1670.0,6240.0,1.0,8.0,1240.0,430.0,1974,0,47.6413,-122.113,20200302]

scala> res0.head(3)
res4: Array[org.apache.spark.sql.Row] = Array([545000.0,3.0,2.25,1670.0,6240.0,1.0,8.0,1240.0,430.0,1974,0,47.6413,-122.113,20200302], [785000.0,4.0,2.5,3300.0,10514.0,2.0,10.0,3300.0,0.0,1984,0,47.6323,-122.036,20200211], [765000.0,3.0,3.25,3190.0,5283.0,2.0,9.0,3190.0,0.0,2007,0,47.5534,-122.002,20200107])

scala> res0.take(3)
res5: Array[org.apache.spark.sql.Row] = Array([545000.0,3.0,2.25,1670.0,6240.0,1.0,8.0,1240.0,430.0,1974,0,47.6413,-122.113,20200302], [785000.0,4.0,2.5,3300.0,10514.0,2.0,10.0,3300.0,0.0,1984,0,47.6323,-122.036,20200211], [765000.0,3.0,3.25,3190.0,5283.0,2.0,9.0,3190.0,0.0,2007,0,47.5534,-122.002,20200107])

scala> res0.tail(3)
res6: Array[org.apache.spark.sql.Row] = Array([311000.0,2.0,1.0,860.0,3300.0,1.0,6.0,860.0,0.0,1903,0,47.5496,-122.279,20190807], [660000.0,2.0,1.0,960.0,626.0,3.0,1.0,6.0,960.0,0.0,1942,0,47.6646,-122.202,20191204], [435000.0,2.0,1.0,990.0,5643.0,1.0,7.0,870.0,120.0,1947,0,47.6802,-122.298,2020022?])

scala> res0.takeAsList(3)
res7: java.util.List[org.apache.spark.sql.Row] = [[545000.0,3.0,2.25,1670.0,6240.0,1.0,8.0,1240.0,430.0,1974,0,47.6413,-122.113,20200302], [785000.0,4.0,2.5,3300.0,10514.0,2.0,10.0,3300.0,0.0,1984,0,47.6323,-122.036,20200211], [765000.0,3.0,3.25,3190.0,5283.0,2.0,9.0,3190.0,0.0,2007,0,47.5534,-122.002,20200107]]
```

图 4.7　spark-shell 中获取 DataFrame 对象若干条记录结果

值得注意的是,head()、take()和 takeAsList()方法会将所有获取的数据返回 Driver 端,在数据量较大时可能会引发 OutOfMemoryError,这种情况下不建议使用这 3 个方法。

collect()和 collectAsList()方法都可以获取数据集中的所有元素,不同的是 collect() 方法将元素放到数组中,而 collectAsList()返回的是一个列表。这两个方法会将所有数据都传送到 Drvier 端,因此在数据集很大时不建议使用。

例 4.11　collect()和 collectAsList()使用示例。

```
val rows: Array[Row] = usersDF.collect()
val rows1: util.List[Row] = usersDF.collectAsList()
```

4.3.2　DataFrame 对象的 Save 操作

DataFrame 可以使用 saveAsTable()方法将数据以持久化表的形式保存到 Hive 中,如果没有连接部署好的 Hive 环境,Spark 会在本地创建一个默认的 Hive 元数据库,并在其中创建一个指针指向该表位置。持久化的表会一直保留,只要连接到同一个元数据服务即可读取该表数据,即便 Spark 程序重启也不受影响。

例 4.12　使用 saveAsTable()保存 DataFrame 数据。

```
usersDF
 .write
 .mode(SaveMode.Overwrite)
 .partitionBy("favorite_color")
 .bucketBy(42, "name")
 .saveAsTable("users_partitioned_bucketed")
```

SaveMode 定义保存时的模式,可选模式有 Append(追加)、OverWrite(覆盖)、Ignore (如果已存在则忽略)、ErrorIfExists(如果已存在则报错)。在保存 DataFrame 时,也可以同时指定分区和分桶字段,通过 partitionBy()和 bucketBy()进行设置。读取持久化表时,调用 spark.table()方法,将表名作为参数即可加载表数据并创建 DataFrame。

save()方法用于将 DataFrame 保存为文件,通过 format 指定保存格式。

例 4.13　使用 save()将 DataFrame 数据保存到 parquent 文件中。

```
usersDF.write.partitionBy("favorite _ color").format("parquet").save
("namesPartByColor.parquet")
```

如果需要将数据保存为 json 文件,将 format 参数设置为 json 即可,可选的参数还有

csv、orc、avro 等。

例 4.14 将 usersDF 保存为 json 文件。

```
usersDF.write.format("json").save("data/users_json")
//查看生成的文件内容
{"name":"Alyssa","favorite_numbers":[3,9,15,20]}
{"name":"Ben","favorite_color":"red","favorite_numbers":[]}
```

【任务实现】

1. 步骤分析

首先,需要读取源文件将其转换成 RDD,创建样例类 Movies 和 Ratings,使用反射推断模式将 RDD 转换成 DataFrame。最后使用 show()方法查看前 5 行数据。

2. 完成任务

(1) 启动 IntelliJ IDEA,右击项目文件夹,选择相应的 package,新建 scala 类。

(2) 在该类文件代码编辑窗口中输入如下代码。

```
package edu.xpc.sparksql
import org.apache.spark.sql.SparkSession

object Rw1 {
 case class Movies(movieID:String,movieName:String,movieCategory:String)
 case class Ratings (userID: String, movieID: String, rating: Double, ratingTime:
String)
 def main(args: Array[String]): Unit = {
  val spark = SparkSession.builder().master("local[*]").appName("sparksql").
getOrCreate()
  val sc = spark.sparkContext
  import spark.implicits._
  import org.apache.spark.sql.functions._
  val dfmovies = sc.textFile("data/movies_new.dat")
   .map(x => x.split("::"))
   .map(x => Movies(x(0), x(1), x(2)))
   .toDF()
  val dfRatings = sc.textFile("data/ratings.dat")
   .map(x => x.split("::"))
   .map(x => Ratings(x(0), x(1), x(2).toDouble, x(3)))
   .toDF()
  dfmovies.show(5,false)
  dfRatings.show(5,false)
  spark.stop()
  sc.stop()
 }
}
```

(3) 测试源代码,运行当前程序,结果如图 4.1 和图 4.2 所示。

【任务总结】

通过本任务的学习,读者可以掌握如何读取数据创建 DataFrame,并使用相关方法查看 DataFrame 数据。在整个任务实施过程中需注意以下几点。

(1) 如果使用 RDD 创建 DataFrame,有两种可选择的方法。在代码编写过程中要注意样例类或手动输入的 schema 信息与原始数据类型应保持一致。

(2) 在创建好 DataFrame 后,建议使用 show()方法检查数据是否被正确导入,使用 printSchema()方法检查数据类型是否正确,确保无误后再进行数据分析。

【巩固练习】

一、单选题

1. Spark 中用于处理结构化数据的模块是( )。
   A. Spark SQL
   B. Spark Streaming
   C. Spark Core
   D. Spark MLlib

2. Spark SQL 中的 Catalyst 的作用是( )。
   A. 数据压缩
   B. 查询优化和执行
   C. 数据格式转换
   D. 分布式事务处理

3. Spark SQL 中,( )指定连接到外部数据源的数据格式。
   A. 通过在 DataFrame 上调用 setFormat()方法
   B. 通过在 DataFrameWriter 上调用 format()方法
   C. 通过在 SparkSession 上调用 setDataSourceFormat()方法
   D. 通过在 SQL 查询中使用 USING 关键字

4. 在 Spark 中,以下哪个不是创建 DataFrame 的方法?( )
   A. 从已有的 RDD 创建
   B. 从外部数据源读取
   C. 通过执行 SQL 查询生成
   D. 通过调用 newDataFrame()方法

5. ( )方法可用于查看 DataFrame 的前几行数据。
   A. show()
   B. display()
   C. head()
   D. select()

6. 使用( )可将 DataFrame 写入 parquet 文件。
   A. df. write. parquet("/path/to/output")
   B. df. saveAsParquetFile("/path/to/output")
   C. df. write. format("parguet"). save("/path/to/output")
   D. df. toParquet("/path/to/output")

7. ( )不是 DataFrameWriter 的输出模式。
   A. OverWrite
   B. Ignore
   C. ErrorIfExists
   D. AppendOnly

二、判断题

1. 在 Spark SQL 中,可以使用 sparkContext. parallelize()方法创建 DataFrame。
   ( )

2. Spark SQL 中的 Shuffle 操作是指将数据重新分区以进行聚合或连接。　　（　　）

3. Spark SQL 支持将外部数据源（如 Hive、HBase、json、parquet 等）集成到查询中。

（　　）

三、操作题

1. 读取"项目 3 运用 Spark Core 完成数据分析"中的零售数据 online_retail_II. txt，使用反射推断模式将其转换成 DataFrame，打印模式信息并查看数据前 10 行。

2. 将零售数据 online_retail_II. txt 采用编程指定 Schema 的方式，读取后转换成 DataFrame，查看数据前 5 行。

【任务拓展】

现有一份天气数据，包含每个城市的温度，字段之间用制表符分割。

```
beijing     28.1
shanghai    28.7
guangzhou   32.0
shenzhen    33.1
beijing     27.3
shanghai    30.1
guangzhou   33.3
beijing     28.2
shanghai    29.1
guangzhou   32.0
shenzhen    32.1
```

读取该文件，用两种不同的模式创建 DataFrame，并打印数据。

任务 2　分析电影评分数据

【任务提出】

本任务需要对 100 余万行电影评分数据进行分析，统计评分数量较高的电影的平均评分。电影的评分数量是电影受众多少的一个衡量指标，从某种程度上而言，评分数量越多，其评分的客观性和真实性越高，而评分的高低直接代表了观众对该电影的喜好程度。

读取数据集进行分析，输出结果如图 4.8 所示。

【任务分析】

本任务需要读取原始数据，创建 DataFrame 对象，使用该对象的查询方法进行分析。

```
+------------------------------------------------+---------+-----------------+
|movieName                                       |countrating|avgrating        |
+------------------------------------------------+---------+-----------------+
|American Beauty (1999)                          |3428     |4.3173862310385065|
|Star Wars: Episode IV - A New Hope (1977)       |2991     |4.453694416583082 |
|Star Wars: Episode V - The Empire Strikes Back (1980)|2990|4.292976588628763 |
|Star Wars: Episode VI - Return of the Jedi (1983)|2883    |4.022892819979188 |
|Jurassic Park (1993)                            |2672     |3.7638473053892216|
|Saving Private Ryan (1998)                      |2653     |4.337353938937053 |
|Terminator 2: Judgment Day (1991)               |2649     |4.058512646281616 |
|Matrix, The (1999)                              |2590     |4.315830115830116 |
|Back to the Future (1985)                       |2583     |3.9903213317847466|
|Silence of the Lambs, The (1991)                |2578     |4.3518231186966645|
+------------------------------------------------+---------+-----------------+
```

图 4.8　统计评分数量排名前 10 的电影平均评分运行结果

具体的任务实施分析如下。

1. 读取数据,创建 DataFrame 对象。
2. 数据表做连接,将电影名与评分数据放到一张宽表中。
3. 按照电影名进行分组,统计评分个数及平均评分。
4. 按照评分个数倒序排序,取前 10 部电影。
5. 打印结果。

【知识准备】

4.4　DataFrame 对象的查询操作

DataFrame 查询数据有两种方法,第一种是将 DataFrame 注册为一个临时视图或全局视图,再通过 SQL 语句进行查询。这种方式适合于熟悉 SQL 的开发者或需要进行复杂查询的场景。

例 4.15　DataFrame 使用临时视图查询。在例 4.4 中已经创建了 peopleDF,现在将其注册为临时视图,再查询年龄大于或等于 30 的用户,并打印查询结果。

```
peopleDF.show()
//*******************运行结果*******************
+----------+----+
|      name| age|
+----------+----+
|   Michael|  29|
|      Andy|  30|
|    Justin|  19|
+----------+----+
peopleDF.createOrReplaceTempView("peopleTemp")
val frame: DataFrame = spark.sql("select * from peopleTemp where age >= 30")
frame.show()
//*******************运行结果*******************
+----------+----+
|      name| age|
+----------+----+
|      Andy|  30|
+----------+----+
```

第二种方法是使用 DataFrame API 直接在 DataFrame 对象上进行查询,例如使用 select()选择列、filter()过滤行、groupBy()分组、agg()聚合等。这种方法适合需要动态生成查询逻辑或者需要根据程序状态改变查询逻辑的场景。

DataFrame 常见的查询方法如表 4.4 所示。

表 4.4　DataFrame 常见的查询方法

查 询 方 法	说　　明	查 询 方 法	说　　明
where()/filter()	条件查询	join()	连接
select()/selectExp()	查询指定字段	distinct()	去重
limit()	查询前 n 条记录	withColumn()	修改或添加列
orderBy()	排序	drop()	删除列
groupBy()	分组		

4.4.1　条件查询

在 Spark DataFrame 中,可以使用 where()方法进行行过滤操作。该方法根据指定的条件筛选数据行,类似于 SQL 语句中的 WHERE 子句,可以接受一个或多个条件表达式,并返回一个新的 DataFrame。

例 4.16　使用 where()进行查询。

```
val employeesDF = spark. read. format ( " json"). load ( " src/main/resources/
employees.json")
employeesDF.show()
//*******************运行结果*******************
+--------+-------+
|    name|salary|
+--------+-------+
|Michael|   3000|
|    Andy|   4500|
|  Justin|   3500|
|   Berta|   4000|
+--------+-------+
employeesDF.where("salary >=4000 and salary <= 5000").show()
//*******************运行结果*******************
+--------+-------+
|    name|salary|
+--------+-------+
|    Andy|   4500|
|   Berta|   4000|
+--------+-------+
import spark.implicits._
employeesDF.where($"salary" >= 4000 and $"salary" <= 5000).show()
//*******************运行结果*******************
+--------+-------+
|    name|salary|
+--------+-------+
|    Andy|   4500|
|   Berta|   4000|
+--------+-------+
```

　　在 DataFrame API 中使用某列时,可以直接在字符串中引用字段名,也可以使用 $ "字段名"进行引用,第二种方法需要引入 Spark Session 对象的隐式转换。在使用多个表达式时,可以使用"and""or"关键字表示"与""或"的关系。在例 4.16 中,分别使用了两种不同的语句进行相同的条件查询,查询结果一致。

　　filter()的使用方法与 where()一致。

4.4.2　查询指定字段的数据信息

　　select()方法用于选择和重命名列,以及应用列变换等操作。该方法接受 Column 对象作为参数,这些对象可以通过 col()函数构建,或者使用 DataFrame 的列名字符串引用。

　　例 4.17　使用 select()选择列。

```
//直接使用列名字符串进行引用
employeesDF.select("name").show()
//使用$"列名字符串"进行引用
employeesDF.select($"name").show()
import org.apache.spark.sql.functions._
//使用 col()函数进行引用
employeesDF.select(col("name")).show()
```

　　需要注意的是,在使用 col()函数时,需要引入"org. apache. spark. sql. functions. _"包。

　　例 4.18　使用 select()对列重命名。

```
employeesDF.select($"name".alias("employeesName")).show()
```

　　例 4.19　使用 select()对列值进行变换。

```
employeesDF.select($"salary",$"salary"*2).show()
//*****************运行结果*****************
+-------+-----------+
|salary| (salary *2)|
+-------+-----------+
|  3000|       6000|
|  4500|       9000|
|  3500|       7000|
|  4000|       8000|
+-------+-----------+
```

　　selectExpr()方法在选择列的同时,可以直接以 SQL 表达式的形式对列进行操作,更适合于简单的列选择和基本的表达式计算。

　　例 4.20　使用 selectExpr()进行列操作。

```
employeesDF.selectExpr("name","salary","salary *2 as newSalary").show()
//*****************运行结果*****************
+--------+-------+----------+
| name  |salary|newSalary|
+--------+-------+----------+
|Michael|  3000 |   6000  |
|   Andy|  4500 |   9000  |
| Justin|  3500 |   7000  |
|  Berta|  4000 |   8000  |
+--------+-------+----------+
```

4.4.3 查询前 n 条记录

limit(n)方法用于返回 DataFrame 数据集的前 n 条记录,类似于 SQL 语句中的 LIMIT 子句。

例 4.21 limit()方法返回数据前 3 条记录。

```
employeesDF.limit(3).show()
```

该示例中,limit(3)从 employeesDF 中选择并返回前 3 行,存储在 DataFrame 中,再使用 show()方法查看结果。

4.4.4 排序查询

orderBy()方法用于对 DataFrame 的一个或多个列进行排序操作,默认为升序排序。如果需要降序排序,可以使用"col("字段名").desc 或 $"字段名".desc"实现。

例 4.22 使用 orderBy()方法进行排序。

```
//按照多个字段进行排序
employeesDF.orderBy("salary","name").show()
//按照 salary 字段降序排序,方法一
employeesDF.orderBy(col("salary").desc).show()
//按照 salary 字段降序排序,方法二
employeesDF.orderBy($"salary".desc).show()
```

需要注意的是,在排序时,空值 NULL 会被当成最小值处理。

4.4.5 分组查询

groupBy()方法用于对 DataFrame 进行分组操作,类似于 SQL 中的 GROUP BY 子句。该方法用于按照某些列的值对数据进行聚合或分析等操作。

例 4.23 使用 groupBy()方法进行分组。

```
//读取 csv 文件创建 DataFrame
val dfpm = spark.read.option("header", true).csv("data/book/BeijingPM20100101_
20151231_new.csv")
//打印前 5 条数据
dfpm.show(5)
//按照"年份"字段进行分组
val dataset: RelationalGroupedDataset = dfpm.groupBy("year")
```

groupBy()方法返回的是一个 RelationalGroupedDataset 对象,该对象常用的方法及说明如表 4.5 所示。

表 4.5 RelationalGroupedDataset 对象常用的方法及说明

方　　法	说　　明
max(colNames：String＊)	获取分组中指定字段或所有数值类型字段的最大值
min(colNames：String＊)	获取分组中指定字段或所有数值类型字段的最小值
avg(colNames：String＊)	获取分组中指定字段或所有数值类型字段的平均值

续表

方　法	说　明
sum(colNames：String＊)	获取分组中指定字段或所有数值类型字段的和
count()	获取分组中的元素个数
agg(expr：Column，exprs：Column＊)	计算分组后指定字段的聚合值

例 4.24　分组后聚合示例。

```
//计算每组中"PM_Dongsihuan"的最大值
dataset.max("PM_Dongsihuan").show()
//计算每组个数
dataset.count().show()
//同时计算每组中"PM_Dongsihuan"的最大值、最小值及个数。并且在求最大值后对结果字段重
//命名为 maxPM
dataset.agg(max("PM_Dongsihuan").alias("maxPM"),min("PM_Dongsihuan"),count
("PM_Dongsihuan"))
```

agg()方法可以同时调用多个聚合函数，并且可以对聚合结果字段进行重命名，通常与groupBy()方法组合使用，实现不同的统计功能。

4.4.6　连接查询

join()方法用于合并两个或多个 DataFrame。这个方法基于某些列的值将两个 DataFrame 的行匹配在一起，如表 4.6 所示。

视频讲解

表 4.6　join()方法使用说明

方　法	说　明
join(right：Dataset[_])	返回两表内连接的结果
join(right：Dataset[_]，usingColumns：Seq[String])	指定连接字段，返回两表内连接的结果
join(right：Dataset[_]，usingColumns：Seq[String]，joinType：String)	指定连接字段及连接类型，返回连接结果
join(right：Dataset[_]，joinExprs：Column)	使用连接表达式返回两表内连接结果
join(right：Dataset[_]，joinExprs：Column，joinType：String)	指定连接表达式及连接类型，返回连接结果

各参数说明如下。

（1）right：作连接的右侧表名。

（2）usingColumns 或 joinExprs：用于作连接的列名，或连接表达式。

（3）joinType：连接类型。Spark SQL 支持多种类型的连接操作，包括内连接（inner）、外连接（outer）、左外连接（left outer 或 left）、右外连接（right outer 或 right）、全外连接（full 或 full outer）以及笛卡儿积连接（cross）。

例 4.25　join()方法使用示例。

```
val df1 = Seq(("1", "Alice"), ("2", "Bob")).toDF("id", "name")
val df2 = Seq(("1", "Engineer"), ("2", "Analyst")).toDF("rid", "role")
val joinedDF = df1.join(df2, $"id" === $"rid")
```

```
joinedDF.show()
//*****************运行结果*****************
+---+------+---+---------+
| id|  name|rid|  role   |
+---+------+---+---------+
|  1| Alice|  1|Engineer |
|  2|  Bob |  2| Analyst |
```

在进行两表连接时,应确保连接字段的名称正确,并且数据类型相同。

4.5 DataFrame 对象的其他输出操作

DataFrame 的 write()方法可以将数据保存到外部存储系统或数据库,该方法返回一个 DataFrameWriter 对象,此对象提供了丰富的配置选项和方法来定义数据保存的行为。

例 4.26 write()方法使用示例。

```
joinedDF.write.format("json").mode(SaveMode.Overwrite).save("data/out")
```

write()方法中可用的配置选项如下。

(1) format(String source):指定要使用的数据源格式,如"csv""json""parquet"等。

(2) mode(SaveMode mode):设置保存模式,可选的值有"Append"(追加)、"Overwrite" (覆盖)、"Ignore"(忽略)和"ErrorIfExists"(默认,重复时抛出异常)。

(3) option(String key,String value):添加输出的可选配置。

(4) options(scala. collection. Map<String,String> options):添加多个输出的可选配置。

(5) partitionBy(String cols):对输出进行分区。

(6) save(String path):将数据保存到指定的路径。

也可以使用 DataFrameWriter 对象的 csv 等方法直接将数据保存为相应类型的文件或其他类型的数据库中。

例 4.27 DataFrameWriter 对象的使用方法示例。

```
//保存为 csv 文件
joinedDF.write.csv("outpath")
//保存为 json 文件
joinedDF.write.json("outpath")
//保存为 parquet 文件
joinedDF.write.parquet("outpath")
//以 JDBC 方式保存到数据库中
joinedDF.write.jdbc(url,"table",propertites)
```

saveAsTable()方法可以直接将 DataFrame 保存为 Hive 表。

例 4.28 saveAsTable()使用示例。

```
//参数中写明 Hive 数据库名及表名,用"."间隔
df1.write.saveAsTable("hdb.htable")
```

在 Apache Spark 中,DataFrame 和 RDD 是两种主要的数据结构,用于处理大规模数据集。虽然 DataFrame 提供了更高级别的抽象和更丰富的功能(如模式推断、列式存储、优化的执行计划等),但在某些场景下,可能需要将 DataFrame 转换为 RDD,以便进行一些特定的操作或与其他 Spark 组件(如 MLlib 的早期版本)进行交互。

rdd()方法将 DataFrame 中的每一行转换为一个 Row 对象,并将这些 Row 对象保存到一个 RDD 中。在 RDD[Row]中,由于 Row 对象是未类型化的,因此需要通过索引或字段名来访问数据。

例 4.29 RDD[Row]获取字段值示例。

```
//使用 get(i)获取索引为 i 的字段,使用 getAs[T]方法将其转换为 T 类型
joinedDF.rdd.map(row=>(row.getAs[Int](0),row.get(1))).foreach(println(_))
//******************运行结果******************
(2,Bob)
(1,Alice)
```

4.6 Spark SQL 中常用的内置函数

Spark SQL 提供了丰富的内置函数,用于处理和转换数据,使用内置函数可以显著简化复杂的数据操作,提高数据处理的效率和灵活性。这些函数涵盖了字符串操作、日期时间处理、数学运算、聚合等多个方面。在使用这些函数时,需要导入 org.apache.spark.sql.functions._包。

4.6.1 字符串函数

字符串函数用于处理字符串类型的数据,包括字符串长度、大小写转换、子串提取、子串替换等操作,如表 4.7 所示。

视频讲解

表 4.7 常见的字符串函数

函　数	说　明
concat(col1, col2, …, colN)	连接多个字符串
length(expr)	返回字符串的长度
upper(str)	将字符串转换为大写
lower(str)	将字符串转换为小写
trim(str)	去除字符串两端的空格
substring(str, pos[, len])	截取字符串的子串
regexp_replace(str, regexp, rep[, position])	使用正则表达式替换字符串中的子串

例 4.30 字符串函数示例。

```
val df1 = Seq(("1", "Alice"), ("2", "Bob")).toDF("id", "name")
//将字符串转换成小写
df1.select($"name",lower($"name")).show()
//******************运行结果******************
+--------------------+
| name| lower(name) |
+--------------------+
|Alice|        alice|
```

121

```
|  Bob|          bob|
+--------------------+
//连接 id 和 name 列
df1.select(concat($"id",$"name")).show()
//*****************运行结果*******************
+--------------------+
|   concat(id, name) |
+--------------------+
|              1Alice|
|                2Bob|
+--------------------+
//提取 name 字段值的第一个字符
df1.select(substring($"name",0,1)).show()
//*****************运行结果*******************
+--------------------+
|substring(name, 0, 1)|
+--------------------+
|                   A|
|                   B|
+--------------------+
```

字符串函数通常用于清洗和格式化源数据、数据分割与提取等场景。

4.6.2 类型转换函数

类型转换函数在数据处理中非常重要,Spark SQL 提供了多种函数,可以将数据从一种类型转换为另一种类型,如表 4.8 所示。

表 4.8 常见的类型转换函数

函　　　数	说　　　明
cast(expr AS type)	显式地将指定列转换为另一种数据类型
to_date(date_str[，fmt])	将指定列数据转换为日期类型
to_timestamp(timestamp_str[，fmt])	将指定列数据转换为时间戳类型

例 4.31 cast()操作示例。

```
df1.withColumn("newid",$"id".cast(IntegerType)).printSchema()
//*****************运行结果*******************
root
|-- id: string (nullable = true)
|-- name: string (nullable = true)
|-- newid: integer (nullable = true)
//将特定格式的数据转换成日期类型
val df3 = Seq((1,"2024/03/16"),(2,"2024/03/17")).toDF("id","date")
df3.withColumn("newdate",to_date($"date","yyyy/MM/dd")).show()
//*****************运行结果*******************
+---+----------+----------+
| id|      date|   newdate|
+---+----------+----------+
|  1|2024/03/16|2024-03-16|
|  2|2024/03/17|2024-03-17|
+---+----------+----------+
```

视频讲解

上述示例中的第一段代码为 df1 添加一列,新的一列由初始的"id"列生成,并将其字符串类型转换成了整数数值类型。第二段将 df3 中表示日期的字符串按照"yyyy/MM/dd"的格式转换成了日期类型。

4.6.3　条件判断函数

在 Spark SQL 中,when()函数是一个条件表达式函数,类似于 SQL 中的 CASE WHEN 语句,用于根据条件选择不同的值或执行不同的操作。该函数的一般语法如下。

```
when(condition, value).otherwise(otherwise_value)
```

其中各参数说明如下。

(1) condition:是一个布尔表达式,用于指定条件。

(2) value:当条件为真时返回的值或表达式。

(3) otherwise_value:当条件为假时返回的值或表达式。

when()函数也支持嵌套使用,可以根据复杂的条件逻辑进行选择。

例 4.32　when()函数使用示例。

```
//根据 salary 字段对人员进行分类,薪资大于 4000 为 high,3000~4000 为 middle,小于或等于
//3000 为 low,并打印结果
employeesDF.withColumn("category",when($"salary">4000,"high")
  .otherwise(when($"salary"<=3000,"low").otherwise("middle")))
  .show()
//******************运行结果******************
+--------+-------+---------+
|    name| salary| category|
+--------+-------+---------+
| Michael|   3000|      low|
|    Andy|   4500|     high|
|  Justin|   3500|   middle|
|   Berta|   4000|   middle|
+--------+-------+---------+
```

4.6.4　日期函数

Spark SQL 提供了一系列内置的日期函数,可以用于从日期时间列中提取信息、进行日期计算、格式化日期等操作。一些常用的日期函数及其说明如表 4.9 所示。

表 4.9　常用的日期函数及其说明

函　　数	说　　明
current_date()	返回当前日期
current_timestamp()	返回当前时间戳
date_format(timestamp, fmt)	将日期时间格式转换为指定的字符串
date_add(start_date, num_days)	添加指定天数到日期列
date_sub(start_date,num_days)	从日期列减去指定天数
year(date)	从日期列获取年

函　　数	说　　明
month(date)	从日期列获取月
dayofmonth(date)	从日期列获取日
hour(timestamp)	从时间列获取小时
minute(timestamp)	从时间列获取分钟
second(timestamp)	从时间列获取秒
datediff(endDate，startDate)	计算两个日期之间的天数差
unix_timestamp([timeExp[，fmt]])	将时间转换成 UNIX 时间戳
from_unixtime(unix_time[，fmt])	将 UNIX 时间戳转换成时间

例 4.33 常见的日期时间函数使用示例。

```
//df3 添加两列，分别是当前日期和当前时间
val df4 = df3.withColumn("current_date", current_date())
  .withColumn("current_time", current_timestamp())
df4.show(false)
//******************运行结果******************
+---+----------+------------+------------------------+
|id |date      |current_date|current_time            |
+---+----------+------------+------------------------+
|1  |2024/03/16|2024-06-28  |2024-06-28 09:41:32.039|
|2  |2024/03/17|2024-06-28  |2024-06-28 09:41:32.039|
+---+----------+------------+------------------------+

//更改当前时间格式
df4.withColumn("new_format", date_format($"current_time","yyyyMMdd HH:mm:
ss")).show(false)
//******************运行结果******************
+---+----------+------------+------------------------+----------------+
|id |date      |current_date|current_time            |new_format      |
+---+----------+------------+------------------------+----------------+
|1  |2024/03/16|2024-06-28  |2024-06-28 09:45:40.313|20240628 09:45:40|
|2  |2024/03/17|2024-06-28  |2024-06-28 09:45:40.313|20240628 09:45:40|
+---+----------+------------+------------------------+----------------+

//计算当前日期与 date 列相差天数
df4.withColumn("date_diff", datediff(current_date(), to_date($"date", "yyyy/
MM/dd"))).show(false)
//******************运行结果******************
+---+----------+------------+------------------------+----------+
|id |date      |current_date|current_time            |date_diff |
+---+----------+------------+------------------------+----------+
|1  |2024/03/16|2024-06-28  |2024-06-28 09:45:40.356|104       |
|2  |2024/03/17|2024-06-28  |2024-06-28 09:45:40.356|103       |
+---+----------+------------+------------------------+----------+

//获取当前日期中的"年"
df4.withColumn("year", year($"current_date")).show(false)
//******************运行结果******************
+---+----------+------------+------------------------+----------+
|id |date      |current_date|current_time             |year      |
+---+----------+------------+------------------------+----------+
```

```
|1  |2024/03/16|2024-06-28  |2024-06-28 09:45:40.398|2024                |
|2  |2024/03/17|2024-06-28  |2024-06-28 09:45:40.398|2024                |
+---+----------+------------+-----------------------+-------------------+
```
//将当前日期转换成 UNIX 时间戳
```
df4.withColumn("unix_timestamp", unix_timestamp($"current_time")).show(false)
//******************运行结果******************
+---+----------+------------+-----------------------+-------------------+
|id |date      |current_date|current_time           |unix_timestamp     |
+---+----------+------------+-----------------------+-------------------+
|1  |2024/03/16|2024-06-28  |2024-06-28 09:45:40.419|1719539140         |
|2  |2024/03/17|2024-06-28  |2024-06-28 09:45:40.419|1719539140         |
+---+----------+------------+-----------------------+-------------------+
```

4.6.5　窗口函数

窗口函数用于执行在分组数据上的聚合计算,同时保留原始数据的详细信息。在处理数据时可以指定一个窗口(window),在该窗口内进行聚合计算或排序操作。窗口的定义可以基于分组、排序、范围等条件,以便灵活地控制计算的范围和方式。

视频讲解

例 4.34　窗口函数使用示例。现有一份员工薪资表,包含员工 ID、姓名、所在部门、薪资 4 个字段,按部门计算平均薪资及每个员工的相对薪资排名。

```
//读取文件并打印内容
val dfemp = spark.read.option("header", true).csv("data/book/emp.csv")
dfemp.show()
//******************运行结果******************
+---------+-----+-------+------------+
|employid| name|salary|        dept|
+---------+-----+-------+------------+
|     7654|lucyc| 10500|  technology|
|     7894|tomiy|  8500| aftermarket|
|     7454|smith|  8300| aftermarket|
|     7654|zhang|  8700| aftermarket|
|     7123|liyan|  9000|       sales|
|     7764|qiaof|  9400|       sales|
|     2342|xiezc|  8700|       human|
|     9809|dengy|  8800|       human|
+---------+-----+-------+------------+
//计算部门平均薪资,partitionBy 指定"dept"为分组字段,即按部门分组
//计算薪资在本部门排名,partitionBy 分组后,使用 orderBy 对薪资进行倒序排序,利用 rank
//函数获取排名
dfemp.select($"name",$"salary",$"dept",
  avg($"salary").over(Window.partitionBy($"dept")).alias("avg_salary"),
  rank().over(Window.partitionBy($"dept").orderBy($"salary".desc)).alias
("salary_rank"))
  .show()
//******************运行结果******************
+------+-------+------------+-----------+------------+
| name|salary|        dept|avg_salary|salary_rank|
+------+-------+------------+-----------+------------+
| lucyc| 10500|  technology|    10500.0|          1|
```

```
| dengy|  8800|       human|    8750.0|          1|
| xiezc|  8700|       human|    8750.0|          2|
| qiaof|  9400|       sales|    9200.0|          1|
| liyan|  9000|       sales|    9200.0|          2|
| zhang|  8700| aftermarket|    8500.0|          1|
| tomiy|  8500| aftermarket|    8500.0|          2|
| smith|  8300| aftermarket|    8500.0|          3|
+------+------+------------+----------+-----------+
```

窗口函数也可以实现根据某些条件计算每行的聚合值,例如,计算每个员工的薪资和该部门的总薪资比例。

例 4.35 窗口函数计算薪资比例。

```
//定义窗口规格,按部门分组并按薪资降序排序
val windowSpec = Window.partitionBy($"dept").orderBy($"salary".desc)
dfemp.select($"name",$"salary",$"dept",
  ($"salary"/
sum($"salary").over(windowSpec.rowsBetween(Window.unboundedPreceding,Window.
unboundedFollowing)))
.alias("salary_ratio")
).show()
//*****************运行结果*****************
+------+-------+------------+--------------------+
| name|salary|        dept|        salary_ratio|
+------+-------+------------+--------------------+
| lucyc| 10500| technology|                 1.0|
| dengy|  8800|       human| 0.5028571428571429|
| xiezc|  8700|       human|0.497142857142857716|
| qiaof|  9400|       sales| 0.5108695652173914|
| liyan|  9000|       sales| 0.4891304347826087|
| zhang|  8700|aftermarket| 0.3411764705882353|
| tomiy|  8500|aftermarket| 0.3333333333333333|
| smith|  8300|aftermarket| 0.3254901960784314|
+------+-------+------------+--------------------+
```

在上述示例中,首先定义窗口规格,将人员按部门分组,并按薪资降序排列,然后使用 sum($"salary").over(windowSpec.rowsBetween(Window.unboundedPreceding,Window.unboundedFollowing))计算每个部门内所有员工的总薪资,通过 rowsBetween()指定计算范围为当前部门内的所有行。

窗口函数在 Spark SQL 中提供了强大的功能,能够在数据处理过程中灵活地进行分组、排序和计算,非常适用于需要同时分析每行与其相关行之间关系的场景,如排名、累计计算等。合理使用窗口函数,可以简化复杂的数据处理任务,提高计算效率。

Spark SQL 还提供了自定义函数的使用方法,在此不再赘述。

【任务实现】

1. 步骤分析

本任务要求计算评论数最多的前 10 部电影的平均评分,并返回电影名及评分数据。电影

名来自电影表,评分数据来自评分表,因此需要将两表进行连接。得到的宽表需要根据电影名进行分组,计算评分个数和平均评分,然后按照评分个数倒序排序,取前10条数据即可。

2. 完成任务

(1)启动 IntelliJ IDEA,右击项目文件夹,选择相应的 package,新建 scala 类。

(2)在代码编辑窗口中输入如下代码。

```scala
package edu.xpc.sparkcore
import book.sparksql.Rw1.{Movies, Ratings}
import org.apache.spark.sql.SparkSession

object Rw2 {
 def main(args: Array[String]): Unit = {
  val spark = SparkSession.builder().master("local[*]").appName("sparksql").
getOrCreate()
  val sc = spark.sparkContext
  import spark.implicits._
  import org.apache.spark.sql.functions._
  val dfmovies = sc.textFile("data/book/movies_new.dat")
   .map(x => x.split("::"))
   .map(x => Movies(x(0), x(1), x(2)))
   .toDF()
  val dfRatings = sc.textFile("data/book/ratings.dat")
   .map(x => x.split("::"))
   .map(x => Ratings(x(0), x(1), x(2).toDouble, x(3)))
   .toDF()
  val dfresult = dfmovies.join(dfRatings, "movieID")
   .groupBy("movieName")
   .agg(count("rating").alias("rating_count"), avg("rating").alias("avg_
rating"))
   .orderBy($"rating_count".desc)
   .limit(10)
  //评分数最多的前10部电影的平均评分
  dfresult.show(false)
  spark.stop()
 }
}
```

(3)测试源代码,运行当前程序,结果如图 4.8 所示。

【任务总结】

通过本任务的学习,读者可以掌握如何使用 DataFrame API 进行数据查询。在编程过程中,需要注意以下几点。

(1) DataFrame API 采用惰性求值的方式,这意味着在定义 DataFrame 操作时并不会立即执行计算,而是遇到行动操作(如 show()、collect()等)时才会执行。因此,在代码中对 DataFrame 进行定义和转换后,需要调用行动操作来触发实际计算。

(2) 在处理大规模数据时,性能是关键。避免在迭代中重复读取数据源或频繁触发行动操作,可以通过缓存 cache()来提升性能。

(3) DataFrame API 默认对空值(NULL)进行处理,但在进行数据处理时需要考虑空值对结果的影响。可以使用 NA 对象来处理空值。如使用 df. na. drop()删除包含空值的行,使用 df. na. fill(0)将空值填充为指定值。

【巩固练习】

一、单选题

1. 在 Spark 中,DataFrame API 的主要优势是(   )。
   A. 更高的并行处理能力   B. 提供类 SQL 的查询接口
   C. 更少的内存消耗   D. 更高的数据安全性

2. DataFrame API 的操作是(   )类型的求值。
   A. 实时求值   B. 惰性求值   C. 主动求值   D. 并行求值

3. (   )用于在 DataFrame 中添加一个新列。
   A. df. addColumn("newColumn", expr)
   B. df. withColumn("newColumn", expr)
   C. df. newColumn(expr)
   D. df. addColumn(expr, "newColumn")

4. (   )用于在 DataFrame 中选择多列。
   A. df. select(col1, col2)   B. df. choose(col1, col2)
   C. df. pick(col1, col2)   D. df. project(col1, col2)

5. (   )可以将 DataFrame 注册为一个临时表以便使用 SQL 进行查询。
   A. df. createTempView("tableName")
   B. df. registerTempTable("tableName")
   C. df. tempTable("tableName")
   D. df. asTempTable("tableName")

6. (   )用于从一个日期时间字符串中提取日期部分。
   A. date()   B. to_date()   C. extract_date()   D. trunc_date()

7. (   )用于获取当前时间戳。
   A. now()   B. current_timestamp()
   C. current_time()   D. timestamp_now()

8. 在 Spark SQL 中,窗口函数和聚合函数的主要区别是(   )。
   A. 窗口函数可以在 SELECT 中使用,而聚合函数只能在 GROUP BY 中使用
   B. 窗口函数可以对每一行进行计算,而聚合函数只能对整个分组进行计算
   C. 窗口函数只能使用在数值类型列上,而聚合函数可以使用在任意类型的列上
   D. 窗口函数需要使用窗口声明语句,而聚合函数不需要

二、判断题

1. 使用 df. printSchema()可以打印 DataFrame 的模式(Schema),包括列名和数据类型。   (   )

2. 在 DataFrame 中，使用 filter() 函数可以实现类似 SQL 中 WHERE 子句的功能。

（　　）

3. df. selectExpr("col1"，"col2 as new_col")和 df. select("col1"，col("col2"). alias
("new_col"))是等价的。 （　　）

4. df. groupBy("col"). agg({"col2"："avg"})可以用于计算每个分组中 col2 列的平均值。 （　　）

5. df. na. drop()可以删除 DataFrame 中包含缺失值的行。 （　　）

6. 在 Spark DataFrame 中，可以使用 show()方法来展示 DataFrame 的内容，默认展示前 10 行。 （　　）

7. 使用 df. withColumn("new_col"，lit(1))可以为 DataFrame 添加一列 new_col，并将所有行的值设置为 1。 （　　）

三、编程题

在当今房地产市场中，准确评估住宅物业的价值对于买家、卖家以及房地产投资者而言至关重要。

本数据集包含了诸多影响住宅价格的核心因素，有助于人们清晰解析房产价值。数据集记录了房屋的基本规格，如总面积、卧室与浴室数量、楼层情况，同时也涵盖了对现代生活便利性至关重要的细节——是否紧邻主干道、是否设有客房、有无地下室、是否配备热水供暖及空调系统，以及停车便利性等，具体字段说明如表 4.10 所示。

表 4.10 Housing_Price_Data. csv 字段说明

字　段	说　明
price	房产的价格
area	房产的总面积，以平方英尺为单位
bedrooms	卧室数量
bathrooms	浴室数量
stories	楼层数
mainroad	是否位于主要道路旁(是/否)
guestroom	是否有客房(是/否)
basement	是否有地下室(是/否)
hotwaterheating	是否有热水供暖系统(是/否)
airconditioning	是否有空调(是/否)
parking	提供的停车位数量
prefarea	是否位于首选区域(是/否)
furnishingstatus	装修状态(精装修、半装修、毛坯)

编写程序，完成以下分析任务。

1. 计算每种装修状态(精装修、半装修、毛坯)房产的平均价格，并按平均价格降序排列。

2. 找出位于主要道路旁且有客房的房产数量。

3. 统计每种卧室数量的房产中，提供停车位的比例。

4. 统计每种楼层数的房产中，位于首选区域的数量及比例。

5. 统计每种浴室数量的房产中，有热水供暖系统和空调的比例。

【任务拓展】

本数据集应用于金融领域的个人信贷和信用风险评估,它包含一组与借款人信用行为和财务状况相关的变量,用于预测借款人在未来两年内发生严重逾期的可能性,字段说明如表4.11所示。

表 4.11 字段说明

序 号	字 段	说 明
1	no	序号
2	SeriousDlqin2yrs	是否逾期
3	RevolvingUtilizationOfUnsecuredLines	信用卡和个人信贷额度的总余额
4	age	年龄
5	NumberOfTime30-59DaysPastDueNotWorse	过去2年,借款人逾期30~59天的次数
6	DebtRatio	负债比率
7	MonthlyIncome	月收入
8	NumberOfOpenCreditLinesAndLoans	未偿还贷款数量(汽车贷款或抵押贷款等分期付款)和信贷额度(如信用卡)
9	NumberOfTimes90DaysLate	借款人逾期90天或以上的次数
10	NumberRealEstateLoansOrLines	抵押贷款和房地产贷款的数量
11	NumberOfTime60-89DaysPastDueNotWorse	过去2年,借款人逾期60~89天的次数
12	NumberOfDependents	家庭中的家属人数(配偶,子女等)

请完成以下分析任务。

1. 读取文件创建 DataFrame,并根据数据集进行字段的类型转换。

2. 统计每个字段的缺失率。

3. 用平均值填充空值字段。

4. 统计[0,30,45,60,75,100]各年龄区间逾期和未逾期的人数。

5. 对 NumberOfRealEstateLoansOrLines 字段进行分组统计,计算每组中的平均年龄和平均月收入。

6. 创建一个新字段 LatePayments,代表所有逾期次数的总和(NumberOfTime30-59DaysPastDueNotWorse、NumberOfTime60-89DaysPastDueNotWorse 和 NumberOfTimes90DaysLate 的总和),并计算该字段的平均值和标准差。

任务 3 保存分析结果到 MySQL

【任务提出】

MySQL 作为传统的关系型数据库,常用于存储结构化数据,而 Spark 适用于处理大规模数据和复杂计算。通过连接 MySQL 和 Spark,可以实现结构化数据与大数据处理的有效整合。通过连接 MySQL 和 Spark SQL,可以充分发挥两者的优势,实现更复杂、更高效的数据处理和分析应用。

本任务需要将任务 2 处理的结果保存到 MySQL 数据库中,以便进行后续的数据分析或可视化操作。

【任务分析】

本任务需要将 DataFrame 对象保存到 MySQL 数据库中。具体实施步骤如下。

1. 部署 MySQL 连接环境。

2. 编写代码进行保存。

3. 在 MySQL 中查询数据结果。

【知识准备】

4.7　Spark SQL 与 MySQL 的交互

Spark SQL 访问 MySQL 数据库,需要在 pom.xml 文件中加入依赖。

```
<dependency>
  <groupId>mysql</groupId>
  <artifactId>mysql-connector-java</artifactId>
  <version>5.1.47</version>
</dependency>
```

Spark SQL 可以通过 JDBC 从关系数据库中读取数据以创建 DataFrame,在对 DataFrame 进行一系列的操作后,还可以将其重新写入关系数据库中。

使用 DataFrameWriter 的 jdbc()方法可以将 DataFrame 写入 MySQL 数据库中。该方法需要 3 个参数。

(1) url:数据库连接的 URL,指定数据库的类型和位置。例如,"jdbc:mysql://localhost:3306/database_name"。

(2) table:要将 DataFrame 写入的数据库表名。

(3) properties:一个包含连接属性的字典,例如数据库用户名("user")、密码("password")等。

例 4.36　DataFrame 写入 MySQL 示例。首先应在 MySQL 中创建好相应的库,然后编写代码,运行代码后在 MySQL 中查看是否已正确写入。

```
val url = "jdbc:mysql://10.10.209.47:3306/dbemp?useSSL=false"
val properties = new Properties()
properties.setProperty("user","root")
properties.setProperty("password","Password123$")
employeesDF
```

```
.write
.mode(SaveMode.Overwrite)
.jdbc(url,"employees",properties)
```

运行代码后,在 MySQL 中查询表中数据,如图 4.9 所示。

```
mysql> create database dbemp;
Query OK, 1 row affected (0.01 sec)

mysql> use dbemp;
Database changed
mysql> show tables;
Empty set (0.00 sec)

mysql> show tables;
+----------------+
| Tables_in_dbemp |
+----------------+
| employees      |
+----------------+
1 row in set (0.00 sec)

mysql> select * from employees;
+---------+--------+
| name    | salary |
+---------+--------+
| Michael |  3000  |
| Andy    |  4500  |
| Justin  |  3500  |
| Berta   |  4000  |
+---------+--------+
4 rows in set (0.00 sec)
```

图 4.9　将 DataFrame 写入 MySQL 数据库后的查询结果

DataFrameReader 对象的 jdbc()方法可以读取 MySQL 表,存入 DataFrame。

例 4.37　读取 MySQL 表示例。

```
val frame = spark.read.jdbc(url, "employees", properties)
frame.show()
//******************运行结果******************
+--------+-------+
|    name|salary|
+--------+-------+
|Michael|   3000|
|   Andy|   4500|
| Justin|   3500|
|  Berta|   4000|
+--------+-------+
```

【任务实现】

1. 步骤分析

要将 DataFrame 存入 MySQL,需要在 MySQL 中创建好数据库,再使用 DataFrameWriter 对象的 jdbc()方法将其保存到相应的表中。

2. 完成任务

(1) 在 MySQL 中创建数据库 dbMovie。

(2) 打开上一个任务的代码文件。

(3) 在代码编辑窗口中添加如下代码。

```
//保存到 MySQL 中
val url = "jdbc:mysql://10.10.209.47:3306/dbMovie?useSSL=false"
val properties = new Properties()
properties.setProperty("user", "root")
properties.setProperty("password", "Password123$")
dfresult
.write
.mode(SaveMode.Overwrite)
.jdbc(url,"top10movies",properties)
```

（4）测试源代码，按快捷键 Ctrl＋Shift＋F10 运行当前程序，在 MySQL 中查询 top10movies 表的结果，如图 4.10 所示。

```
mysql> use dbMovie;
Database changed
mysql> show tables;
Empty set (0.00 sec)

mysql> show tables;
+------------------+
| Tables_in_dbMovie |
+------------------+
| top10movies      |
+------------------+
1 row in set (0.00 sec)

mysql> select * from top10movies;
+-----------------------------------------------+--------------+-------------------+
| movieName                                     | rating_count | avg_rating        |
+-----------------------------------------------+--------------+-------------------+
| American Beauty (1999)                        |         3428 | 4.3173862310385065 |
| Star Wars: Episode IV - A New Hope (1977)     |         2991 | 4.453694416583082  |
| Star Wars: Episode V - The Empire Strikes Back (1980) | 2990 | 4.292976588628763  |
| Star Wars: Episode VI - Return of the Jedi (1983) |     2883 | 4.022892819979188  |
| Jurassic Park (1993)                          |         2672 | 3.7638473053892216 |
| Saving Private Ryan (1998)                    |         2653 | 4.337353938937053  |
| Terminator 2: Judgment Day (1991)             |         2649 | 4.058512646281616  |
| Matrix, The (1999)                            |         2590 | 4.315830115830116  |
| Back to the Future (1985)                     |         2583 | 3.9903213317847466 |
| Silence of the Lambs, The (1991)              |         2578 | 4.3518231186966645 |
+-----------------------------------------------+--------------+-------------------+
```

图 4.10　将评分次数较多的前 10 部电影存入 MySQL 后的查询结果

【任务总结】

通过本任务的学习，读者可以掌握 DataFrame 与 MySQL 的读写操作。在使用时需要注意以下几点。

（1）在编写连接字符串时，要确保提供正确的 MySQL 连接 URL、用户名、密码以及数据库驱动信息。

（2）根据需求选择合适的写入模式（Overwrite、Append、Ignore、ErrorIfExists）。

（3）确保 DataFrame 中的数据类型与目标表的数据类型兼容，尤其是 MySQL 对日期、时间和字符串类型的处理可能需要额外注意。

【巩固练习】

一、单选题

1. 在使用 DataFrame 写入 MySQL 数据库时，（　　）参数用于指定写入的目标表名。

　　A. url　　　　　　　B. table　　　　　　　C. mode　　　　　　　D. properties

2. 执行 DataFrame 到 MySQL 的写入操作时,如果想要覆盖已存在的数据表,应该使用(   )写入模式。

    A. Overwrite   B. Append   C. Ignore   D. ErrorIfExists

3. DataFrame 从 MySQL 读取数据时,默认情况下数据会加载到(   )。

    A. 硬盘上   B. 缓存中

    C. 内存中   D. 操作系统的临时文件夹中

4. DataFrame 到 MySQL 写入操作中,如果指定的表已经存在,但希望忽略写入操作,应该使用(   )写入模式。

    A. Overwrite   B. Append   C. Ignore   D. ErrorIfExists

5. 执行 DataFrame 到 MySQL 的写入操作时,(   )参数可以用来指定数据库连接的 URL。

    A. url   B. table   C. mode   D. properties

二、判断题

1. 使用 DataFrame 从 MySQL 数据库读取数据时,默认情况下会将数据加载到内存中。   (   )

2. DataFrame 写入 MySQL 数据库时,如果目标表已经存在但结构不一致,会自动调整表结构。   (   )

3. DataFrame 从 MySQL 读取数据时,如果没有指定查询条件,会读取整个数据表中的数据。   (   )

三、编程题

1. 编写程序,将电影表保存到 MySQL 数据库中。

2. 编写程序,读取 MySQL 库中的电影表并保存为 DataFrame,计算数据条数。

【任务拓展】

根据本项目中的电影表和电影评分表,做如下数据分析。

1. 读取源数据,创建 DataFrame。

2. 计算每部电影的评分方差,并找出评分方差最大的三部电影,将结果保存到 MySQL 中。

任务 4　保存分析结果到 Hive

【任务提出】

Hive 是基于 Hadoop 的一个数据仓库工具,用于数据提取、转换与加载。Hive 数据仓库工具能将结构化的数据文件映射为一张数据库表,并提供 SQL 查询功能,可将 SQL 语句转变成 MapReduce 任务来执行。Spark 可以通过 Hive Metastore 访问这些表,从而实现数据的统一管理和访问。通过配置 Spark 与 Hive 的联合使用,可以实现资源的有效管理和任务的调度。

本任务需要在 Hive 中创建数据库,从 MySQL 中读取任务 2 的分析结果,得到 DataFrame 后将数据保存到 Hive 表中。

【任务分析】

本任务需要将 DataFrame 保存到 Hive 中,具体实施步骤如下。

1. 在 Hive 中创建数据库。
2. 添加 Hive 依赖,启动 Hadoop 集群及 Hive 服务,部署 Hive 连接环境。
3. 编写代码,连接 MySQL,将数据读取到 DataFrame 中。
4. 将 DataFrame 保存到 Hive 表中。
5. 在 Hive 中查询保存结果。

【知识准备】

4.8 Spark SQL 与 Hive 的交互

Spark 程序若要访问 Hive,需要在 pom.xml 文件中加入以下依赖。

```
<dependency>
  <groupId>org.apache.spark</groupId>
  <artifactId>spark-hive_2.12</artifactId>
  <version>3.1.1</version>
</dependency>
```

注意依赖中的 Scala 和 Spark 版本应与所使用的软件版本保持一致。

开启 Hadoop 集群,此处为伪分布环境。开启指令及结果如图 4.11 所示。

```
[root@master ~]# start-all.sh
Starting namenodes on [master]
上一次登录: 二 7月  2 08:50:56 CST 2024从 10.10.116.50pts/1 上
Starting datanodes
上一次登录: 二 7月  2 08:51:04 CST 2024pts/1 上
Starting secondary namenodes [master]
上一次登录: 二 7月  2 08:51:07 CST 2024pts/1 上
Starting resourcemanager
上一次登录: 二 7月  2 08:51:11 CST 2024pts/1 上
Starting nodemanagers
上一次登录: 二 7月  2 08:51:16 CST 2024pts/1 上
[root@master ~]# jps
1937 SecondaryNameNode
1555 NameNode
2645 Jps
2187 ResourceManager
1693 DataNode
2333 NodeManager
```

图 4.11 开启 Hadoop 集群

接下来开启 Hive metastore 服务,如图 4.12 所示。

Spark Session 若要访问 Hive,需要在配置中开启 Hive 支持功能,并且配置 Hive 元数

```
[root@master ~]# hive --service metastore
2024-07-02 08:52:14: Starting Hive Metastore Server
SLF4J: Class path contains multiple SLF4J bindings.
SLF4J: Found binding in [jar:file:/usr/local/src/apache-hive-3.1.2-bin/lib/log4j-slf4j-impl-2.10.0.jar!/org/slf4
j/impl/StaticLoggerBinder.class]
SLF4J: Found binding in [jar:file:/usr/local/src/hadoop-3.1.3/share/hadoop/common/lib/slf4j-log4j12-1.7.25.jar!/
org/slf4j/impl/StaticLoggerBinder.class]
SLF4J: See http://www.slf4j.org/codes.html#multiple_bindings for an explanation.
SLF4J: Actual binding is of type [org.apache.logging.slf4j.Log4jLoggerFactory]
Loading class `com.mysql.jdbc.Driver'. This is deprecated. The new driver class is `com.mysql.cj.jdbc.Driver'. T
he driver is automatically registered via the SPI and manual loading of the driver class is generally unnecessar
y.
```

图 4.12　开启 Hive metastore 服务

据库地址。

```
val spark = SparkSession
 .builder()
 .master("local[*]")
 .appName("tohive")
 .enableHiveSupport()                                      //开启 Hive 支持功能
 .config("hive.metastore.uris","thrift://master:9083")    //配置 Hive 元数据库地址
 .getOrCreate()
```

若在 Windows 下的 IntelliJ IDEA 中访问 Hive,需要在 C:\\Windows\\System32\\drivers\\etc\\hosts 文件中添加 IP 地址与主机名的映射。

```
10.10.209.47 master
```

例 4.38　将 DataFrame 写入 Hive 示例。首先需要在 Hive 中创建数据库 dbEmp,然后将数据写入 employees 表中。

```
//设置程序的用户名为 root
System.setProperty("HADOOP_USER_NAME","root")
val spark = SparkSession
 .builder()
 .master("local[*]")
 .appName("tohive")
 .enableHiveSupport()
 .config("hive.metastore.uris","thrift://master:9083")
 .getOrCreate()
val employeesDF = spark. read. format ( " json"). load ( " src/main/resources/
employees.json")
employeesDF.show()
employeesDF
 .write
 .format("hive")//格式为 hive
 .mode(SaveMode.Overwrite)              //模式为"覆盖"
 .saveAsTable("dbEmp.employees")      //保存到 Hive 的 dbEmp 数据库的 employees 中
```

运行代码后,在 Hive 中查询表数据,如图 4.13 所示。

可以看到,数据已被正确写入 Hive。同时,可以通过 SparkSession 对象的 table()方法或 sql()方法直接读取 Hive 表数据,并保存到 DataFrame 中。

```
hive> create database dbemp;
OK
Time taken: 0.944 seconds
hive> use dbemp;
OK
Time taken: 0.078 seconds
hive> show tables;
OK
Time taken: 0.067 seconds
hive> show tables;
OK
employees
Time taken: 0.044 seconds, Fetched: 1 row(s)
hive> select * from employees;
OK
Michael 3000
Andy    4500
Justin  3500
Berta   4000
Time taken: 1.982 seconds, Fetched: 4 row(s)
hive>
```

图 4.13　在 Hive 中查询 employees 表数据

例 4.39　Spark SQL 读取 Hive 表。

```
spark.table("dbEmp.employees").show()
spark.sql("select * from dbEmp.employees").show()
//******************运行结果*******************
+--------+-------+
|    name|salary|
+--------+-------+
|Michael|  3000|
|   Andy|  4500|
| Justin|  3500|
|  Berta|  4000|
+--------+-------+
```

通过 spark-sql 指令可以直接操作 Hive 表数据,如图 4.14 所示。

```
[root@master src]# spark-3.1.1-bin-hadoop3.2/bin/spark-sql
24/07/02 10:02:36 WARN NativeCodeLoader: Unable to load native-hadoop library for your platform... using builtin
-java classes where applicable
Using Spark's default log4j profile: org/apache/spark/log4j-defaults.properties
Setting default log level to "WARN".
To adjust logging level use sc.setLogLevel(newLevel). For SparkR, use setLogLevel(newLevel).
24/07/02 10:02:37 WARN HiveConf: HiveConf of name hive.metastore.event.db.notification.api.auth does not exist
24/07/02 10:02:37 WARN HiveConf: HiveConf of name hive.server2.active.passive.ha.enable does not exist
Spark master: local[*], Application Id: local-1719885758941
spark-sql> show databases;
dbdemo
dbemp
dbgd
default
odsmovie
Time taken: 2.958 seconds, Fetched 5 row(s)
spark-sql> select * from dbemp.employees;
24/07/02 10:03:00 WARN SessionState: METASTORE_FILTER_HOOK will be ignored, since hive.security.authorization.ma
nager is set to instance of HiveAuthorizerFactory.
Michael 3000
Andy    4500
Justin  3500
Berta   4000
Time taken: 3.453 seconds, Fetched 4 row(s)
```

图 4.14　spark-sql 命令行直接查询 Hive 数据

spark-shell 命令行界面,可以通过 spark.table()方法获取 Hive 表,如图 4.15 所示。

【任务实现】

1. 步骤分析

首先连接 MySQL 数据库,读取表中数据得到 DataFrame。在 Hive 中创建表,将

```
[root@master src]# spark-3.1.1-bin-hadoop3.2/bin/spark-shell
24/07/02 10:06:25 WARN NativeCodeLoader: Unable to load native-hadoop library for your platform... using builtin
-java classes where applicable
Using Spark's default log4j profile: org/apache/spark/log4j-defaults.properties
Setting default log level to "WARN".
To adjust logging level use sc.setLogLevel(newLevel). For SparkR, use setLogLevel(newLevel).
24/07/02 10:06:37 WARN Utils: Service 'SparkUI' could not bind on port 4040. Attempting port 4041.
Spark context Web UI available at http://master:4041
Spark context available as 'sc' (master = local[*], app id = local-1719885997357).
Spark session available as 'spark'.
welcome to
      ____              __
     / __/__  ___ _____/ /__
    _\ \/ _ \/ _ `/ __/  '_/
   /___/ .__/\_,_/_/ /_/\_\   version 3.1.1
      /_/

Using Scala version 2.12.10 (Java HotSpot(TM) 64-Bit Server VM, Java 1.8.0_231)
Type in expressions to have them evaluated.
Type :help for more information.

scala> spark.table("dbemp.employees").show();
24/07/02 10:07:14 WARN HiveConf: HiveConf of name hive.metastore.event.db.notification.api.auth does not exist
24/07/02 10:07:14 WARN HiveConf: HiveConf of name hive.server2.active.passive.ha.enable does not exist
+-------+------+
|   name|salary|
+-------+------+
|Michael|  3000|
|   Andy|  4500|
| Justin|  3500|
|  Berta|  4000|
+-------+------+
```

图 4.15   spark-shell 命令行获取 Hive 数据

DataFrame 中的数据保存到 MySQL 中。

2. 完成任务

(1) 启动 IntelliJ IDEA,右击项目文件夹,选择相应的 package,新建 scala 类。

(2) 在 Rw4. scala 的代码编辑窗口中输入如下代码。

```scala
package book.sparksql
import org.apache.spark.sql.{SaveMode, SparkSession}
import java.util.Properties

object Rw4 {
 def main(args: Array[String]): Unit = {
  System.setProperty("HADOOP_USER_NAME", "root")
  val spark = SparkSession
   .builder()
   .master("local[*]")
   .appName("tohive")
   .enableHiveSupport()
   .config("hive.metastore.uris", "thrift://master:9083")
   .getOrCreate()
  val url = "jdbc:mysql://10.10.209.47:3306/dbMovie?useSSL=false"
  val properties = new Properties()
  properties.setProperty("user", "root")
  properties.setProperty("password", "Password123$")
  val dbmovie = spark.read.jdbc(url, "top10movies", properties)
  dbmovie.show()
  dbmovie.write
   .format("hive")
   .mode(SaveMode.Overwrite)
   .saveAsTable("odsMovie.movies")
 }
}
```

(3) 测试源代码,按快捷键 Ctrl+Shift+F10 运行当前程序。在 Hive 中查看表中数据,如图 4.16 所示。

```
hive> use odsMovie;
OK
Time taken: 0.033 seconds
hive> show tables;
OK
Time taken: 0.038 seconds
hive> show tables;
OK
movies
Time taken: 0.046 seconds, Fetched: 1 row(s)
hive> select * from movies;
OK
American Beauty (1999)  3428    4.3173862310385065
Star Wars: Episode IV - A New Hope (1977)     2991    4.453694416583082
Star Wars: Episode V - The Empire Strikes Back (1980)   2990    4.292976588628763
Star Wars: Episode VI - Return of the Jedi (1983)       2883    4.022892819979188
Jurassic Park (1993)   2672    3.7638473053892216
Saving Private Ryan (1998)     2653    4.337353938937053
Terminator 2: Judgment Day (1991)      2649    4.058512646281616
Matrix, The (1999)     2590    4.315830115830116
Back to the Future (1985)      2583    3.9903213317847466
Silence of the Lambs, The (1991)       2578    4.3518231186966645
Time taken: 0.165 seconds, Fetched: 10 row(s)
```

图 4.16　在 Hive 中查询 movies 表数据

【任务总结】

通过本任务的学习,读者可以掌握 Spark SQL 读写 Hive 表的方法。在使用过程中,需要注意以下几点。

(1) 确保使用的 Spark 版本与 Hive 版本兼容。版本的兼容性可以在官方文档或版本说明中查询,不同版本之间的差异可能会对 SQL 语法、功能支持及性能产生影响。

(2) 确保运行 Spark 应用程序的用户拥有足够的权限来读取和写入 Hive 表。通常情况下,这涉及对 Hive 表,以及对底层 Hadoop 文件系统(如 HDFS)的读写访问权限。

(3) 如果 Hive 表使用了分区或分桶,在 Spark SQL 中也可以通过相应的方法来设置分区或分桶属性。

(4) 确保 Spark 支持所要读取或写入的数据格式。Hive 支持多种存储格式(如 ORC、Parquet、TextFile 等),Spark 通常能够与大多数格式兼容。

【巩固练习】

一、单选题

1. 在使用 Spark SQL 操作 Hive 表之前,需要确保(　　　)。
　A. Spark 版本和 Hive 版本兼容　　　B. 使用 Spark Shell 而不是 Spark SQL
　C. 设置 Hive 表的主键　　　　　　　D. 使用 HiveQL 语法

2. Spark SQL 访问 Hive 表的元数据是通过(　　　)实现的。
　A. HiveQL 语法　　　　　　　　　　B. Spark 主节点
　C. Hive 元数据库　　　　　　　　　D. HDFS 文件

3. Spark SQL 写入 Hive 表时,必须确保(　　　)。
　A. 使用相同的存储格式　　　　　　B. 不需要配置写入权限
　C. 使用 Spark Streaming　　　　　D. Hive 表不能有分区

4. Spark SQL 访问 Hive 表时(　　)。

A. 只需考虑 Hive 表的读取权限

B. 无须考虑权限问题

C. 应该设置对 Hive 表的读写权限和对 HDFS 的适当权限

D. 应该使用 Kerberos 进行身份验证

5. Spark SQL 与 Hive 的集成主要依赖于配置文件(　　)。

A. spark-env. sh　　　　　　　　　B. hive-site. xml

C. core-site. xml　　　　　　　　　D. hadoop-env. sh

二、判断题

1. Spark SQL 访问 Hive 表时,可以选择性地指定存储格式,例如 ORC、Parquet 等。

(　　)

2. 在写入 Hive 表时,Spark SQL 能够自动处理动态分区插入。　　　　(　　)

3. Spark SQL 与 Hive 集成时,只需要配置 Spark 相关的环境变量,无须修改 Hive 的配置。(　　)

4. 使用 Spark SQL 读取 Hive 表时,可以使用 SQL 语句直接访问 Hive 表的数据。

(　　)

5. 在使用 Spark SQL 操作 Hive 表时,可以使用 Spark 的数据源 API 来自定义数据读写行为。(　　)

6. Spark SQL 在访问 Hive 表时,可以直接使用 Hive 的分区和分桶特性来优化查询性能。(　　)

7. 如果 Hive 表使用了自定义的存储格式,Spark SQL 无法读取该表的数据。(　　)

8. 在 Spark 应用程序中,可以使用 Spark SQL 读取和写入 Hive 表,但不能执行复杂的数据转换和聚合操作。(　　)

三、编程题

读取"项目 3 运用 Spark Core 完成数据分析"中的零售数据 online_retail_II. txt,创建 DataFrame 后,统计每个地区的销售额,将结果保存到 Hive 中。

【任务拓展】

将本项目中的"电影评分表"使用 Spark SQL 与 Hive 进行联合分析。具体任务如下。

1. 将两张数据表加载到 Hive 表。

2. 在 Spark SQL 中读取 Hive 数据创建 DataFrame。

3. 统计每个用户的评分次数,按照倒序排序,将结果保存到 Hive 中。

项目 5

Spark 流式数据处理

离线计算和实时计算是两种不同的数据处理方式。离线计算是指数据全部收集完毕后进行批量处理和分析的方式,适用于需要全面分析历史数据、生成报告或进行复杂分析的场景。实时计算是指在数据产生后尽快进行处理并生成结果的分析方式,适用于需要快速响应和及时决策的场景。Hadoop 的 MapReduce 或 Spark SQL 只能完成数据的离线分析,无法满足实时性要求较高的业务需求。Spark 核心组件之一的 Spark Streaming,是一种常用的实时数据处理框架。它通过将连续的数据流分成小的批次来处理实时数据,每个批次作为一个 RDD 被处理,然后通过 Spark 引擎进行计算,可以实现高效的容错和数据处理能力。

在本项目中,将通过完成 3 个具体的任务,系统学习 Spark Streaming 编程基础,包括 DStream 的创建、转换、输出方法,以及与 Kafka 的整合使用。

【学习目标】

知识目标

1. 理解流式计算概念。
2. 了解 Spark Streaming 框架的作用及运行过程。
3. 了解 Spark Streaming 编程模型。
4. 掌握创建 DStream 对象的方法。
5. 掌握 DStream 对象的查询和输出操作。
6. 掌握 Spark Streaming 读取 Kafka 消息的方法。

能力目标

1. 能够通过不同数据源创建 DStream 对象。
2. 能够根据不同业务需求对 DStream 进行转换和输出。
3. 能够识别和解决 Spark Streaming 作业中的常见问题和错误,进行故障排除和调试。
4. 能够使用 Spark Streaming 消费 Kafka 的数据。

素质目标

1. 激发学生自我驱动的学习态度,培养他们在未来工作中不断更新技术、提升技能的习惯,为职业生涯打下坚实的基础。

2．鼓励学生关注全球数据技术的发展趋势，倡导技术创新与全球共享精神。

3．培养学生在处理大规模实时数据时，考虑跨地域、跨文化的数据共享与合作，推动全球数据技术协同发展。

【建议学时】

6学时。

任务1　实时订单数据采集

【任务提出】

实时订单数据通常来自在线商店、电子商务平台或传统零售店的销售系统。这些系统会记录和存储每一笔订单的详细信息,如订单编号、购买商品、客户信息、支付方式、订单状态等。实时订单数据的采集在商业和服务行业中有广泛的应用场景,包括实时库存管理、实时支付处理、实时客户服务等,能够帮助企业更快速地处理订单和交付服务,优化库存管理和物流安排。借助实时订单数据的分析,企业也可以及时调整市场策略,满足市场需求并快速响应,提升客户体验和忠诚度,实现长期的商业成功。

本任务中的数据源于某电子商务平台的销售系统,现需要实时采集订单数据。实时订单数据字段说明如表5.1所示。

表 5.1　实时订单数据字段说明

序　　号	字　段　名	说　　明
1	id	主键
2	consignee	收货人
3	consignee_tel	收件人电话
4	final_total_amount	总金额
5	order_status	订单状态
6	user_id	用户 id(对应用户表 id)
7	delivery_address	送货地址
8	order_comment	订单备注
9	out_trade_no	订单交易编号(第三方支付用)
10	trade_body	订单描述(第三方支付用)
11	create_time	创建时间
12	operate_time	操作时间
13	expire_time	失效时间
14	tracking_no	物流单编号
15	parent_order_id	父订单编号
16	img_url	图片路径
17	province_id	省份 id(对应省份表 id)
18	benefit_reduce_amount	优惠金额
19	original_total_amount	原价金额
20	feight_fee	运费

【任务分析】

本任务需要使用 Spark Streaming 实时采集端口的订单数据,具体任务分析如下。

1. 编写 Spark Streaming 程序,读取端口数据。

2. 创建 DStream 对象。

3. 打印采集到的数据。

【知识准备】

5.1 了解 Spark Streaming

视频讲解

Spark Streaming 是 Spark Core API 的扩展,它实现了对实时数据流的可扩展、高吞吐量、高容错性的处理。数据源可以来自 Kafka、Kinesis 或 Socket 等多种源头,经过 map()、reduce()、join()或 window()等高级函数进行复杂处理后,将结果推送到文件系统、数据库或实时仪表盘上进行展示。同时,也可以在数据流上应用 Spark MLlib 和 Spark 图处理算法,实现 Spark 组件间的无缝集成。

5.1.1 Spark Streaming 运行原理

Spark Streaming 的运行原理如图 5.1 所示。

图 5.1 Spark Streaming 的运行原理

Spark Streaming 接收实时数据流后,将数据按照一定的时间间隔拆分成多个小的批数据,每个批次都是一个包含 RDD 的数据集,在这些集合上可以进行各种转换操作,如 map、reduce 等。Spark Streaming 应用程序内部使用 Spark Core 引擎执行这些操作,处理完成后,将结果输出到外部存储系统或其他数据源中。

Spark Streaming 通过重新计算丢失的批次数据来恢复状态,确保数据处理的准确性和可靠性。通过批次处理和 RDD 的特性,Spark Streaming 能在实时数据处理中实现数据计算的高吞吐量和低延迟。

5.1.2 认识 DStream

Spark Streaming 提供了一个称为离散化流 DStream 的高级抽象,它代表着连续的数据流。DStream 可以通过诸如 Kafka、Kinesis 等源头的输入数据流创建,也可以通过其他 DStream 转换得到。在 Spark 内部,DStream 被表示为一系列的 RDD,应用在 DStream 上的操作都会转化成对底层 RDD 的操作。如图 5.2 所示,该示例将一个文本行的流转换为单词的流,flatMap 操作被应用于文本行 DStream 的每个 RDD 上,生成单词 DStream 中的 RDD。

图 5.2　DStream 操作

DStream 的关键特点和概念包括以下 4 点。

(1) 连续的数据流。DStream 表示的是一系列连续的数据,实时数据在时间上具有连续性。

(2) 离散化。DStream 的离散化体现在其内部实现上,它将连续的数据流划分为一系列离散的批次数据,每个批次都是一个包含 RDD 的数据集。

(3) 与普通的 RDD 一样,可在 DStream 上应用各种转换操作来处理数据,以进行复杂的数据处理和分析。

(4) DStream 可以与 Spark 生态系统中的其他组件无缝集成,如使用 Spark SQL 进行结构化数据处理,使用 Spark MLlib 进行机器学习模型的训练,或者与 Spark GraphX 进行图处理操作。

5.2　创建 DStream

DStream 可由数据源直接创建,也可由其他 DStream 转换而来。

视频讲解

5.2.1　Spark Streaming 编程模型

编写 Spark Streaming 程序的基本步骤如下。

(1) 创建 StreamingContext 对象。

(2) 创建 DStream 输入源。流计算处理的数据来自输入源,包括基础来源和高级来源。基础来源可在 StreamingContext API 中直接使用,如文件系统流、Socket 流等。高级来源包括 Kafka、Flume、Kinesis 等,需要引入相应的第三方库才可使用。

(3) 操作 DStream。得到 DStream 后,可调用各种 DStream 操作实现用户自定义的处理逻辑。

(4) 启动 Spark Streaming。上述步骤只是创建了执行流程,程序并未真正执行,需要调用 StreamingContext 对象的 start()方法启动数据接收和处理流程。

(5) 调用 StreamingContext 对象的 awaitTermination()方法等待流计算进程结束。

5.2.2　Socket 源创建 DStream

在 IDEA 中使用 Spark Streaming 进行编程,需要在 pom.xml 文件中加入以下依赖。

```
<dependency>
  <groupId>org.apache.spark</groupId>
  <artifactId>spark-streaming_2.12</artifactId>
  <version>3.1.1</version>
</dependency>
```

以单词计数为例,从服务器192.168.176.3的8888端口上接收一行或多行文本内容,并对接收到的文本根据空格进行分割,实时计算每个单词出现的次数,代码如下。

```
package book.sparkstreaming

import org.apache.spark.{SparkConf, SparkContext}
import org.apache.spark.streaming.{Seconds, StreamingContext}

object WordCount {
 def main(args: Array[String]): Unit = {
  val sparkConf = new SparkConf().setAppName("wordcount").setMaster("local[*]")
  val sc = new SparkContext(sparkConf)
  sc.setLogLevel("WARN")
  //创建 StreamingContext 对象
  val ssc = new StreamingContext(sc, Seconds(3))
  //创建 Socket 源,生成 DStream
  val lines = ssc.socketTextStream("192.168.176.3", 8888)
  //处理 DStream
  val wordCounts = lines.flatMap(_.split(" ")).map(x => (x, 1)).reduceByKey(_ + _)
  //打印输出
  wordCounts.print()
  //启动程序
  ssc.start()
  ssc.awaitTermination()
 }
}
```

在 new StreamingContext(sc,Seconds(3))的两个参数中,sc 表示 SparkContext 对象,Seconds(3)表示在对 Spark Streaming 的数据流进行分段时,每 3 秒切成一个分段,可以通过调整分段时长来增大或减少实时处理的响应时间。

在服务器192.168.176.3上输入"nc -l 8888"命令,然后输入一系列单词,如图5.3所示。

```
[root@bigdata1 ~]# nc -l 8888
hello spark
hello hadoop
```

图5.3 服务器端口输入单词

运行程序,由于代码中设置的时间间隔为 3 秒,因此 Spark Streaming 每隔 3 秒计算一次该批次数据的单词个数,print()方法将计算得到的 DStream 内容打印到控制台上,结果如图5.4所示。

```
24/07/26 20:24:45 WARN RandomBlockReplicationPolicy: Expecting 1 replicas with only 0 peer/s.
24/07/26 20:24:45 WARN BlockManager: Block input-0-1721996685200 replicated to only 0 peer(s) instead of 1 peers
-------------------------------------------
Time: 1721996685000 ms
-------------------------------------------


-------------------------------------------
Time: 1721996688000 ms
-------------------------------------------
(hello,2)
(spark,1)
(hadoop,1)


-------------------------------------------
Time: 1721996691000 ms
-------------------------------------------
```

图 5.4 程序运行结果

5.2.3 文件流创建 DStream

在 Spark Streaming 中,若要监听并实时读取日志文件的更新内容,可以使用 textFile-Stream()方法。该方法可以监视指定目录中的新文件,并将文件中的内容作为 DStream 中的记录进行处理。

例 5.1 读取文件流。

```
val value: DStream[String] = ssc.textFileStream("data/book/stream_input")
value.print()
```

在示例代码中,程序会监听"data/book/stream_input"文件夹,当该文件夹中出现新文件时,会自动读取文件的内容并将其作为 DStream 中的记录。运行代码后,新建一个 log. txt 文件,在文件中输入若干单词后保存,将该文件复制至 Spark Streaming 监听的文件夹中,可以看到文件内容被读取并打印。

在使用文件流时需要注意以下几点。

(1)可以监视简单目录,如"hdfs://namenode:8040/logs/",此类路径下的所有文件将被实时处理。

(2)可以使用 POSIX 通配符模式,如"hdfs://namenode:8040/logs/2017/ * "。在这种情况下,DStream 将包含匹配模式目录中的所有文件。这是目录模式匹配,而非目录中文件的匹配。

(3)所有文件必须采用相同的数据格式。

(4)文件所属的某个时间段是基于其修改时间,而非创建时间。

(5)一旦处理完成,在当前窗口内对文件的更改将不会导致重新读取,也就是说,文件的更新将被忽略。

(6)一个目录下的文件越多,即使没有文件被修改,扫描变更所需的时间也会越长。

【任务实现】

1. 步骤分析

首先,向服务器端口发送订单数据,Spark Streaming 程序读取服务器 Socket 端口,创建 DStream,然后使用 print()方法将 DStream 内容打印出来。

2. 完成任务

(1) 启动 IntelliJ IDEA,右击项目文件夹,选择相应的 package,新建 scala 类。

(2) 在该类文件代码编辑窗口中输入如下代码。

```scala
package book.sparkstreaming

import org.apache.spark.streaming.dstream.ReceiverInputDStream
import org.apache.spark.streaming.{Seconds, StreamingContext}
import org.apache.spark.{SparkConf, SparkContext}

object Rw1 {
 def main(args: Array[String]): Unit = {
  val sparkConf = new SparkConf().setAppName("wordcount").setMaster("local[*]")
  val sc = new SparkContext(sparkConf)
  sc.setLogLevel("WARN")
  val ssc = new StreamingContext(sc, Seconds(5))
  val value: ReceiverInputDStream[String] = ssc.socketTextStream("192.168.176.3",
8888)
  value.print()
  ssc.start()
  ssc.awaitTermination()
 }
}
```

(3) 测试源代码,运行当前程序。

(4) 在服务器上启动监听,输入订单信息,如图 5.5 所示。

```
[root@bigdata1 ~]# nc -l 8888
3443,严致,13207871570,1449.00,1005,2790,第4大街第5号楼4单元464门,描述345855,2145374772237 28,小米Play 流光渐变AI双摄 4GB+6
4GB 梦幻蓝 全网通4G 双卡双待 小水滴全面屏拍照游戏智能手机等1件商品,2020-04-25 18:47:14,2020-04-26 18:59:01,2020-04-25 19:
02:14,,,http://img.gmall.com/117814.jpg,20,0.00,1442.00,7.00
3444,蔡容亨,13028730359,17805.00,1005,2015,第9大街第26号楼3单元383门,描述948496,2265513585337 23,Apple iPhoneXSMax (A2104)
256GB 深空灰色 移动联通电信4G手机 双卡双待等2件商品,2020-04-25 18:47:14,2020-04-26 18:55:17,2020-04-25 19:02:14,,,http:/
/img.gmall.com/353392.jpg,11,0.00,17800.00,5.00
3445,姚兰凤,13080315675,16180.00,1005,8263,第5大街第1号楼7单元722门,描述148518,7544264494784 74,联想(Lenovo)拯救者Y7000 英
特尔酷睿i7 2019新版 15.6英寸发烧游戏本笔记本电脑(i7-9750H 8GB 512GB SSD GTX1650 4G 高色域等3件商品,2020-04-25 18:47:14,2
020-04-26 18:55:17,2020-04-25 19:02:14,,,http://img.gmall.com/478856.jpg,26,3935.00,20097.00,18.00
3458,何亮,13254191941,504.00,1005,6956,第8大街第1号楼1单元823门,描述147276,762295464259983,十月稻田 沁州黄小米(黄小米 五
谷杂粮 山西特产 真空装 大米伴侣 粥米搭档)2.5kg等2件商品,2020-04-25 18:47:14,2020-04-26 18:59:01,2020-04-25 19:02:14,,,ht
tp://img.gmall.com/352685.jpg,2,0.00,488.00,16.00
3459,舒杰,13895862911,3340.00,1005,5137,第6大街第17号楼8单元913门,描述945471,428427935234469,TCL 55A950C 55英寸32核人工智
能 HDR曲面超薄4K电视金属机身(枪色)等1件商品,2020-04-25 18:47:14,2020-04-26 18:59:01,2020-04-25 19:02:14,,,http://img.gm
all.com/415751.jpg,34,0.00,3321.00,19.00
3460,轩辕巧,13463093388,695.00,1005,4158,第17大街第18号楼3单元144门,描述819591,913644417385741,Dior迪奥口红唇膏送女友老婆
礼物生日礼物 烈艳蓝金999+888两支装礼盒等2件商品,2020-04-25 18:47:14,2020-04-26 18:48:16,2020-04-25 19:02:14,,,http://img.
gmall.com/221634.jpg,17,305.00,992.00,8.00
3461,曹希宁,13274015910,162.00,1005,5729,第19大街第3号楼4单元932门,描述158263,775883538412211,北纯精制黄小米(小黄米 月子
米 小米粥 粗粮杂粮 大米伴侣)2.18kg等1件商品,2020-04-25 18:47:14,2020-04-26 18:48:16,2020-04-25 19:02:14,,,http://img.gma
ll.com/467383.jpg,18,0.00,145.00,17.00
3462,濮阳香月,13536127776,1572.00,1005,6221,第7大街第22号楼3单元744门,描述433977,974611765733658,荣耀10青春版 幻彩渐变 24
00万AI自拍 全网通版4GB+64GB 渐变蓝 移动联通电信4G全面屏手机 双卡双待等1件商品,2020-04-25 18:47:14,2020-04-26 18:55:17,202
0-04-25 19:02:14,,,http://img.gmall.com/446883.jpg,2,0.00,1553.00,19.00
```

图 5.5　Socket 实时发送订单信息

(5) 检查程序获取到的数据,如图 5.6 所示。Spark Streaming 成功完成了实时订单信息的采集。

图 5.6　Spark Streaming 完成实时订单信息采集

【任务总结】

通过本任务的学习,读者可以掌握如何读取 Socket 源以及文件流创建 DStream,并使用相关方法查看 DStream 数据。在整个任务实施过程中需注意以下几点。

(1) 在使用 Spark Streaming 处理实时数据时,应确保数据源能够与 Spark Streaming 集成良好,并理解输入数据的格式和结构。合理地解析和处理输入数据,对后续的数据转换和分析至关重要。

(2) 实时数据处理完成后,需设置合适的输出操作,将处理完成的数据写入目标系统或存储介质(如数据库、文件系统)中,或者如任务一样打印到控制台,以便数据流能够被有效地处理和利用。

【巩固练习】

一、单选题

1. Spark Streaming 将实时数据流切分为(　　)进行处理。

    A. 小批次　　　　　B. 单个记录　　　　　C. 微服务　　　　　D. 事务

2. Spark Streaming 中用于表示连续数据流的基本抽象是(　　)。

    A. RDD　　　　　B. DataFrame　　　　　C. DataSet　　　　　D. DStream

3. Spark Streaming 的数据处理操作是在(　　)的情况下触发执行的。

    A. 当每个新记录到达时　　　　　　　B. 每秒钟执行一次

    C. 每小时执行一次　　　　　　　　　D. 当触发特定事件时

4. Spark Streaming 中的输出操作用于(　　)。

    A. 定义如何处理每个微批次　　　　　B. 将处理后的结果发送到外部系统

    C. 生成日志和调试信息　　　　　　　D. 实现并行计算

二、判断题

1. Spark Streaming 是通过将连续的数据流分成小批次来处理的。 （　　）
2. 在 Spark Streaming 中，每个小批次数据都会被转换成一个静态的 RDD 进行处理。
（　　）
3. 在 Spark Streaming 中，所有的数据处理操作都是在驱动节点上执行的。 （　　）
4. Spark Streaming 中的数据接收器（Receiver）是用来从外部数据源获取数据并将其转换成 DStream 的组件。 （　　）
5. DStream 是一个抽象的连续数据流的概念，实际上在内部是由一系列的 DataFrame 组成的。 （　　）
6. Spark Streaming 可以集成不同的数据源和外部系统，如 Kafka、Flume、HDFS 等。
（　　）

三、简答题

1. 简述 Spark Streaming 编程步骤。
2. 简述 DStream 的概念和关键特点。

【任务拓展】

编写 Spark Streaming 程序，读取文件流创建 DStream，以 3 秒的时间间隔计算新增文件中的单词个数，并在控制台进行打印。

任务 2　实时订单金额分析

【任务提出】

实时计算订单数量和订单总金额有助于企业更好地理解和管理业务运营，了解当前的销售情况和业务活动的活跃度，帮助管理层在财务预算分配、市场活动投入、产品定价调整等方面做出决策。通过有效运用实时数据，企业可以更加灵活地应对市场变化和竞争挑战。

本任务需要对实时订单数据进行计算，每隔 10 秒计算一次当前批次内的订单数量及订单总金额。

【任务分析】

本任务需要读取端口产生的实时订单数据，以 10 秒为处理批次时长，计算订单数量及总金额。具体的任务实施分析如下。

1. 读取端口数据，创建 DStream。

2. 计算每批次内的订单数量及总金额。

3. 打印结果。

【知识准备】

5.3 DStream 转换操作

数据流到达后,Spark Streaming 会依据配置的时间间隔将连续的数据流配置成分段,然后对每个分段内的 DStream 数据执行操作,包括无状态操作和有状态操作。

无状态操作是指每个批次的数据处理都是相互独立的,不依赖之前批次的数据状态。在无状态操作中,各批次数据的处理都是相互独立的,不会跟踪或依赖之前批次数据的状态信息。这种操作模式适用于各数据批次之间相互独立、无须关联的情况。有状态操作是指在处理每个批次数据时,会考虑之前批次的数据状态信息,会维护和更新数据的状态,以便跟踪和处理具有状态依赖的数据流。这种操作模式适用于需要跟踪历史数据状态、进行聚合操作或需要上下文信息的场景。

5.3.1 无状态转换操作

DStream 支持 RDD 的大部分转换操作,DStream 常用的无状态操作如表 5.2 所示。

表 5.2 Dstream 常用的无状态操作

操　　作	说　　明
map(func)	对源 DStream 的每个元素应用 func 函数并返回一个新的 DStream
flatMap(func)	与 map 类似,不同的是每个元素可以被映射成 0 个或多个输出项
filter(func)	对源 DStream 中的每个元素应用 func 函数进行过滤,得到新的 DStream
repartition(numPartitions)	更改源 DStrcam 的分区数量
union(otherStream)	返回一个新的 DStream,包含源 DStream 和 otherStream 中的元素
count()	统计源 DStream 的元素数量
reduce(func)	利用函数 func 对 DStream 中的每个元素应用聚合计算,得到新的 DStream
countByValue()	应用于元素类型为 K 的 DStream,返回元素为(K,V)的新 DStream,V 为每个 K 出现的次数
reduceByKey(func,[numTasks])	应用于元素类型为(K,V)的 DStream,返回新的键值对 DStream,每个键的值为聚合函数 func 计算的结果
join(otherStream,[numTasks])	应用于元素类型分别为(K,V1)和(K,V2)的两个 DStream,返回一个元素为(K,(V1,V2))的新 DStream
cogroup(otherStream,[numTasks])	应用于元素类型分别为(K,V1)和(K,V2)的两个 DStream,返回一个元素为(K,Seq[V1],Seq[V2])的新 DStream
transform(func)	通过对源 DStream 的每个 RDD 应用 func 函数返回一个新的 DStream,用于在 DStream 上进行 RDD 的任意操作

视频讲解

表 5.2 所示的大部分转换操作与 RDD 转换操作的功能和使用方法类似,此处不再详细介绍。transform()方法允许在 DStream 上应用任意的 RDD 基础转换操作,其作用是可以利用 RDD 的丰富功能,对每个批次的数据进行灵活处理,而不受 DStream API 限制。

例 5.2 使用 transform()方法进行文本行切割,计算单词个数。

```
val wordCounts= lines.transform(rdd => rdd.flatMap(x => x.split(" ")).map(x =>
(x, 1)).reduceByKey(_ + _))
```

transform()是一个非常有用的方法,可以大大增强数据流处理的灵活性,使得处理实时数据流变得更加高效和可控。

例 5.3 假设有一个包含若干单词的文本文件。Spark Streaming 读取 Socket 数据获取批次数据后,将每个批次的数据与文本文件中的单词进行比对,仅对出现在文本文件中的单词进行计数。此时,需要将每个批次的数据与一个外部的文本文件 RDD 进行连接,以便进一步分析。这个需求可以通过 transform()方法实现。

```
package book.sparkstreaming

import org.apache.spark.streaming.{Seconds, StreamingContext}
import org.apache.spark.{SparkConf, SparkContext}

object Transform {
 def main(args: Array[String]): Unit = {
  val sparkConf = new SparkConf().setAppName("wordcount").setMaster("local[*]")
  val sc = new SparkContext(sparkConf)
  sc.setLogLevel("WARN")
  //创建 StreamingContext 对象
  val ssc = new StreamingContext(sc, Seconds(3))
  //创建 Socket 源,生成 DStream
  val lines = ssc.socketTextStream("192.168.176.3", 8888)
  val externalDatasetRDD = sc.textFile("data/book/stream_input/words.txt")
   .flatMap(_.split(" "))
   .map(x => (x, true))
  val outDStream = lines.transform(rdd => {
   val inputRDD = rdd.flatMap(_.split(" "))
    .map(x => (x, 1))
   inputRDD.join(externalDatasetRDD).map(x => (x._1, x._2._1)).reduceByKey(_ + _)
  })
  outDStream.print()
  ssc.start()
  ssc.awaitTermination()
 }
}
```

data/book/stream_input/words.txt 文件内容如图 5.7 所示。

运行程序,在 Socket 输入一系列单词后,控制台打印结果如图 5.8 所示。代码实时计算出现在文本文件中的单词的个数,未出现在文本文件中的单词不被计算。

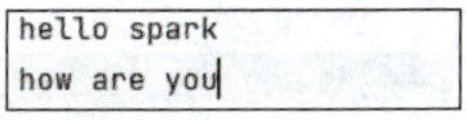

图 5.7　data/book/stream_input/
words.txt 文件内容

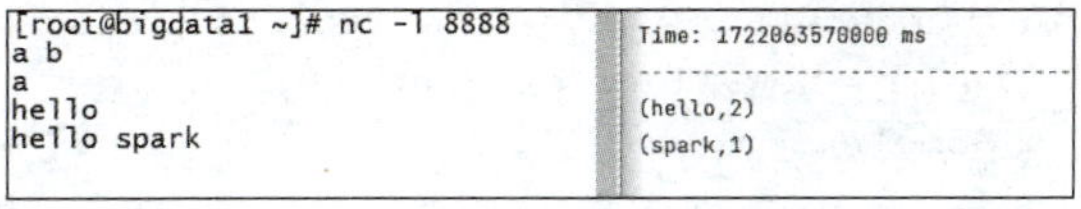

图 5.8　transform()方法示例代码运行结果

5.3.2　有状态操作

updateStateByKey(func)操作可在持续更新状态的同时维护任意状态信息。若要使用该操作,需要完成以下两个步骤。

(1) 定义状态。状态可以是任意数据类型。

(2) 定义状态更新函数。此函数用于指定如何利用前一个状态以及来自输入流的新值来更新状态。

在每个批次批注中,Spark 会针对所有已存在的键应用状态更新函数,无论这些键在当前批次中是否有新数据。若更新函数返回 None,则相应的键值对将被删除。状态更新函数定义如下。

```
def updateFunction(newValues: Seq[V], runningCount: Option[S]): Option[S] = {}
```

其中,V 和 S 表示数据类型。newValues 是一个包含新输入值的序列,对于给定的键,每个批次新的输入数据流都会生成一个新的 newValues 序列。例如,如果一个键在当前批次中有多个值,这些值将作为一个整数序列传递给更新函数。runningCount 表示当前状态中已经存在的旧值或者先前的状态,也就是这个键的最新状态。在第一个批次中,可能为 None,因为可能还没有先前的状态存在。更新函数的返回类型是 Option[S],这表示更新函数可以返回一个新的 S 类型的数值作为该键的最新状态。如果返回 None,则表示该键将从状态中删除。

注意,在使用状态函数时,必须设置 checkpoint 检查点路径。Spark Streaming 中的状态是维护在内存中的,如果不设置 checkpoint,当 Spark Streaming 应用重新启动时,状态数据将会丢失,因为内存中的数据是不会被持久化的。通过设置 checkpoint,Spark 可以将状态数据定期写入分布式存储系统(如 HDFS),这样在应用重新启动时可以从 checkpoint 中恢复状态,确保状态的持久性和可靠性。设置 checkpoint 的代码如下。

```
ssc.checkpoint("/checkpoint")
```

例 5.4　有状态的单词计数。首先需要定义状态更新函数,由于单词个数为整数类型,因此 V 和 S 都为 Int 类型。完整代码如下。

```
package book.sparkstreaming

import org.apache.spark.streaming.{Seconds, StreamingContext}
import org.apache.spark.{SparkConf, SparkContext}

object UpdateState {
```

```
def updateFunc(newValues: Seq[Int], runningCount: Option[Int]): Option[Int]={
  val r = newValues.sum+runningCount.getOrElse(0)
  Some(r)
}
def main(args: Array[String]): Unit = {
  val sparkConf = new SparkConf().setAppName("wordcount").setMaster("local[*]")
  val sc = new SparkContext(sparkConf)
  sc.setLogLevel("WARN")
  //创建 StreamingContext 对象
  val ssc = new StreamingContext(sc, Seconds(3))
  //设置 checkpoint
  ssc.checkpoint("/checkpoint")
  //创建 Socket 源，生成 DStream
  val lines = ssc.socketTextStream("192.168.176.3", 8888)
  val wordCounts = lines.flatMap(_.split(" "))
    .map(x => (x, 1))
    .reduceByKey(_ + _)
  val outDStream = wordCounts.updateStateByKey(updateFunc)
  outDStream.print()
  ssc.start()
  ssc.awaitTermination()
}
}
```

运行代码，首先输入"hello spark"，观察结果。继续输入"hello"，单词个数进行了累加，示例代码运行结果如图 5.9 所示。

图 5.9　updateStateByKey 示例代码运行结果

5.4　DStream 窗口操作

Spark Streaming 提供了窗口计算功能，以便在滑动窗口内执行转换操作。窗口操作将一个可配置长度的窗口以一个可配置的速率进行滑动，每次落入窗口的 DStream 会被计算，得到新的 DStream。因此，每个窗口操作都需要指定两个参数，窗口长度和滑动速率，而且这两个参数值必须为时间片的整数倍，窗口操作示意图如图 5.10 所示。

图中设置窗口长度为 3 秒，窗口滑动速度为 2 秒。输入数据流在第 3 秒时计算落入 1～3 秒窗口内的数据，得到第 3 秒时窗口计算的结果。2 秒后，窗口滑动到 3～5 秒，第 5 秒时得到新的窗口计算结果。

常见的窗口操作函数如表 5.3 所示。

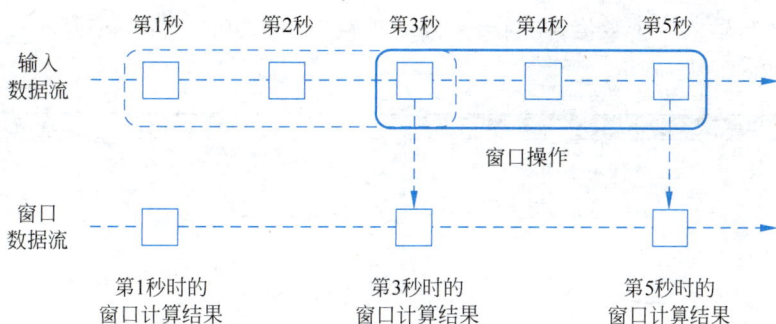

图 5.10 窗口操作示意图

表 5.3 常用的窗口操作函数

操 作	说 明
window(windowLength,slideInterval)	返回一个基于源 DStream 的窗口批次计算后得到的新 DStream
countByWindow(windowLength,slideInterval)	返回基于滑动窗口的 DStream 中的元素数量
reduceByWindow(func,windowLength,slideInterval)	基于滑动窗口对源 DStream 中的元素进行聚合操作,得到新的 DStream
reduceByKeyAndWindow(func,windowLength,slideInterval,[numTasks])	返回一个新的(K,V)对的 DStream,其中每个键的值使用给定的 reduce 函数 func 在滑动窗口内的批次上进行聚合
reduceByKeyAndWindow(func,invFunc,windowLength,slideInterval,[numTasks])	reduceByKeyAndWindow 的一种更高效的版本,每个窗口的 reduce 值都是基于先前窗口的值进行增量计算得到的。该操作会对进入滑动窗口的新数据进行 reduce 操作,并对离开窗口的老数据进行逆向 reduce 操作
countByValueAndWindow(windowLength,slideInterval,[numTasks])	基于滑动窗口计算 DStream 中每个 RDD 内每个元素出现的频次并返回 DStream[(K,long)]

例 5.5 window()方法使用示例。设置窗口长度为 3 秒,滑动步长为 2 秒,时间批次为 1 秒,代码如下所示。

```
package book.sparkstreaming

import org.apache.spark.streaming.{Seconds, StreamingContext}
import org.apache.spark.{SparkConf, SparkContext}

object WindowOperation {
 def main(args: Array[String]): Unit = {
  val sparkConf = new SparkConf().setAppName("window").setMaster("local[*]")
  val sc = new SparkContext(sparkConf)
  val ssc = new StreamingContext(sc, Seconds(1))
  sc.setLogLevel("ERROR")
  val line = ssc.socketTextStream("192.168.176.3", 8888)
  val windows = line.window(Seconds(3), Seconds(2))
  windows.print()
  ssc.start()
  ssc.awaitTermination()
 }
}
```

在端口每秒输入一个数值,控制台每隔 2 秒输出一个窗口结果,window()方法示例代码运行结果如图 5.11 所示。

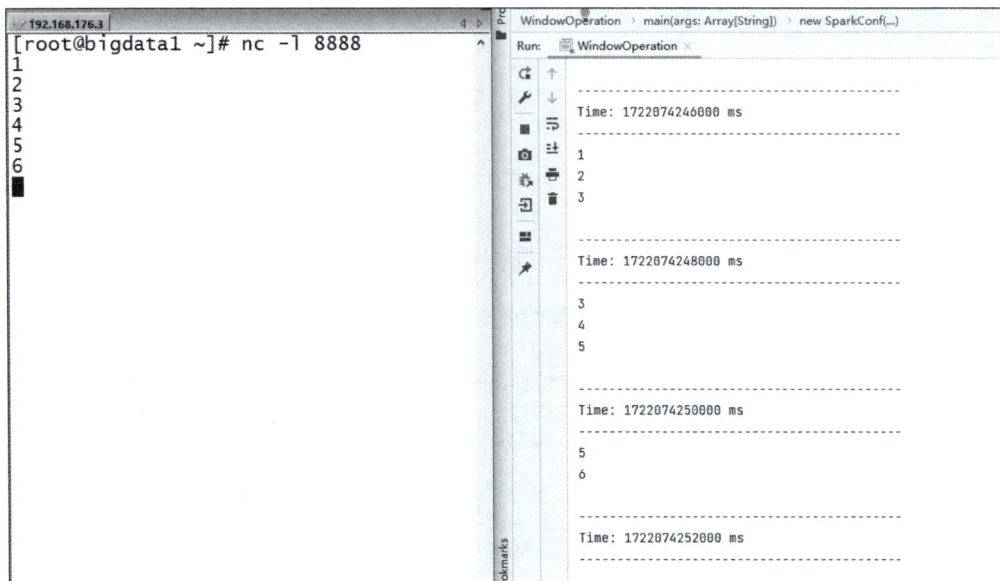

图 5.11　window()方法示例代码运行结果

5.5　DStream 输出操作

DStream 的输出操作类似于 RDD 中的行动操作,是所有转换操作的触发操作。输出操作将 DStream 写入文件系统或其他外部存储系统中。DStream 常见的输出操作如表 5.4 所示。

表 5.4　DStream 常见的输出操作

操　作	说　明
print()	在 Driver 端输出 DStream 数据的前 10 个元素
saveAsTextFiles(prefix,[suffix])	将 DStream 保存为文本文件,每批次处理间隔内产生的文件单独保存为文件夹,文件夹以 prefix-TIME_IN_MS[.suffix]的方式命名
saveAsObjectFiles(prefix,[suffix])	将 DStream 序列化后进行保存,每批次处理间隔内产生的文件单独保存为文件夹,文件夹以 prefix-TIME_IN_MS[.suffix]的方式命名
saveAsHadoopFiles(prefix,[suffix])	将 DStream 以文本的形式保存为 Hadoop 文件,每批次处理间隔内产生的文件单独保存为文件夹,文件夹以 prefix-TIME_IN_MS[.suffix]的方式命名
foreachRDD(func)	基本的输出操作,将 func 函数应用与 DStream 中的 RDD 上,输出至外部系统

视频讲解

例 5.6　saveAsTextFiles()方法使用示例。

```
package book.sparkstreaming

import org.apache.spark.{SparkConf, SparkContext}
import org.apache.spark.streaming.{Seconds, StreamingContext}

object OutputOperation {
 def main(args: Array[String]): Unit = {
  val sparkConf = new SparkConf().setAppName("saveAsTextFile").setMaster("local[*]")
  val sc = new SparkContext(sparkConf)
  val ssc = new StreamingContext(sc, Seconds(1))
  sc.setLogLevel("ERROR")
  val line = ssc.socketTextStream("192.168.176.3", 8888)
  line.saveAsTextFiles("data/book/stream_output/words","txt")
  ssc.start()
  ssc.awaitTermination()
 }
}
```

在端口输入数据后运行程序，在"data/book/stream_output"下每个批次都会生成一个文件夹，若该批次内无数据，则只生成一个扩展名为"crc"的校验文件和文件名为"_SUCCESS"的状态标识文件；若有数据，则会包含以"part"开头的分区文件，此类文件中存储着 DStream 的数据。saveAsTextFile()方法示例代码运行结果如图 5.12 所示。

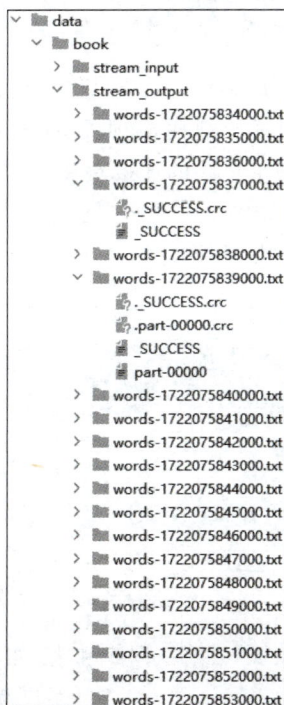

图 5.12　saveAsTextFile()方法示例代码运行结果

foreachRDD()是一个功能非常强大的方法,可用于将数据发送到外部系统。然而,在使用该方法时,需要避免以下错误。通常将数据写入外部系统时,需要创建连接对象(如连接到远程服务器的 TCP 连接等),常见的一种错误的编写代码方式如例 5.7 所示。

例 5.7   foreachRDD()方法错误使用示例 1。

```
dstream.foreachRDD { rdd =>
 val connection = createNewConnection()        //在 Driver 端执行
 rdd.foreach { record =>
  connection.send(record)                       //在 Worker 端执行
 }
}
```

上述代码在 Driver 端创建了连接对象,需要对连接对象进行序列化,并从 Driver 端发送到 Worker 端,但连接对象很少能够在不同机器之间传输。针对这种错误,常见的一种解决方法是在 Worker 端上创建连接对象,代码如例 5.8 所示,即针对每条记录创建一个连接对象。

例 5.8   foreachRDD()方法错误使用示例 2。

```
dstream.foreachRDD { rdd =>
 rdd.foreach { record =>
  val connection = createNewConnection()
  connection.send(record)
  connection.close()
 }
}
```

通常情况下,创建一个连接对象会产生额外的时间和资源开销,因此为每条记录都创建和销毁连接对象,会导致不必要的资源消耗,降低系统的吞吐量。更好的解决方案是使用 rdd.foreachPartition()方法创建一个单独的连接对象,然后利用该连接对象将同一个 RDD 分区内的所有记录分发出去,代码如例 5.9 所示。

例 5.9   foreachPartition()方法使用示例。

```
dstream.foreachRDD { rdd =>
 rdd.foreachPartition { partitionOfRecords =>
  val connection = createNewConnection()
  partitionOfRecords.foreach(record => connection.send(record))
  connection.close()
 }
}
```

```
mysql> create database spark;
Query OK, 1 row affected (0.01 sec)

mysql> use spark;
Database changed
mysql> create table words (word varchar(50),counts int);
Query OK, 0 rows affected (0.02 sec)

mysql> select * from words;
Empty set (0.00 sec)
```

图 5.13   在 MySQL 中创建数据库和表

以单词计数为例,将计算结果保存到 MySQL 数据库中。首先在 MySQL 中创建数据库和表,如图 5.13 所示。

对端口读到的数据做单词计数后,将当前窗口的结果保存到 MySQL 中,代码如例 5.10 所示。

例 5.10 首先清空 MySQL 表数据，再将单词计数结果保存到 MySQL 中。

```
package book.sparkstreaming
import org.apache.spark.{SparkConf, SparkContext}
import org.apache.spark.streaming.{Seconds, StreamingContext}
import java.sql.{Connection, DriverManager, PreparedStatement}

object ForeachRDD {
 //将数据写入 MySQL
 def writeToMySQL (iterator: Iterator[(String, Int)], connection: Connection):
Unit={
  var preparedStatement : PreparedStatement = null
  try {
   val sql = "INSERT INTO words (word,counts) values (?,?)"
   preparedStatement = connection.prepareStatement(sql)
   iterator.foreach{case (word,counts)=>{
     preparedStatement.setString(1,word)
     preparedStatement.setInt(2,counts)
     preparedStatement.addBatch()
   }}
   preparedStatement.executeBatch()
  }catch {
   case e:Exception => e.printStackTrace()
  }finally {
   if(preparedStatement!=null)
     preparedStatement.close()
   if(connection!=null)
     connection.close()
  }
 }
 //清空表
 def truncateTable(connection: Connection):Unit={
  try{
   val truncateSql = "TRUNCATE TABLE words"
   val statement = connection.createStatement()
   statement.executeUpdate(truncateSql)
  }catch {
   case e:Exception => e.printStackTrace()
  }
 }
 def main(args: Array[String]): Unit = {
  val sparkConf = new SparkConf().setAppName("foreachrdd").setMaster("local[*]")
  val sc = new SparkContext(sparkConf)
  val ssc = new StreamingContext(sc, Seconds(1))
  sc.setLogLevel("ERROR")
  val line = ssc.socketTextStream("192.168.176.3", 8888)
  val words = line.flatMap(_.split(" ")).map(x => (x, 1)).reduceByKeyAndWindow
((a:Int,b:Int)=>a+b, Seconds(10), Seconds(3))
  words.foreachRDD{rdd=>
   rdd.foreachPartition{
     partitionOfRecords =>{
      var connection: Connection = null
```

```
        connection = DriverManager.getConnection ("jdbc:mysql://192.168.176.3:
3306/spark?useSSL=false", "root", "123456")
      truncateTable(connection)
      writeToMySQL(partitionOfRecords,connection)
    }
  }
 }
 ssc.start()
 ssc.awaitTermination()
 }
}
```

在端口输入一系列单词后,在 MySQL 中查询数据,运行结果如图 5.14 所示。

```
[root@bigdata1 ~]# nc -l 8888    mysql> select * from words;
hello hello                      +-------+--------+
                                 | word  | counts |
spark spark hello                +-------+--------+
                                 | hello |      2 |
                                 +-------+--------+
                                 1 row in set (0.00 sec)

                                 mysql> select * from words;
                                 Empty set (0.00 sec)

                                 mysql> select * from words;
                                 +-------+--------+
                                 | word  | counts |
                                 +-------+--------+
                                 | hello |      1 |
                                 | spark |      2 |
                                 +-------+--------+
                                 2 rows in set (0.00 sec)
```

图 5.14   向 MySQL 中写入单词计数运行结果

5.6   与 Spark SQL 的联合使用

Spark Streaming 提供了将 DStream 转换成 DataFrame 的方法,借此能够利用 DataFrame API 进行数据处理和转换。为实现这个目的,需要利用正在使用的 StreamingContext 对象的 SparkContext 创建 SparkSession 对象,然后使用 foreachRDD()方法将每个 RDD 转换为 DataFrame。

例 5.11   将单词计数结果保存到 DataFrame 中并进行打印,代码如下。

```scala
package book.sparkstreaming

import org.apache.spark.sql.SparkSession
import org.apache.spark.{SparkConf, SparkContext}
import org.apache.spark.streaming.{Seconds, StreamingContext}

object StreamingAndSQL {
 def main(args: Array[String]): Unit = {
  val sparkConf = new SparkConf().setAppName("streamingAndSql").setMaster("local[*]")
  val sc = new SparkContext(sparkConf)
  val ssc = new StreamingContext(sc, Seconds(5))
  sc.setLogLevel("ERROR")
  val line = ssc.socketTextStream("192.168.176.3", 8888)
  val words = line.flatMap(_.split(" ")).map(x => (x, 1)).reduceByKey(_+_)
  words.foreachRDD(rdd=>{
    //创建 SparkSession 对象
```

```
    val spark = SparkSession. builder ( ). config (rdd. sparkContext. getConf).
getOrCreate()
    import spark.implicits._
    //创建 DataFrame
    val wordsDF = rdd.toDF("word", "counts")
    wordsDF.show()
    })
  ssc.start()
  ssc.awaitTermination()
  }
}
```

运行程序,结果如图 5.15 所示。

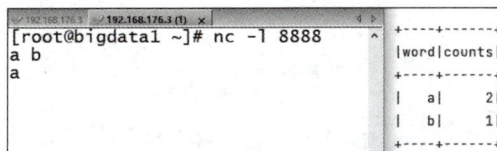

图 5.15　DStream 保存为 DataFrame 并打印结果

【任务实现】

1. 步骤分析

本任务要求实时读取端口订单数据,利用 DStream 的 count()操作计算订单数量,使用 reduce()操作对每个订单的金额聚合求和,得到当前数据批次的订单总金额。

2. 完成任务

(1) 启动 IntelliJ IDEA,右击项目文件夹,选择相应的 package,新建 scala 类。
(2) 在代码编辑窗口中输入如下代码。

```
package book.sparkstreaming

import org.apache.spark.{SparkConf, SparkContext}
import org.apache.spark.streaming.{Seconds, StreamingContext}

object Rw2 {
 def main(args: Array[String]): Unit = {
  val sparkConf = new SparkConf().setAppName("rw2").setMaster("local[*]")
  val sc = new SparkContext(sparkConf)
  val ssc = new StreamingContext(sc, Seconds(10))
  sc.setLogLevel("ERROR")
  val line = ssc.socketTextStream("192.168.176.3", 8888)
  /计算订单个数
  line.count().print()
  //计算订单总金额
  line.map(x=>("金额",x.split(",")(3).toDouble)).reduceByKey(_+_).print()
  ssc.start()
  ssc.awaitTermination()
 }
}
```

（3）在端口输入订单数据，如图5.16所示。

```
[root@bigdata1 ~]# nc -l 8888
3443,严致,13207871570,1449.00,1005,2790,第4大街第5号楼4单元464门,描述345855,214537477223728,小米Play 流光渐变AI双摄 4GB+6
4GB 梦幻蓝 全网通4G 双卡双待 小水滴全面屏拍照游戏智能手机等1件商品,2020-04-25 18:47:14,2020-04-26 18:59:01,2020-04-25 19:
02:14,,,http://img.gmall.com/117814.jpg,20,0.00,1442.00,7.00
3444,慕容亨,13028730359,17805.00,1005,2015,第9大街第26号楼3单元383门,描述948496,226551358533723,Apple iPhoneXSMax (A2104)
 256GB 深空灰色 移动联通电信4G手机 双卡双待等2件商品,2020-04-25 18:47:14,2020-04-26 18:55:17,2020-04-25 19:02:14,,http://
/img.gmall.com/353392.jpg,11,0.00,17800.00,5.00
3445,姚兰凤,13080315675,16180.00,1005,8263,第5大街第1号楼7单元722门,描述148518,754426449478474,联想(Lenovo)拯救者Y7000 英
特尔酷睿i7 2019新款 15.6英寸发烧游戏本笔记本电脑(i7-9750H 8GB 512GB SSD GTX1650 4G 高色域等3件商品,2020-04-25 18:47:14,2
020-04-26 18:55:17,2020-04-25 19:02:14,,,http://img.gmall.com/478856.jpg,26,3935.00,20097.00,18.00
```

图5.16　端口输入订单数据

（4）测试源代码，订单个数及总金额如图5.17所示。

```
Time: 1722240270000 ms
-------------------------------
3
-------------------------------
Time: 1722240270000 ms
-------------------------------
(金额,35434.0)
```

图5.17　计算订单个数及总金额结果

【任务总结】

通过本任务的学习，读者可以掌握使用DStream进行数据分析。在编程过程中，需要注意以下几点。

（1）Spark Streaming提供了容错性机制，但在某些情况下仍可能会出现数据丢失。例如，如果源头数据流突然中断，Spark可能会在重新启动时从上次检查点继续处理，但这期间的数据可能会丢失。为了尽可能避免数据丢失，可以考虑设置合适的检查点频率和数据复制策略。

（2）数据源的稳定性对流处理的稳定性和可靠性有着直接影响，确保数据源具有高可用性和容错性是至关重要的。在条件允许情况下，可将Kafka等支持数据复制和分区再平衡的消息队列作为数据源。

（3）实时流处理既要保证低处理延迟，又要处理高吞吐量的数据。为优化性能，可考虑调整任务并行度、调整批处理间隔、增加节点资源等措施。此外，合理的内存管理和调优也是提高性能的关键。

【巩固练习】

一、单选题

1.（　　）操作用于将每个批次的数据映射到新的数据集中。

　　A．map　　　　　　　　　　　　　　B．flatMap

　　C．reduceByKey　　　　　　　　　　D．upstateStateByKey

2.（　　）操作用于在每个窗口期间计算数据。

　　A．map　　　　B．reduceByKey　　　C．window　　　D．flatMap

3. (　　)操作用于计算滑动窗口中每个键的总和。

 A. map   B. reduceByKey   C. window   D. flatMap

4. 在进行状态管理时,用于更新每个状态的操作是(　　)。

 A. map   B. flatMap

 C. reduceByKey   D. upstateStateByKey

5. (　　)操作用于将每个批次的数据打印到控制台。

 A. map   B. print

 C. reduceByKey   D. upstateStateByKey

6. (　　)操作用于从 DStream 中移除不满足指定条件的数据。

 A. filter   B. map   C. reduceByKey   D. flatMap

7. 如何在 Spark Streaming 中使用 Spark SQL 执行查询操作(　　)。

 A. 使用 foreachRDD 将 DStream 转换为 RDD,然后在 RDD 上使用 Spark SQL 进行查询

 B. 直接在 DStream 上使用 sql 方法执行查询

 C. 使用 map 方法将 DStream 中的数据转换为 DataFrame,然后在 DataFrame 上执行查询

 D. 在 reduceByKey 操作后调用 sqlContext 执行查询

8. 为了在 Spark Streaming 中使用 Spark SQL,需要在(　　)对象上调用 sqlContext 或 sparkSession。

 A. StreamingContext   B. DStream

 C. RDD   D. SparkContext

二、判断题

1. DStream 是静态的数据结构,一旦创建就不会发生变化。 (　　)

2. 在 Spark Streaming 中,可以使用 countByWindow 操作来计算窗口期间的数据条数。 (　　)

3. 使用 foreachRDD 方法可以让每个批次的处理结果输出到外部系统或持久化存储中。 (　　)

4. transform 操作允许在 DStream 中应用任意类型的 RDD 到 RDD 函数。 (　　)

5. 使用 map 操作可以将 DStream 中的每个元素扁平化为多个元素。 (　　)

三、编程题

现有一份省份表 province.csv,包含具体字段如表 5.5 所示。

表 5.5　省份表字段

字　　段	说　　明	字　　段	说　　明
id	id	area_code	地区编码
name	省份名称	iso_code	国际编码
region_id	地区 id		

在端口发送实时订单数据,订单数据中包含省份 id 字段。编写程序,完成以下分析任务。

1. 在 DStream 上应用窗口操作,每个窗口间隔为 30 秒,滑动间隔为 10 秒。读取 province.csv 文件创建 RDD,与 DStream 做 join 操作,计算每个省份的总订单金额和订单数量。

2. 执行有状态的计算,统计每个省份累计的订单金额和订单数量,并将结果保存到 MySQL 中。

【任务拓展】

现有 movies.dat 电影数据,包含三个字段:电影 ID、电影名和电影类别。实时电影评分数据被发送到服务器端口上,评分数据样例为"1∷1193∷5∷978300760",分别表示用户 ID、电影 ID、评分、评分时间。现使用 DStream,结合 DataFrame 完成以下分析任务。

1. 读取 movies.dat 文件创建 RDD。

2. 实时读取端口评分数据,以 10 秒为间隔分割数据,得到 DStream,与 RDD 做 join 操作,将评分数据与电影基本数据进行连接。

3. 将 DStream 转换成 DataFrame,使用 DataFrame API 实时统计每部电影的评分数量及平均评分。

4. 将结果保存到 MySQL 数据库中。

任务 3　消费 Kafka 订单数据

【任务提出】

在实时数据处理的场景中,将 Kafka 和 DStream 结合使用是一种非常常见且有效的做法。在现代的大数据架构中,通常会把消息队列(如 Kafka)作为数据管道的一部分,用于收集、缓存和分发数据。DStream 可以直接从 Kafka 主题中读取数据,实现数据的实时处理和分析。Kafka 提供了高吞吐量和低延迟的特性,适合处理大量的实时数据,其消息持久化和副本机制能够确保数据不会丢失,即使消费者出现故障,也能保证数据的可靠性。同时,Kafka 允许水平扩展,多个消费者可以并行读取不同分区的数据,与 Spark Streaming 的并行处理能力相结合,能够处理非常大规模的数据流。结合 DStream 和 Kafka,能够实现灵活的实时数据处理和分析,适用于多种实时数据处理场景。

本任务需要使用 Spark Streaming 处理 Kafka 采集到的订单数据,并对订单数据进行分析。

【任务分析】

本任务需要使用 Spark Streaming 消费 Kafka 中的消息。具体实施步骤如下。

1. 部署 Kafka 集群环境。
2. 在 Kafka 中创建主题,创建生产者。
3. 编写 Spark Streaming 程序,作为消费者消费 Kafka 中的订单消息队列。

【知识准备】

5.7　Spark Streaming 消费 Kafka 消息

5.7.1　Kafka 部署及测试

Kafka 是由 Apache 软件基金会开发的开源分布式事件流平台,最初由 LinkedIn 开发并开源。它被设计用于处理实时数据流,具有高吞吐量、持久性和水平扩展性的特点,是大数据处理和实时应用开发中的重要组件之一。

Kafka 的运行涉及多个核心概念和组件。

（1）主题（Topic）。Kafka 中的数据流被组织成一个个主题,每个主题代表一个具体的数据类别或数据流。如一个主题用于存储用户日志,另一个主题用于存储系统事件。主题是 Kafka 中数据发布的单位,消息被发布到主题中,消费者可以订阅主题并接收消息。

（2）分区（Partition）。每个主题可以分为一个或多个分区,每个分区可以在不同的服务器上进行复制和服务,提高了数据的可靠性和处理能力。每个分区都有一个 Leader Broker 和若干 Follower Broker,Leader 负责处理读写请求,Follower 用于备份和数据复制,确保数据的冗余备份和容错性。

（3）生产者（Producer）。生产者负责将数据发布到 Kafka 的主题中。

（4）消费者（Consumer）。消费者从 Kafka 主题中读取消息,每个消费者可以属于某个消费者组,消费者组内的每个消费者只能消费分区中的特定部分数据,以提高并行处理能力和吞吐量。

（5）节点（Broker）。Broker 是 Kafka 集群中的节点名,每个 Broker 负责存储和管理一个或多个分区,多个 Broker 组成一个 Kafka 集群。

（6）ZooKeeper。Kafka 使用 ZooKeeper 进行集群管理、协调和配置管理。

部署 Kafka 时,首先需要将压缩包解压,本书中使用的 Kafka 版本为 2.4.1,解压后修改配置文件。具体指令及修改内容如下。

```
[root@master ~]#vi /opt/module/kafka-2.4.1/config/server.properties
broker.id=0
advertised.listeners=PLAINTEXT://192.168.176.3:9092
zookeeper.connect=master:2181,slave1:2181,slave2:2181/kafka
[root@slave1 ~]#vi /opt/module/kafka-2.4.1/config/server.properties
broker.id=1
advertised.listeners=PLAINTEXT://192.168.176.4:9092
zookeeper.connect=master:2181,slave1:2181,slave2:2181/kafka
[root@slave2 ~]#vi /opt/module/kafka-2.4.1/config/server.properties
broker.id=2
advertised.listeners=PLAINTEXT://192.168.176.5:9092
zookeeper.connect=master:2181,slave1:2181,slave2:2181/kafka
```

视频讲解

修改/etc/profile 文件加入全局环境变量。ZooKeeper 及 Kafka 安装完成后,在虚拟机中进行启动。

```
#启动 ZooKeeper
[root@master ~]  #zkServer.sh start
[root@slave1 ~]  #zkServer.sh start
[root@slave2 ~]  #zkServer.sh start
#启动 Kafka 集群
[root@master ~]  #kafka-server-start.sh /opt/module/kafka-2.4.1/config/server.
properties
[root@slave1 ~]  #kafka-server-start.sh /opt/module/kafka-2.4.1/config/server.
properties
[root@slave2 ~]  #kafka-server-start.sh /opt/module/kafka-2.4.1/config/server.
properties
#查看三台虚拟机进程
[root@master ~]  #jps
1910 QuorumPeerMain
1993 Kafka
2460 Jps
[root@slave1 ~]  #jps
1555 Kafka
1498 QuorumPeerMain
1999 Jps
[root@slave2 ~]  #jps
1539 Kafka
1987 Jps
1496 QuorumPeerMain
```

在 Kafka 集群创建主题"hello",主题分区为 1,副本个数为 3。指令如下。

```
[root@master ~]#kafka-topics.sh --create
--zookeeper master:2181,slave1:2181,slave2:2181/kafka
--topic hello
--partitions 1
--replication-factor 3
Created topic hello.
[root@master ~]#kafka-topics.sh --list --zookeeper master:2181,slave1:2181,
slave2:2181/kafka
__consumer_offsets
hello
```

在服务器 master 的控制台创建生产者。

```
[root@master ~]#kafka-console-producer.sh --broker-list master:9092,slave1:
9092,slave2:9092
--topic hello
```

在服务器 slave1 的控制台创建消费者,并从第一条数据开始消费。

```
[root@slave1 ~]#kafka-console-consumer.sh --topic hello --from-beginning
--bootstrap-server master:9092,slave1:9092,slave2:9092
```

从生产者端输入文字并发送消息，可以在消费者的控制台上看到采集到的数据，结果如图 5.18、图 5.19 所示。

```
[root@master ~]# kafka-console-producer.sh --broker-list master:9092,slave1:9092,slave2:9092
--topic hello
>hello kafka
>how are you
```

图 5.18 生产者端发送消息

```
[root@slave1~]#kafka-console-consumer.sh --topic hello --from-beginning --boostrap-server
master:9092,slave1:9092,slave2:9092
hello kafka
how are you
```

图 5.19 消费者端接收消息

Kafka 集群的消费者已成功消费了生产者发送的消息。

5.7.2 编程环境部署

Spark Streaming 若要消费 Kafka 的消息，需要在 pom.xml 文件中加入以下依赖。

```
<dependency>
  <groupId>org.apache.spark</groupId>
  <artifactId>spark-streaming-kafka-0-10_2.12</artifactId>
  <version>2.4.1</version>
</dependency>
```

注意，不要手动添加 org.apache.kafka 的项目依赖，如 kafka-clients，因为“spark-streaming-kafka-0-10”已经包含了所需要的相关依赖。

5.7.3 消费 Kafka 消息

Spark Streaming 消费 Kafka 消息，需要使用 KafkaUtils 类的 createDirectStream()方法创建 DStream，并将 Kafka 的相关配置信息作为参数传递给该方法，例如 Kafka 服务器地址、消费者组名、订阅的主题等。

例 5.12 Spark Streaming 消费 Kafka 消息。

```
package book.sparkstreaming

import org.apache.kafka.clients.consumer.ConsumerConfig
import org.apache.kafka.common.serialization.StringDeserializer
import org.apache.spark.SparkConf
import org.apache.spark.streaming.kafka010.{ConsumerStrategies, KafkaUtils,
LocationStrategies}
import org.apache.spark.streaming.{Seconds, StreamingContext}

import java.lang

object KafkaStreaming {
 def main(args: Array[String]): Unit = {
  val sparkConf = new SparkConf().setMaster("local[*]").setAppName("redis")
  val ssc = new StreamingContext(sparkConf, Seconds(5))
  val topics = Array("hello")
```

```
    val kafkaParams = Map[String, Object](
      ConsumerConfig.BOOTSTRAP_SERVERS_CONFIG ->
"192.168.176.3:9092,192.168.176.4:9092,192.168.176.5:9092",
      ConsumerConfig.GROUP_ID_CONFIG -> "mygroup",
      ConsumerConfig.AUTO_OFFSET_RESET_CONFIG -> "earliest",//latest
      ConsumerConfig.ENABLE_AUTO_COMMIT_CONFIG -> (false: lang.Boolean),
      ConsumerConfig.KEY_DESERIALIZER_CLASS_CONFIG -> classOf[StringDeserializer],
      ConsumerConfig.VALUE_DESERIALIZER_CLASS_CONFIG -> classOf[StringDeserializer]
    )
    val stream = KafkaUtils.createDirectStream[String, String](
      ssc,
      LocationStrategies.PreferConsistent,
      ConsumerStrategies.Subscribe[String, String](topics, kafkaParams)
    )
    stream.map(record=>(record.key(),record.value())).print()
    ssc.start()
    ssc.awaitTermination()
  }
}
```

kafkaParams 定义了 Kafka 消费者的参数,各参数含义如下。

(1) BOOTSTRAP_SERVERS_CONFIG,指定 Kafka 集群的地址。

(2) GROUP_ID_CONFIG,消费者组的唯一标识符。

(3) AUTO_OFFSET_RESET_CONFIG,当消费者启动时没有有效的偏移量或偏移量无效时的重置行为。在此设置为"earliest",表示当没有初始偏移量或偏移量无效时,将从最早的可用消息开始消费。还可以设置为"latest"(从最新的消息开始消费)或"none"(如果没有有效的偏移量则抛出异常)。

(4) ENABLE_AUTO_COMMIT_CONFIG,指定是否自动提交偏移量。在此设置为false,表示禁用自动提交偏移量。禁用后,消费者需要手动提交偏移量来确保消息被正确处理。用户可以手动保存偏移量,并在消费消息时通过读取保存的偏移量保证数据被依次进行消费。

(5) KEY_DESERIALIZER_CLASS_CONFIG,指用于反序列化键的类,此处将字节数组反序列化为字符串。

(6) VALUE_DESERIALIZER_CLASS_CONFIG,指用于反序列化值的类,此处将字节数组反序列化为字符串。

Kafka 配置参数还有另一种书写方式,如下所示。

```
val kafkaParams = Map[String, Object](
  "bootstrap.servers" -> "localhost:9092,anotherhost:9092",
  "key.deserializer" -> classOf[StringDeserializer],
  "value.deserializer" -> classOf[StringDeserializer],
  "group.id" -> "use_a_separate_group_id_for_each_stream",
  "auto.offset.reset" -> "latest",
  "enable.auto.commit" -> (false: java.lang.Boolean)
)
```

创建 DStream 的 createDirectStream()方法包含三个参数,各参数含义如下。

（1）ssc，是 StreamingContext 对象。

（2）LocationStrategies.PreferConsistent，指定了 Spark 在集群中选择消费者线程的位置策略，PreferConsistent 表示 Spark 会在所有可用的 Executor 上均匀地分布消费者，以达到负载均衡的目的。

（3）ConsumerStrategies.Subscribe［String，String］（topics，kafkaParams），是 Kafka 消费者策略的配置，用于指定 Kafka 主题，并配置相关的 Kafka 参数。

运行程序，将消息的键和值放置到二元元组并进行打印，结果如图 5.20 所示。

```
KafkaStreaming ×
F:\bigdata\jdk\jdk1.8\bin\java.exe ...
-------------------------------------------
Time: 1722259220000 ms
-------------------------------------------
(null,hello kafka)
(null,how are you)
```

图 5.20　消费者端接收消息

用户可以使用 foreachRDD（）操作打印更加详细的信息，如例 5.13 所示。

例 5.13　打印 Kafka 消息详细信息。

```
stream.foreachRDD(rdd=>rdd.foreach(println(_)))
//运行结果
ConsumerRecord ( topic = hello, partition = 0, leaderEpoch = 0, offset = 0,
CreateTime = 1722254903643, serialized key size = -1, serialized value size = 11,
headers = RecordHeaders(headers = [], isReadOnly = false), key = null, value =
hello kafka)
ConsumerRecord ( topic = hello, partition = 0, leaderEpoch = 0, offset = 1,
CreateTime = 1722254910754, serialized key size = -1, serialized value size = 11,
headers = RecordHeaders(headers = [], isReadOnly = false), key = null, value = how
are you)
```

此时可以看到每条数据的主题、分区、偏移量、创建时间、记录头部信息、键、值等信息。

【任务实现】

1. 步骤分析

首先需要在 Kafka 中创建主题 order，分区数和副本数均为 3，在控制台创建生产者。然后编写代码，使用 Spark Streaming 消费 Kafka 订单消息队列，以 10 秒为间隔统计订单数量。

2. 完成任务

（1）在 Kafka 中创建主题 order。

```
[root@master ~]#kafka-topics.sh --create --zookeeper master:2181,slave1:2181,
slave2:2181/kafka --topic order --partitions 3 --replication-factor 3
Created topic order.
[root@master ~]#kafka-topics.sh --list --zookeeper master:2181,slave1:2181,
slave2:2181/kafka __consumer_offsets
hello
order
```

（2）在 Kafka 中创建生产者，向 order 上发送数据。

```
[root@master ~]#kafka-console-producer.sh --broker-list master:9092,slave1:
9092,slave2:9092 --topic order
>3443,严致,13207871570,1449.00,1005,2790,第4大街第5号楼4单元464门,描述345855,
214537477223728,小米 Play 流光渐变 AI 双摄 4GB+64GB 梦幻蓝 全网通 4G 双卡双待 小水滴全
面屏拍照游戏智能手机等1件商品,2020-04-25 18:47:14,2020-04-26 18:59:01,2020-04-25
19:02:14,,,http://img.gmall.com/117814.jpg,20,0.00,1442.00,7.00
>3444,慕容亨,13028730359,17805.00,1005,2015,第9大街第26号楼3单元383门,描述
948496,226551358533723,Apple iPhoneXSMax (A2104) 256GB 深空灰色 移动联通电信 4G 手
机 双卡双待等2件商品,2020-04-25 18:47:14,2020-04-26 18:55:17,2020-04-25 19:02:
14,,,http://img.gmall.com/353392.jpg,11,0.00,17800.00,5.00
>3445,姚兰凤,13080315675,16180.00,1005,8263,第5大街第1号楼7单元722门,描述
148518,754426449478474,联想(Lenovo)拯救者 Y7000 英特尔酷睿 i7 2019 新款 15.6 英寸发
烧游戏本笔记本电脑(i7-9750H 8GB 512GB SSD GTX1650 4G 高色域等3件商品,2020-04-25 18:
47:14,2020-04-26 18:55:17,2020-04-25 19:02:14,,,http://img.gmall.com/478856.
jpg,26,3935.00,20097.00,18.00
>3446,柏锦黛,13487267342,4922.00,1005,7031,第17大街第40号楼2单元564门,描述
779464,262955273144195,十月稻田 沁州黄小米 (黄小米 五谷杂粮 山西特产 真空装 大米伴侣
粥米搭档) 2.5kg 等4件商品,2020-04-25 18:47:14,2020-04-26 19:11:37,2020-04-25 19:
02:14,,,http://img.gmall.com/144444.jpg,30,0.00,4903.00,19.00
```

（3）启动 IntelliJ IDEA，右击项目文件夹，选择相应的 package，新建 scala 类。

（4）在代码编辑窗口中添加如下代码。

```scala
package book.sparkstreaming

import org.apache.kafka.clients.consumer.ConsumerConfig
import org.apache.kafka.common.serialization.StringDeserializer
import org.apache.spark.SparkConf
import org.apache.spark.streaming.{Seconds, StreamingContext}
import org.apache.spark.streaming.kafka010.{ConsumerStrategies, KafkaUtils,
LocationStrategies}

import java.lang

object Rw3 {
 def main(args: Array[String]): Unit = {
  val sparkConf = new SparkConf().setMaster("local[*]").setAppName("redis")
  val ssc = new StreamingContext(sparkConf, Seconds(5))
  val topics = Array("order")
  val kafkaParams = Map[String, Object](
   ConsumerConfig.BOOTSTRAP_SERVERS_CONFIG -> "192.168.176.3:9092,192.168.176.
4:9092,192.168.176.5:9092",
   ConsumerConfig.GROUP_ID_CONFIG -> "mygroup",
   ConsumerConfig.AUTO_OFFSET_RESET_CONFIG -> "earliest", //latest
   ConsumerConfig.ENABLE_AUTO_COMMIT_CONFIG -> (false: lang.Boolean),
   ConsumerConfig.KEY_DESERIALIZER_CLASS_CONFIG -> classOf[StringDeserializer],
   ConsumerConfig.VALUE_DESERIALIZER_CLASS_CONFIG -> classOf[StringDeserializer]
  )
  val stream = KafkaUtils.createDirectStream[String, String](
   ssc,
```

```
    LocationStrategies.PreferConsistent,
    ConsumerStrategies.Subscribe[String, String](topics, kafkaParams)
  )
//打印每条数据
  stream.foreachRDD(rdd => rdd.map(record=>record.value()).foreach(println(_)))
//打印订单数量
  stream.count().print()
  ssc.start()
  ssc.awaitTermination()
  }
 }
```

(5) 测试源代码,运行程序,结果如图 5.21 所示。

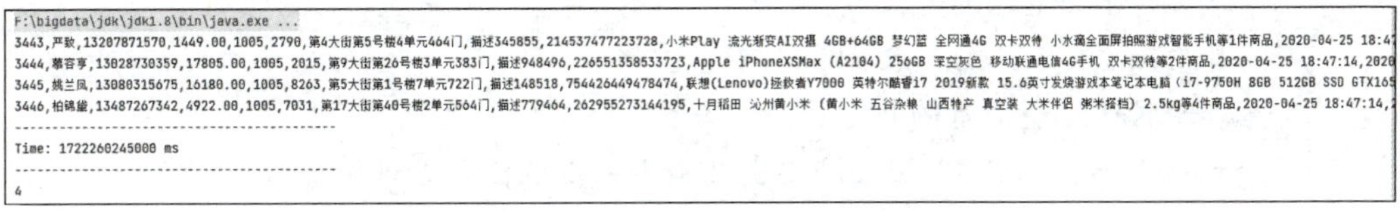

图 5.21 消费者端接收消息

【任务总结】

通过本任务的学习,读者可以掌握 Spark Streaming 消费 Kafka 消息。在使用时需要注意以下几点。

(1) 确保创建 Kafka 消费者时,配置参数如 BOOTSTRAP_SERVERS_CONFIG、GROUP_ID_CONFIG 等设置正确。这些参数影响着消费者的连接方式、消费者组的行为等。

(2) Spark Streaming 默认使用 Kafka 的偏移量管理功能,可以通过设置 ENABLE_AUTO_COMMIT_CONFIG 来禁止自动提交,从而手动管理偏移量。

(3) 确保在消费 Kafka 消息时,数据能正确地序列化和反序列化。根据 Kafka 消息的键值对的类型选择适当的序列化器(如字符串、整数等),以便在 Spark Streaming 中正确处理数据。

【巩固练习】

一、单选题

1. 关于 Spark Streaming 消费 Kafka 消息的描述,以下描述中,(   )是正确的。

A. Spark Streaming 使用 Kafka 的消费者组来管理消息的偏移量

B. Spark Streaming 默认情况下禁用 Kafka 的偏移量管理功能

C. Spark Streaming 只能使用 Receiver-based 方式消费 Kafka 消息

D. Spark Streaming 不支持从 Kafka 0.10.0 版本开始引入的 Kafka Direct API

2. 在 Spark Streaming 应用中，配置 Kafka 的 auto. offset. reset 参数为"latest"时，（　　）。

    A. 消费者将从最新的偏移量开始消费消息

    B. 消费者将从最旧的偏移量开始消费消息

    C. 消费者将从上次提交的偏移量处开始消费消息

    D. 消费者将从指定的偏移量处开始消费消息

3. Spark Streaming 应用程序中，用于创建直连 Kafka 输入流的方法是（　　）。

    A. KafkaUtils. createStream   B. KafkaUtils. createInputDStream

    C. KafkaUtils. createDirectStream   D. KafkaUtils. createReceiverStream

4. 在 Spark Streaming 应用中，（　　）可以提高对 Kafka 消息的消费吞吐量。

    A. 增加 Spark Streaming 应用的批处理间隔

    B. 减少 Kafka 主题的分区数

    C. 增加 Spark Streaming 应用的并行度

    D. 减少 Kafka 消费者的并发数量

5. 在 Spark Streaming 中，如果需要实现至少一次的消息处理保证，可以（　　）。

    A. 将 enable. auto. commit 设置为 true

    B. 将 enable. auto. commit 设置为 false，并在每个批处理中手动提交偏移量

    C. 使用默认的 Kafka Consumer API

    D. 增加 Spark Streaming 应用的 Executor 数量

二、判断题

1. 在 Spark Streaming 中，使用 Direct API 模式可以实现精确一次的消息处理保证。（　　）

2. 如果 Spark Streaming 应用的批处理时间间隔较长，会导致消息处理的延迟增加。（　　）

3. 在 Spark Streaming 中，可以通过增加 Executor 的数量来提高对 Kafka 消息的处理并行度。（　　）

4. 在 Spark Streaming 中，通过调整 Kafka 的 auto. offset. reset 参数为 earliest 可以从最早的消息偏移量开始消费。（　　）

三、编程题

用户在 Kafka 生产者端输入一系列数字，数字间以空格隔开。编写 Spark Streaming 程序，消费该 Kafka 中的消息，计算用户输入的所有数字之和，并将其打印到控制台。

【任务拓展】

将实时订单数据发送至 Kafka 生产者，Spark Streaming 消费 Kafka 消息，做如下数据分析。

1. 计算累计总销售额。

2. 计算实时销售订单的最大销售额。

项目 6

Spark 结构化流式处理

结构化流式处理(Structured Streaming)是 Spark 提供的一个高级流处理引擎,允许用户以类似批处理的方式处理实时数据流。它支持流式聚合、事件时间窗口、流到批次的连接等功能,并能够实时更新和查询结果。作为 Apache Spark 的一部分,结构化流式处理利用 Spark SQL 引擎的强大能力,在大数据处理领域占据了重要地位。它为用户提供了一种统一的编程模型,适用于批处理和流处理,使得数据工程师和科学家能够更轻松地构建实时数据应用。

Spark Streaming 也是流式处理的组件,但 Spark Streaming 采用的是基于 RDD 的微批处理模型,而 Structured Streaming 采用的是基于 DataFrame 和 Dataset 的连续处理模型,它提供了更高级的 API,开发者可以更简单地定义复杂的数据流处理逻辑,从而广泛应用于监控系统、金融交易分析等需要实时反馈的场景以及基于用户行为或设备传感器数据的实时决策和响应的事件驱动应用等。

在本项目中,将通过完成两个具体的任务,系统学习 Structured Streaming 编程基础,包括数据流的创建、转换、输出方法以及延迟数据、查询管理和监控等应用。

【学习目标】

知识目标

1. 理解 Structured Streaming 的基本概念及其与传统批处理和流处理的区别。
2. 掌握流式数据处理的核心原理,如增量计算、事件时间处理等。
3. 掌握数据源、接收器、窗口和状态管理等核心组件的工作机制。
4. 掌握如何使用 DataFrame 和 Dataset API 来定义流式数据处理逻辑。
5. 理解 Structured Streaming 的容错机制,包括检查点和预写日志的使用。
6. 熟悉常见的数据源(如 Kafka、文件系统、数据库)及其在 Structured Streaming 中的应用。

能力目标

1. 能够设计并实现实时数据处理逻辑,满足特定业务需求。
2. 能够处理不同类型的流式数据,灵活运用各种流式操作。
3. 能够独立完成一个结构化流式数据处理项目,从数据源接入结果输出。

素质目标

1. 能够与其他团队成员合作,共同设计和实现复杂的流处理系统。

2. 能够跟踪和学习最新的流处理技术和工具,不断提升自己的专业技能。

3. 能够通过文档和社区资源,快速解决在学习和实践中遇到的问题。

【建议学时】

4 学时。

任务 1　实时温度监测

【任务提出】

随着物联网技术的迅猛发展,各种传感器被广泛应用于工业、农业、医疗等领域,用于实时监测环境和设备的状态。在众多场景中,温度是一个关键参数。例如,在制造业领域中,温度的变化可能影响产品质量;在农业领域中,温度变化直接关系到作物的生长;在医疗领域中,监测病人的体温是确保其安全的重要环节。因此,构建一个高效、可靠的实时温度监测系统,对于及时发现异常情况并采取相应措施具有重要意义。

本任务旨在实现一个实时温度检测系统,该系统能够从 Kafka 主题中实时接收传感器上传的温度数据,进行处理和分析,并将计算结果(如平均温度)发送到另一个 Kafka 主题。通过该系统,用户可以实现以下内容。

1. 实时监控温度变化,及时识别异常情况。

2. 收集并分析历史温度数据,帮助后续决策。

3. 支持多传感器数据处理,提高系统的灵活性和扩展性。

数据源来自 Kafka 的"temperature-input"主题,每条数据格式为 JSON,示例如下。

```json
{
 "sensor_id": "sensor_1",
 "temperature": 22.5,
 "timestamp": "2024-10-17T12:00:00Z"
}
```

从数据中提取温度字段后,计算每个传感器的平均温度,并写入 Kafka 的另一个主题"temperature-output"中。

【任务分析】

本任务需要使用 Structured Streaming 实时采集 Kafka 的"temperature-input"主题的温度数据,提取"temperature"字段,并进行分析。具体任务分析如下。

1. 编写 Structured Streaming 程序,采集"temperature-input"主题数据。

2. 提取温度字段,计算每个传感器的平均温度。

3. 将计算结果写入"temperature-output"主题中。

【知识准备】

6.1 概述

Structured Streaming 是基于 Spark SQL 引擎构建的可扩展且具备容错能力的流处理引擎,用户可以像处理静态数据一样,使用 DataSet/DataFrame API 来处理流数据,简化了流处理和批处理之间的转换。Spark SQL 引擎会负责增量和持续地运行计算,并在流数据不断到达时更新最终结果。Structured Streaming 支持 Scala、Java、Python 和 R 等多种编程语言。系统通过检查点和预写日志确保端到端的精确一次容错保证,用户无须考虑流处理的细节。

默认情况下,Structured Streaming 查询使用微批处理引擎执行计算,该引擎将数据流视为一系列小批次作业,从而实现低至 100 毫秒的端到端延迟。自 Spark 2.3 起,引入持续流式处理模型,可以将延迟降低到毫秒级,并提供至少一次的精确保证。在不改变查询中 DataSet/DataFrame 操作的情况下,用户可以根据需求选择处理模式。

6.1.1 入门案例:单词计数

Structured Streaming 同样可以从 TCP 端口获取数据流。以单词计数为例,它读取 TCP 端口发送的以空格为间隔的字符串流,对输入的数据进行单词计数。

例 6.1 单词计数代码。

```scala
import org.apache.spark.sql.{DataFrame, SparkSession}
import org.apache.spark.sql.streaming.{OutputMode, Trigger}

object FirstDemo {
 def main(args: Array[String]): Unit = {
  val spark = SparkSession.builder()
   .appName("WordCount")
   .master("local[*]")
   .getOrCreate()
  import spark.implicits._
//从 master:9999 端口读取数据,创建 DataFrame
  val lines = spark.readStream
   .format("socket")
   .option("host", "master")
   .option("port", 9999)
   .load()
//将数据转换为字符串,并用空格进行分隔,单词会落入"value"字段中,对"value"字段进行分组计数
  val wordCounts = lines.as[String].flatMap(_.split(" ")).groupBy("value").
count()
//设置输出模式为"Complete",触发间隔为 5 秒,并在控制台打印结果
  val query = wordCounts.writeStream
   .outputMode(OutputMode.Complete())
   .format("console")
   .trigger(Trigger.ProcessingTime("5 seconds"))
   .start()
```

```
  query.awaitTermination()
 }
}
```

在所监听的计算机端口使用指令"nc -lk 9999"启动 Netcat 服务,打开端口并准备发送数据。运行程序,向端口依次发送数据,如图 6.1 所示。

```
[root@master ~]# nc -lk 9999
hello spark
hadoop spark
spark
hadoop
```

图 6.1 开启端口

在 IDEA 中观察程序运行结果,如下所示。

```
-------------------------------------------
Batch: 0
-------------------------------------------
+-------+-----+
| value|count|
+-------+-----+
+-------+-----+


-------------------------------------------
Batch: 1
-------------------------------------------
+-------+-----+
| value|count|
+-------+-----+
| hello|    1|
| spark|    2|
|hadoop| 1|
+-------+-----+


-------------------------------------------
Batch: 2
-------------------------------------------
+-------+-----+
| value|count|
+-------+-----+
| hello|    1|
| spark|    3|
|hadoop|    1|
+-------+-----+


-------------------------------------------
Batch: 3
-------------------------------------------
+-------+-----+
| value|count|
+-------+-----+
|hello|    1|
| spark|    3|
|hadoop|    2|
+-------+-----+
```

可以看到,随着新单词的输入,计算结果不断累计,程序每隔 5 秒更新一次结果,并在控制台输出所有单词的出现次数,输出结果中"Batch"后面的数字表明这是第几次微批处理。

6.1.2　编程模型

Structured Streaming 将实时数据视为一个可持续追加的表,这种模型与批处理模型非常相似。用户可以像分析静态表那样,使用标准的批处理查询完成计算。Spark 会在不断添加数据的无界表上进行计算,并进行增量查询,如图 6.2 所示。数据流中源源不断的新数据像新的数据行一样被插入无界表中,最终形成一张新的无界表。

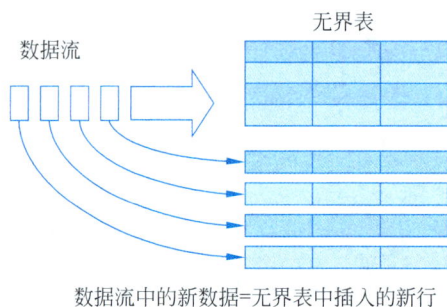

图 6.2　无界表

对无界表执行的查询都会生成一张结果表,每次触发无界表计算时,系统都会对新插入的数据进行合并计算,并得到新的结果表。结果表一旦更新,就会被输出到外部的接收器中,这就是 Structured Streaming 编程模型,如图 6.3 所示。在时间轴上,每隔 1 秒触发一次计算。当 $t=1$ 时,计算截止到该时刻的所有结果并进行输出。当 $t=2$ 和 $t=3$ 时,随着数据量的增加,将查询的结果输出到接收器。

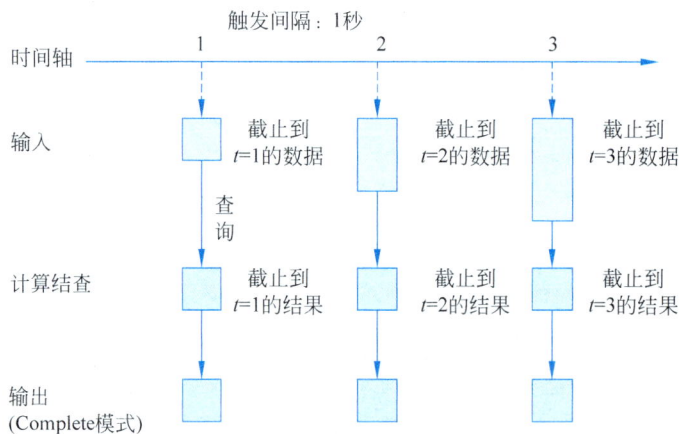

图 6.3　Structured Streaming 编程模型

输出操作定义了数据结果如何写入外部接收器,可分为三种模式。

(1) Complete 模式。每次触发计算时,所有的数据行都会被重新计算并输出。在例 6.1 中使用的就是这种模式,因此观察到的输出为所有输入行的计数结果。这种模式能够确保结果的完整性,但对于大数据量或高频率的数据流,可能会导致性能下降。

(2) Append 模式。只输出新的结果行,也就是仅将新增的数据计算结果进行输出,不会修改已存在的结果。由于只处理新增数据,减少了计算和写入的开销,适用于只关心新增记录的情况,如日志记录或事件流处理等场景。

（3）Update模式。每次触发时,会输出所有新增或修改的结果行。适合于需要及时反映数据变化的场景,如动态计数、状态更新等。

值得注意的是,Structured Streaming并不物化整张表,也就是说不会将整个结果表的所有数据都存储在内存或磁盘上。它从数据流读取最新的可用数据,增量处理以更新结果,然后丢弃源数据,只保留更新结果所需的最小中间状态数据。这种处理方式与许多其他流处理引擎有着显著不同,许多流数据处理系统要求用户自己维护正在运行的聚合数据,因此必须考虑容错性和数据一致性（至少一次、至多一次、恰好一次）。而在Structured Streaming模型中,Spark负责在新数据到达时自动更新结果表,这意味着用户无须手动管理数据聚合和状态更新,降低了代码编写的复杂性并减少了出错的概率。

在很多流处理引擎中,通常会提到并使用事件时间来处理数据。事件时间是数据本身产生的时间,包含在数据内容中。例如,如果想要获得每分钟由物联网设备生成的事件数,应该使用生成数据的时间（即数据中的事件时间）进行计算,而不是Spark接收数据的时间。在Structured Streaming模型中,事件时间能够非常自然地表示出来,来自设备的每个事件都是表中的一行,而事件时间是行中的一列值。这使得基于窗口的聚合（如每分钟的事件数）变成了事件时间列上的一种特殊类型的分组和聚合,每个时间窗口是一个组,每一行可以属于多个窗口/组。因此,可以在离线数据（如已经收集好的设备事件日志）以及实时数据流上一致地定义这种基于事件时间窗口的聚合查询,这种流批一体的处理方式能够帮助开发人员减轻大量的重复开发工作。

此外,Structured Streaming模型可以根据事件时间处理比预期晚到的数据。由于Spark自行更新结果表,所以它完全可以控制在延迟数据到达时才更新旧聚合,并清理旧聚合以限制中间状态数据的大小。从Spark 2.1版本开始,便引入了水印（Watermark）指定延迟数据的阈值,并允许引擎相应地清除旧状态。

同时,通过设计流媒体源（Sources）、接收器（Sinks）和执行（Execution）引擎,Structured Streaming能够可靠地跟踪处理的确切进度。借助偏移量来管理数据读取位置,并通过检查点和WAL记录正在处理的数据,确保在任何故障情况下都能实现恰好一次的处理语义。这种设计能够显著提高数据处理的可靠性,避免数据丢失或重复处理的问题。

6.2　基于Datasets和DataFrames的操作

编写Structured Streaming程序的基本步骤如下。

1. 创建StreamingSession对象。
2. 创建输入源。
3. 定义流计算过程。
4. 启动流计算并输出结果。

6.2.1　创建输入源

Structured Streaming有多个内置的数据源,如File Source、Kafka Source、Socket Source、Rate Source等。

File Source 以文件流的形式读取某个目录中的文件,支持的文件格式有 TXT、CSV、JSON、orc 和 Parquet 等。文件会按照修改时间的顺序进行处理,如果设置了 latestFirst,则顺序将颠倒。需要注意的是,文件必须以原子方式放置在给定目录中。

File Source 可以设置的参数如表 6.1 所示。

表 6.1　File Source 的参数设置

参　　　数	说　　　明
path	输入目录的路径,对所有文件格式通用
maxFilesPerTrigger	每个 Trigger 中包含的最大新文件数,默认无最大值
latestFirst	是否首先处理最新的新文件,默认值为 False
fileNameOnly	是否仅基于文件名而非完整路径检查新文件,默认值为 False。设置为 True 时,以下文件将被视作同一文件,因为它们的文件名是相同的: file:///dataset.txt s3://a/dataset.txt s3n://a/b/dataset.txt
maxFileAge	目录中文件的最长期限,超过该期限将被忽略。对于第一批,所有文件都将被视为有效。如果 latestFirst 设置为 True,并设置了 maxFilesPerTrigger,则此参数将被忽略,因为可能会忽略有效且应处理的旧文件。最大期限是根据最新文件的时间戳而不是当前系统的时间戳来指定的。默认值为 1 周
cleanSource	处理后清理已完成文件的选项

特定的文件格式也有一些特殊的参数,具体可参阅 DataStreamReader 中的相关方法。

例 6.2　File Source 使用示例。现有 3 个 csv 文件,分别保存着不同用户的姓名和年龄信息,字段之间用";"间隔。

```
//user1.csv 文件内容
Kevin;18
Lucy;17
Mark;20
//user2.csv 文件内容
Jack;19
Lenny;18
//user3.csv 文件内容
Charlie;20
Jody;17
```

现在需要将这些文件作为数据源,使用 Structured Streaming 程序读取后进行打印,代码如下。

```
import org.apache.spark.sql.SparkSession
import org.apache.spark.sql.streaming.{OutputMode, Trigger}
import org.apache.spark.sql.types.StructType

object FileSourceDemo {
 def main(args: Array[String]): Unit = {
  val spark = SparkSession.builder()
   .master("local[*]")
```

```
   .appName("fileSourceDemo")
     .getOrCreate()
   import spark.implicits._
   val userSchema = new StructType().add("name", "string")
     .add("age", "integer")
//从路径 data/book/structuredStreaming 中捕捉文件
   val frame = spark.readStream
     .option("sep", ";")
     .schema(userSchema)
     .csv("data/book/structuredStreaming")
//使用 Append 输出模式,每 5 秒触发一次
   val query = frame.writeStream
     .outputMode(OutputMode.Append())
     .format("console")
     .trigger(Trigger.ProcessingTime("5 seconds"))
     .start()
   query.awaitTermination()
  }
}
```

运行程序,依次向所监控的目录中传入三个文件,观察控制台打印结果。

```
-------------------------------------------
Batch: 0
-------------------------------------------
+--------+----+
|    name| age|
+--------+----+
|   Kevin|  18|
|    Lucy|  17|
|    Mark|  20|
+--------+----+


-------------------------------------------
Batch: 1
-------------------------------------------
+--------+----+
|    name| age|
+--------+----+
|    Jack|  19|
|   Lenny|  18|
+--------+----+
-------------------------------------------
Batch: 2
-------------------------------------------
+--------+----+
|    name| age|
+--------+----+
|Charlie|  20|
|    Jody|  17|
+--------+----+
```

可以看到,程序依次将每个文件中的内容读取出来并打印在控制台,完成了从目录监控文件并进行数据流处理的操作。默认情况下,在 Structured Streaming 中,File Source 需要手动指定 Schema,而不是依靠 Spark 自动推断。此限制可以确保在流式处理过程中,即便出现失败的情况,也能使用一致的 Schema。对于一些临时或非正式(Ad-hoc)的场景,可以通过设置 spark.sql.streaming.schemaInference=true 来启用自动推断。

如果在 Maven 程序中使用 Structured Streaming 读取或存入 Kafka,需要添加以下依赖。

```
<dependency>
  <groupId>org.apache.spark</groupId>
  <artifactId>spark-sql-kafka-0-10_2.12</artifactId>
  <version>3.1.1</version>
</dependency>
```

值得注意的是,上述依赖中包含的 commons-pool2 包版本为 2.6.2,而 Spark 3 版本使用的 common-pool2 包至少要求为 2.8.1,因此需要再手动加入以下依赖。

```
<dependency>
  <groupId>org.apache.commons</groupId>
  <artifactId>commons-pool2</artifactId>
  <version>2.10.0</version>
</dependency>
```

Structured Streaming 也可以消费 Kafka Source 消息,Kafka Source 的参数设置如表 6.2 所示。

表 6.2　Kafka Source 的参数设置

参　数	说　明
assign	指定要消费的主题及其对应的分区。 如：{"topicA":[0,1],"topicB":[2,4]} 意为从 topicA 的第 0 和第 1 个分区,以及 topicB 的第 2 和第 4 个分区读取消息。 注意：只能指定 assign、subscribe 或 subscribePattern 中的一个参数
subscribe	格式为以逗号分隔的主题列表,用于订阅一个或多个主题。在运行时,消费者会自动从这些主题的所有分区读取数据。 如："topicA,topicB"意为消费者会接收这两个主题的所有数据
subscribePattern	用于订阅主题的 Java 正则表达式字符串。 如："topic.*"表示匹配所有以 topic 开头的主题
kafka.boostrap.servers	指定 Kafka 集群地址,是以逗号分隔的 host:port 列表。 如："localhost:9092,otherhost:9092"
startingOffsets	定义查询开始时的起始偏移量。流处理默认值为"latest",流处理默认值为"earliest"。可以选择以下几个参数。 • "earliest"：从最早的偏移量开始 • "latest"：从最新的偏移量开始,仅支持流处理 • JSON 字符串：指定每个分区的起始偏移量,其中−2 表示最早,−1 表示最新。如{"topicA":{"0":23,"1":−1},"topicB":{"0":−2}} 对于流查询,仅在新查询开始时使用,恢复程序时将从查询上次停留的位置开始。查询过程中发现的新分区将从最早偏移量开始

续表

参　　数	说　　明
endingOffsets	仅限批处理查询。用于定义每个主题分区的结束偏移量，默认值为"latest"。在批处理查询中，Kafka 会读取到指定的结束偏移量并停止消费。如果指定，值为 JSON 字符串： 如：{"topicA":{"0":1000,"1":1500},"topicB":{"0":2000}}
kafka. group. id	定义 Kafka 消费者组的 ID
includeHeaders	定义 Kafka 在是否在消费消息时包含消息头信息，默认值为"false"

例 6.3　Kafka Source 使用示例。启动 Kafka 集群，并启动控制台生产者，向"hello"主题上发送数据，使用 Structured Streaming 消费 Kafka 消息。创建 Scala 类文件后，输入以下代码。

```
import org.apache.spark.sql.SparkSession
import org.apache.spark.sql.streaming.{OutputMode, Trigger}

object KafkaSource {
 def main(args: Array[String]): Unit = {
  val spark = SparkSession.builder()
   .master("local[*]")
   .appName("kafkaSourceDemo")
   .getOrCreate()
  import spark.implicits._
  val df = spark.readStream
   .format("kafka")
   .option("kafka.bootstrap.servers", "master:9092")
   .option("subscribe", "hello")
   .option("startingOffsets","earliest")
   .load()
  val query = df.writeStream
   .outputMode(OutputMode.Append())
   .format("console")
   .trigger(Trigger.ProcessingTime("5 seconds"))
   .start()
  query.awaitTermination()
 }
}
```

运行程序后，观察结果，如图 6.4 所示。

其中，value 为数据的 ASCII 码值，可以将其转换成字符串，方便后续处理，如下所示。

```
val value = df.selectExpr("CAST(value as STRING)")
```

需要注意的是，Spark Session 对象的 readStream()和 read()是两种读取数据的方法，但用于不同的场景和数据处理模式，两种方法的对比如表 6.3 所示。

```
-------------------------------------------
Batch: 0
-------------------------------------------
+----+-------------------+-----+---------+------+-------------------+-------------+
| key|              value|topic|partition|offset|          timestamp|timestampType|
+----+-------------------+-----+---------+------+-------------------+-------------+
|null|    [61 61 61 61 61]|hello|        0|     0|2024-10-11 14:36:...|            0|
|null|       [62 67 67 67]|hello|        0|     1|2024-10-11 14:36:...|            0|
|null|[77 65 65 65 65 6...|hello|        0|     2|2024-10-11 14:36:...|            0|
|null|[61 61 61 61 61 6...|hello|        0|     3|2024-10-11 14:37:...|            0|
|null|[62 62 62 62 62 6...|hello|        0|     4|2024-10-11 14:56:...|            0|
|null|[63 63 63 63 63 6...|hello|        0|     5|2024-10-11 14:56:...|            0|
|null|[65 72 77 77 77 7...|hello|        0|     6|2024-10-11 14:56:...|            0|
|null|[31 31 31 31 31 3...|hello|        0|     7|2024-10-11 14:57:...|            0|
|null|[63 63 63 63 63 6...|hello|        0|     8|2024-10-11 14:57:...|            0|
|null|[32 32 32 32 32 3...|hello|        0|     9|2024-10-11 14:57:...|            0|
|null|[33 33 33 33 33 3...|hello|        0|    10|2024-10-11 15:02:...|            0|
|null|    [32 33 33 33 33 33]|hello|      0|    11|2024-10-11 15:02:...|            0|
|null|[77 65 77 34 33 6...|hello|        0|    12|2024-10-11 15:02:...|            0|
|null|[35 35 35 35 35 3...|hello|        0|    13|2024-10-11 15:02:...|            0|
|null|[35 36 34 34 34 3...|hello|        0|    14|2024-10-11 15:03:...|            0|
|null|[34 34 34 34 34 3...|hello|        0|    15|2024-10-11 15:03:...|            0|
|null|[34 34 34 34 34 3...|hello|        0|    16|2024-10-11 15:03:...|            0|
|null|[34 34 34 34 34 3...|hello|        0|    17|2024-10-11 15:03:...|            0|
|null|[32 31 31 31 31 3...|hello|        0|    18|2024-10-11 15:04:...|            0|
|null|[31 31 31 31 31 3...|hello|        0|    19|2024-10-11 15:04:...|            0|
+----+-------------------+-----+---------+------+-------------------+-------------+
only showing top 20 rows
```

图 6.4　Kafka Source 消费结果

表 6.3　readStream( )和 read( )方法的对比

方　　法	readStream( )	read( )
数据处理模式	流处理,表示一个流式数据集	批处理,表示一个固定数据集
结果	DataFrame	DataFrame
输出模式	支持不同的数据模式如 append、complete、update。 需要调用 writeStream 方法将数据写入目标位置	不涉及输出模式,因为数据是一次性读取的。通常用 write 或 save 方法将数据写入目标位置
触发机制	微批处理或连续处理	一次性读取数据,处理后完成,无须进一步的触发机制
适用场景	处理实时数据	处理静态数据

在使用时需要根据不同场景进行选择,避免出错。

6.2.2　输入流的操作

在处理流式 DataFrame 时,可以进行多种类型的操作,包括类似 SQL 查询的 select、where 或 groupBy 等,也可以进行 map、filter、flatMap 等 RDD 类似的操作。

例 6.4　基本操作示例。

```scala
//创建样例类,用于封装数据
case class DeviceData(device: String, deviceType: String, signal: Double, time: DateTime)
//读取设备数据
```

```
val df: DataFrame = ...
//将数据封装为样例类 DeviceData
val ds: Dataset[DeviceData] = df.as[DeviceData]

//使用 untyped API 查询 signal 大于 10 的设备
df.select("device").where("signal > 10")
//使用 typed API 查询
ds.filter(_.signal > 10).map(_.device)

//使用 untyped API 查询不同种类设备的个数
df.groupBy("deviceType").count()
```

用户也可以创建视图进行查询。

例 6.5 视图操作示例。

```
df.createOrReplaceTempView("updates")
spark.sql("select count(*) from updates")
```

若要检查返回的 DataFrame 是否是流数据,可以使用 isStreaming()方法进行查看。

```
//如果为流 DataFrame,返回 true,否则返回 false
df.isStreaming
```

6.2.3 输出操作

一旦定义了最终的结果 DataFrame 或 DataSet,就需要启动流计算。启动流计算需要使用 DataStreamWriter 对象,该对象可以通过调用 writeStream()方法获得,并指定以下要素。

(1)format 输出接收器格式。需要定义数据的输出格式、存储位置等,如可以选择将数据以 JSON、Parquet、CSV 等格式写入某个特定的目录或外部存储系统。

(2)outputMode 输出模式。它决定了如何将处理后的数据写入输出接收器,如 Append、Update 或 Complete。

(3)queryName 查询名称,可选。可以指定一个唯一的查询名,便于后续对该流计算进行识别和管理。

(4)trigger 触发间隔,可选。如果没有指定,系统会在前一个处理完成后立即检查是否有新的数据可处理。

(5)checkpointLocation 检查点位置。某些输出接收器需要指定检查点位置,这样可以确保整个系统具备故障恢复能力。检查点是用于保存状态和中间结果的机制,允许系统在发生故障时从最近的检查点恢复处理,这个位置可以是与 HDFS 兼容的容错文件系统中的一个目录。

输出模式已在 6.1.2 节介绍过,此处不再赘述。不同类型的流式查询支持不同的输出模式,如表 6.4 所示。

表 6.4 流式查询类型与输出模式的兼容性表

查 询 类 型		支持的输出模式	说　　明
聚合查询	带有水印的基于事件时间的聚合操作	Append、Update、Complete	使用水印来处理事件时间上的聚合,以丢弃旧的聚合状态。 Append 模式会在水印超过时丢弃旧状态,因此延迟的结果输出会受到设置的晚到阈值(late threshold)的影响。 Update 模式也使用水印丢弃旧状态。 Complete 模式不丢弃旧状态,保留所有结果表中的数据
	其他聚合	Update、Complete	没有定义水印,因此旧聚合状态不会被丢弃。 Append 模式不被支持,因为聚合结果可以被更新,违反了 Append 模式的语义
带有 mapGroupsWithState 的查询		Update	在使用 mapGroupsWithState 的查询中不允许进行聚合
带有 flatMapGroupsWithState 的查询	追加操作模式	Append	允许聚合后进行 flatMapGroupsWithState
	更新操作模式	Update	不允许在 flatMapGroupsWithState 查询中进行聚合
join 查询		Append	
其他查询		Append、Update	Complete 模式不被支持,因为保存所有未聚合的数据在结果表中是不现实的

接收器(Sink)是 Structured Streaming 的一部分,负责将流处理的结果写入外部系统中。系统内置了多种输出接收器,包括 File 接收器、Kafka 接收器、Console 接收器、Foreach 接收器、Memory 接收器等。其中,Console 接收器和 Memory 接收器用于程序调试,不同接收器的比较如表 6.5 所示。

表 6.5 不同接收器的比较

接　收　器	支持的输出模式	参　　数	容　　错
File Sink	Append	path:必填。输出目录的路径 retention:可选。输出文件的存活时间	是,精确一次
Kafka Sink	Append、Update、Complete		是,至少一次
Foreach Sink	Append、Update、Complete	无	是,至少一次
ForeachBatch Sink	Append、Update、Complete	无	取决于具体实现
Console Sink	Append、Update、Complete	numRows:每次触发时打印的行数。 默认值为 20 truncate:输出字符串太长是否进行截断。 默认为 true	否
Memory Sink	Append、Complete	无	否。在 Complete 模式下,重启查询会重建全表

例 6.6 不同接收器使用示例。

```
//File Sink
writeStream
  .format("parquet") //可以是"orc", "json", "csv"等
  .option("path", "path/to/destination/dir")
.start()
//Kafka Sink
writeStream
  .format("kafka")
  .option("kafka.bootstrap.servers", "host1:port1,host2:port2")
  .option("topic", "updates")
  .start()
//Foreach Sink
writeStream
  .foreach(...)
  .start()
//Console Sink
writeStream
  .format("console")
  .start()
//Memory Sink
writeStream
  .format("memory")
  .queryName("tableName")
  .start()
```

【任务实现】

1. 步骤分析

首先,启动 Kafka 集群,并创建输入和输出主题。编写 Structured Streaming 程序消费 Kafka 输入主题的温度数据,并进行计算,将结果输出到 Kafka 集群的输出主题中。

2. 完成任务

(1) 启动 IntelliJ IDEA,右击项目文件夹,选择相应的 package,新建 scala 类。

(2) 在该类文件代码编辑窗口中输入如下代码。

```
import org.apache.spark.sql.SparkSession
import org.apache.spark.sql.streaming.{OutputMode, Trigger}
import org.apache.spark.sql.types.{DoubleType, StringType, StructType}

object Rw1 {
  def main(args: Array[String]): Unit = {
    val spark = SparkSession.builder()
      .master("local[*]")
      .appName("rw1")
      .getOrCreate()
    import spark.implicits._
    import org.apache.spark.sql.functions._
```

```
    val kafkaBoostrapServers = "master:9092"
    val inputTopic = "temperature-input"
    val outputTopic = "temperature-output"
    //从 Kafka 中读取数据
    val inputDF = spark.readStream
      .format("kafka")
      .option("kafka.bootstrap.servers", kafkaBoostrapServers)
      .option("subscribe", inputTopic)
      .load()
    //定义数据模式
    val schema = new StructType()
      .add("sensor_id",StringType)
      .add("temperature",DoubleType)
      .add("timestamp",StringType)
    //转换数据格式
    val temperatureDF = inputDF.selectExpr("CAST(value as String) as json")
      .select(from_json($"json", schema).as("data"))
      .select("data.sensor_id", "data.temperature", "data.timestamp")
    //计算每个传感器的平均温度
    val avgTempDF = temperatureDF.groupBy($"sensor_id").agg(avg($"temperature").
alias("avg_temp"))
    //输出到 Kafka 中
     val query = avgTempDF.selectExpr(
      "CAST(sensor_id AS STRING) as key",
      "to_json(struct(sensor_id , avg_temp)) as value"
     ).writeStream
      .format("kafka")
      .option("kafka.bootstrap.servers", kafkaBoostrapServers)
      .option("topic", outputTopic)
      .option("checkpointLocation", "/tmp/temperature-checkpoint")
      .option("truncate",false)
      .outputMode(OutputMode.Complete())
      .trigger(Trigger.ProcessingTime("5 seconds"))
      .start()
    query.awaitTermination()
  }
}
```

(3) 测试源代码,运行当前程序。

(4) 在 Kafka 的 temperature-input 主题中依次输入如下数据,如图 6.5 所示。

```
[root@master ~]#  kafka-console-producer.sh --topic temperature-input --broker-list master:9092
>{"sensor_id": "sensor_1","temperature": 22.5,"timestamp": "2024-10-17T12:00:00Z"}
>{"sensor_id": "sensor_1","temperature": 22.5,"timestamp": "2024-10-17T12:00:01Z"}
>{"sensor_id": "sensor_1","temperature": 20.5,"timestamp": "2024-10-17T12:00:02Z"}
>{"sensor_id": "sensor_2","temperature": 24.5,"timestamp": "2024-10-17T12:00:03Z"}
>{"sensor_id": "sensor_2","temperature": 25.5,"timestamp": "2024-10-17T12:00:10Z"}
>
```

图 6.5　temperature-input 输入主题的消息

(5) 检查 Kafka 的 temperature-output 中接收到的平均温度结果,如图 6.6 所示。

```
[root@master ~]# kafka-console-consumer.sh --topic temperature-output --bootstrap-server master:9092
{"sensor_id":"sensor_2","avg_temp":24.833333333333332}
{"sensor_id":"sensor_1","avg_temp":21.611111111111111}
{"sensor_id":"sensor_1","avg_temp":21.611111111111111}
{"sensor_id":"sensor_2","avg_temp":24.928571428571427}
```

图 6.6　temperature-output 输出主题的计算结果

【任务总结】

通过本任务的学习,读者可以掌握 Structured Streaming 编程模型,使用 Structured Streaming 读取 Kafka 主题中的消息并进行处理,最终输出到 Kafka 中。在整个任务实施过程中,需要注意以下几点。

(1) 在使用 Structured Streaming 处理实时数据时,要根据实际情况选择 Kafka、Socket、文件等数据源,确保输入数据格式能够被 Spark 正确解析。

(2) 在进行数据处理时,通常需要定义输入数据的 Schema,以确保数据的一致性和完整性。

(3) 确保使用的 Spark 版本和依赖库版本一致,以避免不必要的兼容性问题。

【巩固练习】

一、单选题

1. Structured Streaming 的编程模型是基于(　　)类型的数据流。

　　A. 批处理　　　　　　　B. 无限流　　　　　　C. 有限流　　　　　　D. 静态数据

2. 在 Structured Streaming 中,可以通过(　　)定义输入源。

　　A. RDD　　　　　　　　　　　　　　　B. DataFrame API

　　C. SQL 查询　　　　　　　　　　　　D. 配置文件

3. (　　)不是 Structured Streaming 支持的输入源。

　　A. Kafka　　　　　　　B. File　　　　　　　C. Socket　　　　　　D. MongoDB

4. (　　)操作用于在 Structured Streaming 中将结果输出到控制台。

　　A. writeStream()　　　　　　　　　　B. outputStream()

　　C. consoleOutput()　　　　　　　　　D. displayStream()

5. Spark Structured Streaming 支持(　　)类型的输出操作。

　　A. 仅写入文件　　　　　　　　　　　B. 仅写入 Kafka

　　C. 仅写入控制台　　　　　　　　　　D. 多种输出源(如文件、Kafka、控制台等)

6. 使用 Append 模式时,Structured Streaming 会通过(　　)的方式处理数据。

　　A. 仅更新已有记录

　　B. 仅在输出中追加新的记录,不改变已有记录

　　C. 输出所有数据并清空之前的数据

　　D. 报告错误,不允许输出

7. 在 Update 模式中,Structured Streaming 会通过(　　)的方式处理输出。

　　A. 只输出新插入的数据

　　B. 输出所有更新后的数据,包含新增和修改的记录

　　C. 不支持此模式

　　D. 仅输出原始数据,不进行更新

二、判断题

1. Structured Streaming 的编程模型是基于批处理的思想。　　　　　　　　　（　　）

2. Structured Streaming 只能使用静态数据作为输入源。　　　　　　　　　（　　）

3. 在 Structured Streaming 中,输出模式有 Append、Complete 和 Update 三种。

　　　　　　　　　　　　　　　　　　　　　　　　　　　　　　　　　（　　）

4. Structured Streaming 支持在数据处理过程中使用 SQL 查询。　　　　　（　　）

5. Checkpoint 机制用于提供故障恢复,防止数据丢失。　　　　　　　　　（　　）

6. 输出操作只能将结果写入文件系统,无法写入其他数据存储。　　　　　（　　）

三、简答题

1. 解释 Apache Spark Structured Streaming 的编程模型及其与传统批处理的区别。

2. 列举并简要描述 Structured Streaming 中的三种输出模式及其适用场景。

【任务拓展】

随着智能家居技术的发展,家居环境监控成为了提升居住质量的重要手段。实时监控家中的温度、湿度和空气质量等数据可以帮助用户更好地管理居住环境。本任务要求从 Kafka 读取传感器数据,数据格式为 JSON,包含设备 ID、温度、湿度、空气质量和时间戳,每条数据包含以下字段。

1. device_id:设备的唯一标识符。

2. temperature:温度值(单位:摄氏度)。

3. humidity:湿度值(单位:百分比)。

4. air_quality:空气质量值(例如,PM2.5 浓度或 AQI)。

5. timestamp:数据记录的时间戳(ISO 8601 格式)。

数据样例如下。

```
{
  "device_id": "sensor_1",
  "temperature": 28.5,
  "humidity": 55.0,
  "air_quality": 12,
  "timestamp": "2024-10-24T10:00:00Z"
}
{
  "device_id": "sensor_2",
  "temperature": 31.0,
  "humidity": 60.0,
  "air_quality": 25,
  "timestamp": "2024-10-24T10:00:00Z"
}
```

读取数据后,计算每个设备的温度、湿度和空气质量的平均值,并实现告警机制,当温度超过设定的阈值(例如,超过 30℃)时,生成告警信息。将每个设备的监控结果(平均值)写入 csv 文件中,将告警信息发送到指定的 Kafka 主题。

任务2　公共交通实时监控

【任务提出】

随着城市交通的日益繁忙,公共交通系统的管理和调度变得愈加重要。为了提高公共交通的服务质量,实时监控公共交通车辆的运行状态显得尤为必要。本任务旨在构建一个实时公共交通监控系统,通过收集和处理公交车的位置信息,分析车辆的运行状态,及时发现并解决潜在的问题(如延误、路线偏离等)。

本任务需要使用 Structured Streaming 来实现一个实时公共交通监控系统,该系统能够实时处理公交车的 GPS 数据,计算每辆车的实时位置,监测其运行状态,并输出运行报告。系统还需要处理由于网络延迟而可能出现的数据丢失,并通过水印机制进行容错处理。

【任务分析】

本任务需要读取 Kafka 采集到的公交车 GPS 数据流,数据为 JSON 格式,样式如下。

```
{"vehicle_id": "bus_1", "timestamp": "2024-10-24T07:10:00", "latitude": 39.9042,
"longitude": 116.4074, "status": "正常"},
{"vehicle_id": "bus_1", "timestamp": "2024-10-24T07:12:00", "latitude": 39.9043,
"longitude": 116.4075, "status": "正常"},
{"vehicle_id": "bus_2", "timestamp": "2024-10-24T07:15:00", "latitude": 31.2304,
"longitude": 121.4737, "status": "延误"},
{"vehicle_id": "bus_2", "timestamp": "2024-10-24T07:20:00", "latitude": 31.2305,
"longitude": 121.4738, "status": "延误"}
```

具体的任务实施分析如下。

1. 读取 Kafka 数据。

2. 解析每条数据记录,将其转换为 DataFrame。

3. 每5分钟计算一次每辆车的平均速度,速度可以通过位置变化与时间变化计算得出。

4. 设置水印时间为5分钟,以处理延迟数据,并定期清理过时的数据。

5. 将检测报告实时输出到控制台。

【知识准备】

6.3　基于事件时间的窗口处理

Structured Streaming 处理滑动时间窗口的聚合操作非常简单,与分组聚合非常相似。

在分组聚合中,系统会针对用户指定分组列中的每个唯一值维护聚合结果,如果是基于窗口的聚合,则为事件时间所在的每个窗口维护聚合值。

假设某个数据流中包含数据产生的时间(即事件时间),需求是计算每 10 分钟内接收到的数据流中的单词个数,并且每 5 分钟更新一次计算结果。也就是说,要分别统计在 12:00—12:10、12:05—12:15、12:10—12:20 等 10 分钟窗口之间接收到的数据的单词个数。如有一个单词在 12:07 到达,它会增加对应两个窗口 12:00—12:10 和 12:05—12:15 的计数,因此计数是依据分组键(单词)和窗口(事件时间)来聚合的,如图 6.7 所示。

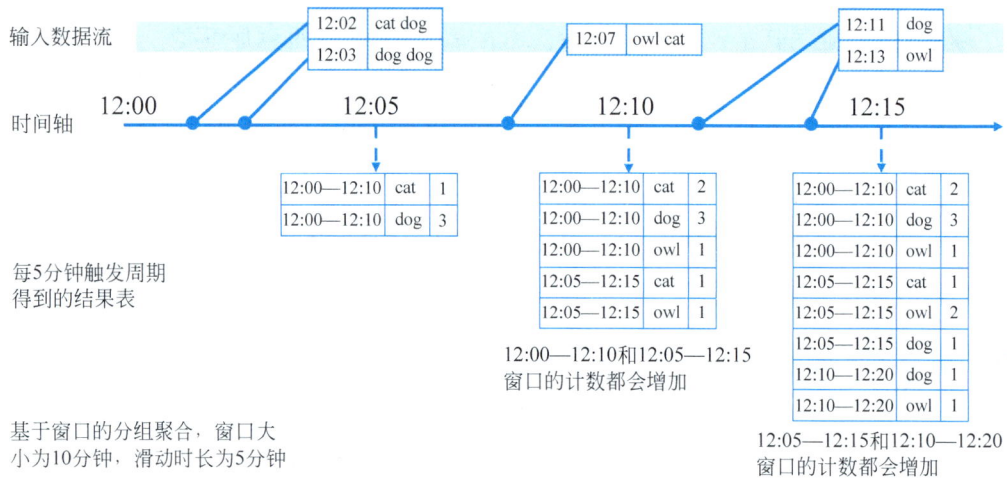

图 6.7　基于事件时间窗口和单词的聚合

窗口操作和分组操作类似,在代码中可以通过 groupBy 和 window 两个函数进行表达,示例代码如下。

```
import spark.implicits._
//输入数据流,如数据格式可为{ timestamp: Timestamp, word: String }
val words = ...
//按照事件时间和单词进行分组聚合,计算每组中的单词个数
val windowedCounts = words.groupBy(
 window($"timestamp", "10 minutes", "5 minutes"),
 $"word"
).count()
```

6.3.1　处理延迟数据和水印

现在考虑事件迟到的场景,以及应用程序的应对方式。例如,应用程序在 12:11 接收到 12:04 生成的单词,此时应用程序应该使用 12:04 这个时间而不是 12:11 来更新 12:00—12:10 的旧计数。这就需要 Structured Streaming 在很长一段时间内保持部分聚合的中间状态,以便后续数据可以正确地更新旧窗口的聚合,如图 6.8 所示。

然而,在实际情况中,系统往往会持续运行很长时间,因此必须限制累积的中间内存状态的数量。这意味着系统需要知道何时可以从内存状态中删除旧聚合,从而停止接收该聚合的延迟数据。为解决这个问题,从 Spark 2.1 开始引入了水印,允许 Spark 引擎自动跟踪

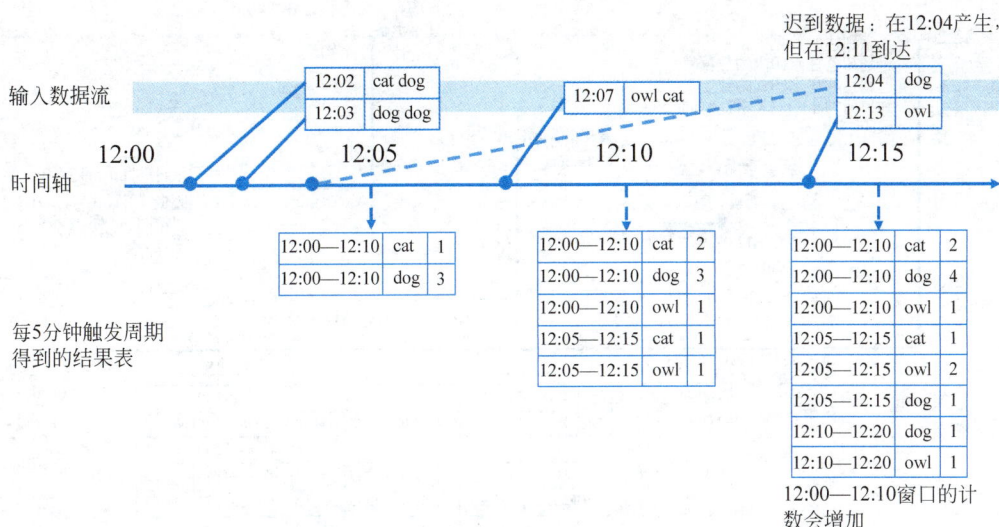

图 6.8 迟到数据的处理

数据中的当前事件时间,并尝试清除旧状态。用户通过指定事件时间列和阈值定义查询的水印,其中阈值用于确定基于事件时间的数据预期延迟时间。对于在时间 T 结束的特定窗口,Spark 引擎会一直保留其状态,并允许延迟数据更新状态,直到接收到的最大事件时间减去延迟阈值大于 T 为止。也就是说,阈值内的延迟数据将被聚合,但阈值之后的数据将开始被删除。使用 withWatermark()可以轻松定义水印,代码如下。

```
import spark.implicits._
//输入数据流,如数据格式可为{ timestamp: Timestamp, word: String }
val words = ...
//按照事件时间和单词进行分组聚合,计算每组中的单词个数
val windowedCounts = words
  .withWatermark("timestamp", "10 minutes")    //根据 timestamp 列的值定义水印,
                                               //阈值设置为 10 分钟
  .groupBy(
    window($"timestamp", "10 minutes", "5 minutes"),
    $"word")
  .count()
```

在上述代码中,根据数据携带的 timestamp 列的值定义水印,并设置允许数据延迟的阈值为 10 分钟。如果在 Update 输出模式下运行此查询,Spark 引擎将不断更新结果表中窗口的计数,直到水印比 timestamp 列中的当前事件时间滞后 10 分钟,如图 6.9 所示。

如图 6.9 所示,Spark 引擎跟踪的最大事件时间是图中虚线,每个触发器开始处设置的水印为黑色实线。当收到数据(12:14,dog)时,系统会将下一个触发器的水印设置为12:04,此水印允许系统在 10 分钟内保持中间状态,以便对延迟数据进行计数。当(12:09,cat)数据到达时,按照规则,它应该在窗口 12:00—12:10 和 12:05—12:15 中出现。由于此时它仍然处在水印 12:04 之前,Spark 引擎会继续保留中间计数状态,因此会正确地在相关窗口内更新其计数。当水印更新到 12:11 时,窗口 12:00—12:10 的中间状态被清除,所有应该落在此窗口的迟到数据,如(12:04,donkey),被认为"太晚",而被忽略,不计入计算。

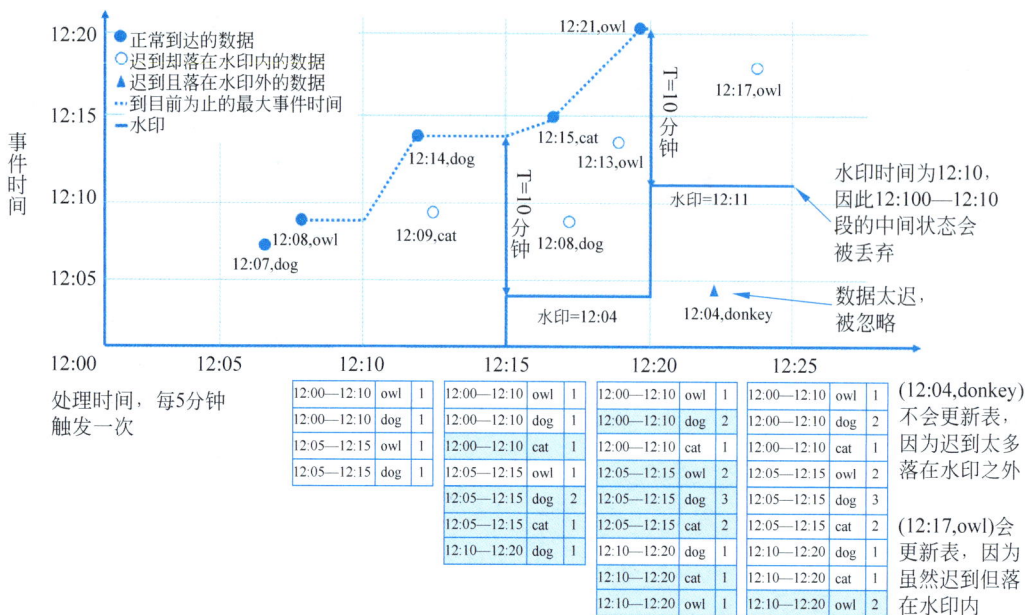

图 6.9　Update 模式下水印在窗口聚合中的使用

在 Update 模式下,每次触发时,仅将更新后的计数,也就是图中灰色背景行中的数据,写入 Sink 作为触发输出。需要注意的是,在非流数据集上应用水印是无效的。

某些 Sink 可能不支持 Update 模式所需的细粒度的更新,系统还支持 Append 模式的输出,在这种情况下,只有最后的计数被写入 Sink,如图 6.10 所示。

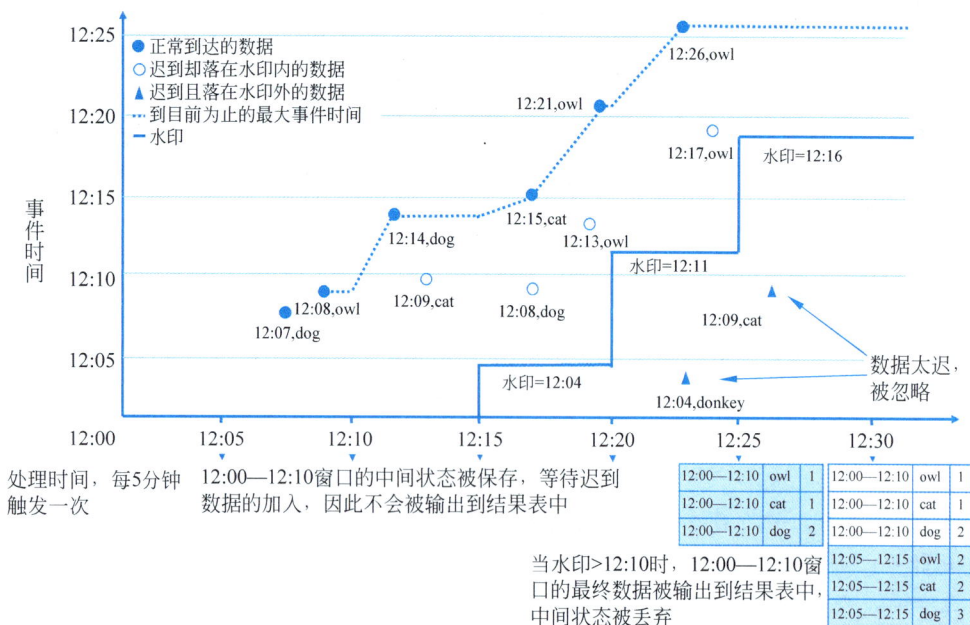

图 6.10　Append 模式下水印的使用

与之前的 Update 模式类似，Spark 引擎为每个窗口保持中间状态，但部分计数不会被更新到结果表，也不会写入 Sink。系统会等待 10 分钟来计算延迟的数据，如在水印更新到 12:10 分后，窗口 12:00—12:10 的最终计数才会附加到结果表中，中间状态也随之删除。

6.3.2　时间窗口的类型

Spark 支持三种类型的时间窗口：滚动窗口、滑动窗口和会话窗口。滚动窗口是一系列固定大小、不重叠且连续的时间间隔，一个输出只能绑定到一个窗口。滑动窗口与滚动窗口类似，但如果滑动的持续时间小于窗口的持续时间，窗口会重叠，此时一个输出可以绑定到多个窗口。与前两种窗口相比，会话窗口的大小是不固定的，具体值取决于输入的数据流。会话窗口从一个输入开始，如果在间隔时间内持续收到数据流，则会自行扩展，直到间隔时间内没有收到输入为止，如图 6.11 所示。

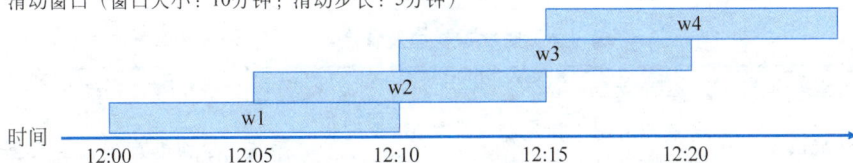

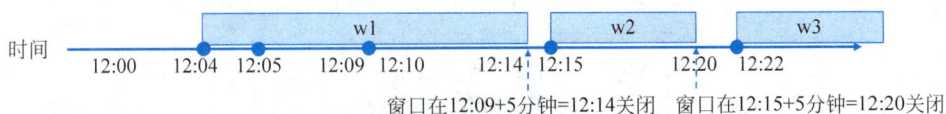

图 6.11　时间窗口的概念

会话窗口使用 session_window 函数，该函数的使用方法与窗口函数类似。

```
import spark.implicits._
//输入数据流，如数据格式可为{ timestamp: Timestamp, userID: String }
val events = ...
//按照会话窗口和 userID 对数据分组，计算每组的个数
val sessionizedCounts = events
  .withWatermark("timestamp", "10 minutes")
  .groupBy(
    session_window($"timestamp", "5 minutes"),
    $"userId")
  .count()
```

在使用会话窗口时，不支持 Update 输出模式，同时分组键除了会话窗口外，还应至少有一列。

6.3.3 多水印规则

在涉及复杂时间处理的应用,如金融交易监控、实时日志分析时,可能需要多个时间戳列和多种窗口设置,这个时候就需要使用多水印规则进行处理。例如,在一个数据集中有事件时间和处理时间两种时间戳,可以分别为它们设置水印,以便根据各自的特性处理延时数据。对于不同类型的窗口,如滚动窗口和滑动窗口,也可以设置不同的水印策略,例如,可能希望对短时间窗口应用更严格的水印,而对长时间窗口允许更多的延迟。

如果一个查询来自于多个输入源,每个输入源也可以单独设置水印来跟踪中间状态。多水印规则使得 Structured Streaming 在处理复杂的数据流场景时更具灵活性和可靠性。通过精确管理水印,用户能够更好地控制延迟数据的处理,提高系统的整体性能。

6.4 触发器

触发器是用来控制流数据处理的时间和频率的机制,它定义了查询的执行方式,决定了如何处理到达的流数据。根据触发器的不同,数据处理可以是批量的(微批处理),也可以是实时的(连续处理),如表 6.6 所示。

表 6.6 触发器类型及特点

类　　　型	描　　　述	特　　　点
未指定触发器/默认 (unspecified/default)	如果没有明确指定触发器类型,查询将默认在微批处理下执行,即会在前一个微批处理完成后立即生成新的微批	系统会尽快处理到达的数据,确保连续性
固定间隔微批处理 (Fixed interval micro-batches)	查询会以微批模式执行,微批处理在用户指定的时间间隔内启动 • 如果前一个微批处理在该事件间隔内完成,系统会等待下一个时间间隔再启动下一个微批处理 • 如果前一个微批处理超出该时间间隔完成,系统将在前一个微批处理完成后立即启动下一个微批处理,而不会等待下一个时间间隔的边界 • 如果没有新数据,则不会启动任何微批处理	可以有效控制处理的频率,在没有新数据的情况下不会产生额外的负载
一次性微批处理 (One-time micro-batch)	查询仅执行一次微批处理,以处理所有可用的数据,然后自动停止。这在某些场景中非常有用,比如周期性地启动集群,处理上次以来所有可用的数据,然后关闭集群。这种方式可以在某些情况下显著节省成本	适合于批量处理任务,特别是当需要定期处理大量历史数据时
连续固定检查点间隔 (Continuous with fixed checkpoint interval)	该查询将在新的低延迟、连续处理模式下执行。这是一种实验性功能,适用于对延迟要求极高的应用场景	与微批处理不同,这种模式旨在尽可能实时地处理数据流,以降低处理延迟

例6.7 触发器使用示例。

```
import org.apache.spark.sql.streaming.Trigger
//默认触发器,会尽可能快地运行微批处理
df.writeStream
 .format("console")
 .start()
//每隔2秒进行一次微批处理
df.writeStream
 .format("console")
 .trigger(Trigger.ProcessingTime("2 seconds"))
 .start()
//一次性微批处理
df.writeStream
 .format("console")
 .trigger(Trigger.Once())
 .start()
//连续固定检查点间隔触发器
df.writeStream
 .format("console")
 .trigger(Trigger.Continuous("1 second"))
 .start()
```

6.5 查询的管理和监控

在Structured Streaming中,管理和监控流式查询不仅是维护系统稳定性的关键环节,更是保证数据实时性、完整性和合规性的必要措施。由于流式应用程序处理的数据是连续不断的,监控可以确保在发生故障时数据不会丢失,并及时识别数据处理的延迟。通过监控查询到的性能指标,如延迟时间、处理时间、输入行数等,可以迅速识别出系统中的瓶颈,快速定位问题,并采取相应措施进行优化。通过监控系统负载,也可以查看系统资源的使用情况,从而更好地进行负载均衡,优化资源配置,确保系统高效运行。

当启动一个流式查询时,Spark会返回一个StreamingQuery对象,通过该对象可以进行查询的监控和管理。该对象常见的属性和方法介绍如下所示。

```
val query = df.writeStream.format("console").start()
query.id                  //获取当前正在运行的查询的唯一标识符。这个ID在查询重启时
                          //会保持不变,主要用于追踪和管理流查询
query.runId               //获取此查询当前运行的唯一ID。每次启动或重启查询时,都会
                          //生成一个新的运行ID,这有助于区分不同的运行实例
query.name                //获取查询的名称。如果没有为查询指定名称,则会使用自动生成
                          //的名称。可以用于更容易地识别和管理多个查询
query.explain()           //打印查询的详细解释,包含执行计划和逻辑计划的相关信息。这
                          //对于调试和优化查询非常有用
query.stop()              //停止正在运行的查询。这在需要终止流处理或进行某些更改时
                          //非常有用
query.awaitTermination()  //阻塞当前线程,直到查询被终止(通过调用stop()或发生错
                          //误)。这通常用于在应用程序中等待流查询完成
query.exception           //如果查询因错误而终止,返回相关的异常信息。可以用于调试和
                          //错误处理
```

```
query.recentProgress        //获取此查询最近的进度更新数组。每次查询进展时,Spark会记
                            //录更新信息,例如处理的批次数量和延迟等
query.lastProgress          //获取此查询的最新进度更新。这提供了最新的执行信息,方便监
                            //控查询的状态和性能
```

如果在一个 SparkSession 中同时运行多个流式查询,可以通过 StreamingQueryManager 进行管理。spark.streams 提供了一些方法帮助开发者监控活跃查询的状态、获取特定查询的详细信息等。具体方法和属性如下所示。

```
val spark: SparkSession = ...
spark.streams.active        //获取当前所有正在运行的流式查询的列表。这个列表包含了
                            //所有活跃的查询对象,可以用来监控和管理这些查询
spark.streams.get(id)       //通过查询的唯一标识符(id)获取特定的查询对象。这在需要
                            //查找某个特定查询的状态或管理该查询时非常有用
spark.streams.awaitAnyTermination()  //阻塞当前线程,直到任何一个正在运行的流式查
                            //询终止。这在需要等待某个查询完成或在应用
                            //程序中进行后续处理时非常实用
```

用户可以通过多种方式来监控活跃的流式查询,例如,Spark 提供了与 Dropwizard Metrics 的集成,可以将性能指标推送到外部监控系统,从而进行集中管理和可视化。用户还可以通过编程的方式直接访问流式查询的指标,在代码中获取查询的状态、进度和其他相关信息来实现实时监控和调试。

例 6.8　实时或交互式环境中获取和查看性能指标的使用示例。

```
val query: StreamingQuery = ...
println(query.lastProgress)
/*query.lastProgress 会打印出如下信息
{
 "id" : "ce011fdc-8762-4dcb-84eb-a77333e28109",
 "runId" : "88e2ff94-ede0-45a8-b687-6316fbef529a",
 "name" : "MyQuery",
 "timestamp" : "2016-12-14T18:45:24.873Z",
 "numInputRows" : 10,
 "inputRowsPerSecond" : 120.0,
 "processedRowsPerSecond" : 200.0,
 "durationMs" : {
 "triggerExecution" : 3,
 "getOffset" : 2
 },
 "eventTime" : {
 "watermark" : "2016-12-14T18:45:24.873Z"
 },
 "stateOperators" : [ ],
 "sources" : [ {
 "description" : "KafkaSource[Subscribe[topic-0]]",
 "startOffset" : {
  "topic-0" : {
   "2" : 0,
   "4" : 1,
```

```
      "1" : 1,
      "3" : 1,
      "0" : 1
    }
  },
  "endOffset" : {
    "topic-0" : {
      "2" : 0,
      "4" : 115,
      "1" : 134,
      "3" : 21,
      "0" : 534
    }
  },
  "numInputRows" : 10,
  "inputRowsPerSecond" : 120.0,
  "processedRowsPerSecond" : 200.0
} ],
"sink" : {
  "description" : "MemorySink"
}
}
*/
println(query.status)
/*query.status 会打印出如下信息。
{
  "message" : "Waiting for data to arrive",
  "isDataAvailable" : false,
  "isTriggerActive" : false
}
*/
```

【任务实现】

1. 步骤分析

本任务要求采集 Kafka 的 JSON 数据,解析数据后将窗口设置为 5 分钟,计算每个窗口内车辆的平均速度,并设置水印等待时长为 5 分钟。最后将车辆 ID、窗口、车辆状态、平均速度输出到控制台进行显示。

2. 完成任务

(1) 启动 IntelliJ IDEA,右击项目文件夹,选择相应的 package,新建 scala 类。

(2) 在代码编辑窗口中输入如下代码。

```scala
import org.apache.spark.sql.{Row, SparkSession}
import org.apache.spark.sql.streaming.OutputMode
import org.apache.spark.sql.types.{DoubleType, StringType, StructType, TimestampType}

import java.sql.Timestamp
```

```
object Rw2 {
 def main(args: Array[String]): Unit = {
  val spark = SparkSession.builder()
   .master("local[*]")
   .appName("rw2")
   .getOrCreate()
  import spark.implicits._
  import org.apache.spark.sql.functions._
  val kafkaBoostrapServers = "master:9092"
  val topic = "bus_data"
  //定义数据模式
  val schema = new StructType()
   .add("vehicle_id", StringType)
   .add("timestamp", TimestampType)
   .add("latitude", DoubleType)
   .add("longitude", DoubleType)
   .add("status", StringType)
  //Haversine 公式计算两点之间的距离(千米)
  def haversine(lat1:Double,lon1:Double,lat2:Double,lon2:Double):Double={
   val R = 6371.0 //地球半径(千米)
   val dlat = scala.math.toRadians(lat2 - lat1)
   val dlon = scala.math.toRadians(lon2 - lon1)
   val a = scala.math.sin(dlat / 2) * scala.math.sin(dlat / 2) +
    scala.math.cos(scala.math.toRadians(lat1)) * scala.math.cos(scala.math.
toRadians(lat2)) * scala.math.sin(dlon / 2) * scala.math.sin(dlon / 2)
   val c = 2 * scala.math.atan2(scala.math.sqrt(a),scala.math.sqrt(1 - a))
   R * c
  }
  //从 Kafka 中读取数据
  val inputDF = spark.readStream
   .format("kafka")
   .option("kafka.bootstrap.servers", "master:9092")
   .option("subscribe", "bus_data")
   .load()
  //解析 JSON 数据
  val parsedDF = inputDF.selectExpr("CAST(value AS STRING) AS json")
   .select(from_json(col("json"), schema).as("data"))
   .select("data.*")
  //计算速度自定义函数
  val speedUDF = udf((coords: Seq[Row]) => {
   val speeds = (0 until coords.length - 1).map { i =>
    val lat1 = coords(i).getAs[Double]("latitude")
    val lon1 = coords(i).getAs[Double]("longitude")
    val lat2 = coords(i + 1).getAs[Double]("latitude")
    val lon2 = coords(i + 1).getAs[Double]("longitude")
    val timestamp1 = coords(i).getAs[Timestamp]("timestamp").getTime
    val timestamp2 = coords(i + 1).getAs[Timestamp]("timestamp").getTime
    val timeDiff = (timestamp2 - timestamp1) /1000.0

    val distance = haversine(lat1, lon1, lat2, lon2)      //Distance in km
    if (timeDiff > 0) distance / (timeDiff / 3600) else 0    //Speed in km/h
```

```
        }
        speeds
    })
    //计算速度
    val speedDF = parsedDF
      .withWatermark("timestamp", "5 minutes") //设置水印机制
      .orderBy("vehicle_id", "timestamp")
      .groupBy(col("vehicle_id"), window(col("timestamp"), "5 minutes"))
      .agg(collect_list(struct("latitude", "longitude", "timestamp")).as("coords"),
last("status").as("status"))
      .select(
        col("vehicle_id"),
        col("window"),
        col("status"),
        speedUDF(col("coords")).as("speed")
      )

    //输出结果
    val query = speedDF.writeStream
      .outputMode(OutputMode.Update())
      .format("console")
      .option("truncate", "false")
      .start()
    query.awaitTermination()
  }
}
```

（3）运行程序，向 Kafka 的 bus_data 主题中输入模拟公交数据，如图 6.12 所示。

[root@master ~]# kafka-console-producer.sh --topic bus_data --broker-list master:9092
>{"vehicle_id": "bus_1", "timestamp": "2024-10-24T07:10:00", "latitude": 39.9042, "longitude": 116.4074, "status": "正常"}
>{"vehicle_id": "bus_1", "timestamp": "2024-10-24T07:12:00", "latitude": 39.9043, "longitude": 116.4075, "status": "正常"}
>{"vehicle_id": "bus_2", "timestamp": "2024-10-24T07:15:00", "latitude": 31.2304, "longitude": 121.4737, "status": "延误"}
>{"vehicle_id": "bus_2", "timestamp": "2024-10-24T07:20:00", "latitude": 31.2305, "longitude": 121.4738, "status": "正常"}
>{"vehicle_id": "bus_3", "timestamp": "2024-10-24T07:10:00", "latitude": 34.0522, "longitude": 108.9322, "status": "正常"}
>{"vehicle_id": "bus_3", "timestamp": "2024-10-24T07:13:00", "latitude": 34.0523, "longitude": 108.9323, "status": "正常"}
>{"vehicle_id": "bus_4", "timestamp": "2024-10-24T07:10:00", "latitude": 30.6595, "longitude": 104.0657, "status": "故障"}
>{"vehicle_id": "bus_4", "timestamp": "2024-10-24T07:12:00", "latitude": 30.6596, "longitude": 104.0658, "status": "正常"}
>{"vehicle_id": "bus_5", "timestamp": "2024-10-24T07:15:00", "latitude": 39.3434, "longitude": 117.3815, "status": "正常"}
>{"vehicle_id": "bus_5", "timestamp": "2024-10-24T07:18:00", "latitude": 39.3435, "longitude": 117.3616, "status": "正常"}
>{"vehicle_id": "bus_1", "timestamp": "2024-10-24T07:25:00", "latitude": 39.9044, "longitude": 116.4076, "status": "正常"}
>{"vehicle_id": "bus_2", "timestamp": "2024-10-24T07:30:00", "latitude": 31.2306, "longitude": 121.4739, "status": "延误"}
>{"vehicle_id": "bus_3", "timestamp": "2024-10-24T07:35:00", "latitude": 34.0524, "longitude": 108.9324, "status": "正常"}
>{"vehicle_id": "bus_4", "timestamp": "2024-10-24T07:40:00", "latitude": 30.6597, "longitude": 104.0659, "status": "故障"}
>{"vehicle_id": "bus_5", "timestamp": "2024-10-24T07:45:00", "latitude": 39.3436, "longitude": 117.3617, "status": "正常"}
>{"vehicle_id": "bus_1", "timestamp": "2024-10-24T07:50:00", "latitude": 39.9045, "longitude": 116.4077, "status": "正常"}
>{"vehicle_id": "bus_2", "timestamp": "2024-10-24T07:55:00", "latitude": 31.2307, "longitude": 121.4740, "status": "延误"}
>{"vehicle_id": "bus_3", "timestamp": "2024-10-24T08:00:00", "latitude": 34.0525, "longitude": 108.9325, "status": "正常"}
>{"vehicle_id": "bus_4", "timestamp": "2024-10-24T08:05:00", "latitude": 30.6598, "longitude": 104.0660, "status": "故障"}
>{"vehicle_id": "bus_5", "timestamp": "2024-10-24T08:10:00", "latitude": 39.3437, "longitude": 117.3618, "status": "正常"}
>

图 6.12 向 Kafka 中发送公交 GPS 数据

（4）在控制台侧观察窗口计算结果，如图 6.13 所示。对于 bus_1 而言，在"timestamp"：
"2024-10-24T07:10:00"和"timestamp"："2024-10-24T07:12:00"有两条记录，经纬度发生
了变化，因此在窗口{2024-10-24 07:10:00，2024-10-24 07:15:00}发生了位移，程序计算出
了平均移动速度。在窗口{2024-10-24 07:25:00，2024-10-24 07:30:00}时间内只有一条数
据，发生在"timestamp"："2024-10-24T07:25:00"时刻，因此没有发生位移。同样在窗口
{2024-10-24 07:50:00，2024-10-24 07:55:00}内也只有一条数据，平均速度为 0。

```
Batch: 1
-------------------------------------------
+---------+--------------------------------------------------+------+--------------------+
|vehicle_id|window                                           |status|speed               |
+---------+--------------------------------------------------+------+--------------------+
|bus_4    |{2024-10-24 07:40:00, 2024-10-24 07:45:00}|故障  |[]                  |
|bus_5    |{2024-10-24 07:45:00, 2024-10-24 07:50:00}|正常  |[]                  |
|bus_1    |{2024-10-24 07:10:00, 2024-10-24 07:15:00}|正常  |[10.155410584993161]|
|bus_1    |{2024-10-24 07:50:00, 2024-10-24 07:55:00}|正常  |[]                  |
|bus_2    |{2024-10-24 07:15:00, 2024-10-24 07:20:00}|延误  |[]                  |
|bus_4    |{2024-10-24 07:10:00, 2024-10-24 07:15:00}|故障  |[10.026816299771905]|
|bus_3    |{2024-10-24 08:00:00, 2024-10-24 08:05:00}|正常  |[]                  |
|bus_2    |{2024-10-24 07:55:00, 2024-10-24 08:00:00}|延误  |[]                  |
|bus_2    |{2024-10-24 07:30:00, 2024-10-24 07:35:00}|延误  |[]                  |
|bus_3    |{2024-10-24 07:10:00, 2024-10-24 07:15:00}|正常  |[10.642313832784664]|
|bus_1    |{2024-10-24 07:25:00, 2024-10-24 07:30:00}|正常  |[]                  |
|bus_4    |{2024-10-24 08:05:00, 2024-10-24 08:10:00}|故障  |[]                  |
|bus_5    |{2024-10-24 07:15:00, 2024-10-24 07:20:00}|正常  |[7.937143405503209] |
|bus_2    |{2024-10-24 07:20:00, 2024-10-24 07:25:00}|延误  |[]                  |
|bus_3    |{2024-10-24 07:35:00, 2024-10-24 07:40:00}|正常  |[]                  |
+---------+--------------------------------------------------+------+--------------------+


-------------------------------------------
Batch: 2
-------------------------------------------
+---------+--------------------------------------------------+------+-----+
|vehicle_id|window                                           |status|speed|
+---------+--------------------------------------------------+------+-----+
|bus_5    |{2024-10-24 08:10:00, 2024-10-24 08:15:00}|正常  |[]   |
+---------+--------------------------------------------------+------+-----+
```

图 6.13　程序运行结果

【任务总结】

通过本任务的学习,读者可以掌握在 Structured Streaming 中设置时间窗口和水印策略,以便有效处理延迟数据和保证数据的准确性。在编程过程中,需要注意以下几点。

(1)定义水印时,需要合理选择时间延迟。水印定义了系统处理的事件时间的最大延迟,设置得过低可能会导致丢失数据,而设置得过高则会增加延迟和资源消耗。另外,需要明确数据是基于事件时间还是处理时间,水印主要依赖事件时间。如果数据时间戳错误,可能导致水印无法正确处理。

(2)窗口的大小(如滑动窗口、滚动窗口)直接影响计算结果的粒度。窗口太小可能导致计算过于频繁,而窗口太大则可能使数据处理滞后。

(3)应根据具体的应用场景(如实时监控、实时分析等)选择合适的窗口和水印策略,确保满足业务需求。在生产环境之前进行充分的测试,验证水印和窗口的配置是否符合预期。

【巩固练习】

一、单选题

1. 水印的主要目的是(　　)。

　　A. 增加数据的吞吐量

    B. 控制系统内存使用并处理延迟数据

    C. 提高查询的准确性

    D. 降低延迟时间

2. 在 Spark Structured Streaming 中,(　　)用于设置水印。

    A. withWatermark("timestamp"，"10 minutes")

    B. setWatermark("timestamp"，"10 minutes")

    C. addWatermark("timestamp"，"10 minutes")

    D. watermark("timestamp"，"10 minutes")

3. 在 Spark 中,窗口操作的主要用途是(　　)。

    A. 仅用于数据排序

    B. 分组和聚合数据以处理时间序列数据

    C. 创建新的流输入

    D. 减少网络延迟

4. (　　)是窗口的定义形式。

    A. window(timeColumn：Column，windowDuration：String)

    B. window(windowDuration：String，timeColumn：Column)

    C. window("timeColumn"，"windowDuration")

    D. window("windowDuration"，"timeColumn")

5. 触发器的作用是(　　)。

    A. 控制何时启动查询　　　　　　　　B. 指定水印的时间

    C. 设置数据流的输入源　　　　　　　D. 定义输出数据的格式

6. (　　)触发器会每隔 5 分钟处理一次数据。

    A. Trigger.ProcessingTime("5 seconds")

    B. Trigger.ProcessingTime("5 minutes")

    C. Trigger.Continuous("5 minutes")

    D. Trigger.Once()

7. 在 Structured Streaming 中,(　　)用于查看正在运行的查询。

    A. spark.streams.status　　　　　　B. spark.streams.queries

    C. spark.streams.running　　　　　　D. spark.streams.active

8. 如果数据延迟达到水印时间,Spark 会(　　)。

    A. 保留所有数据　　　　　　　　　　B. 停止查询

    C. 丢弃旧数据　　　　　　　　　　　D. 仅记录延迟数据

二、判断题

1. 在 Spark Structured Streaming 中,窗口操作只能在基于事件时间的情况下使用。

                                      (　　)

2. 触发器控制查询的启动时间和频率。　　　　　　　　　　　　　　(　　)

3. 使用窗口操作时,不能使用聚合函数。　　　　　　　　　　　　　(　　)

4. 触发器的"ProcessingTime"可以设置为任何有效的时间间隔,包括毫秒级别。

                                      (　　)

5. 在查询管理中,用户无法取消正在运行的 Streaming 查询。 (　　)

6. 如果查询失败,Spark 会自动重试该查询。 (　　)

三、编程题

编写一个 Spark Structured Streaming 应用程序,读取一个包含事件时间戳的 JSON 格式的流数据。该程序需要设置水印,以便在处理窗口时丢弃迟到的数据。要求在每个 5 分钟的窗口内计算事件的数量。

1. 输入数据格式为 JSON,包含字段"event_time"(事件时间戳)和"value"(事件值)。数据样式如下。

```
{"event_time": "2024-10-24T11:20:53.128860","value": 20.019796134911235},
{"event_time": "2024-10-24T11:17:53.128895","value": 34.75263865322073},
{"event_time": "2024-10-24T11:33:53.128906","value": 22.558413567262953},
{"event_time": "2024-10-24T11:37:53.128914","value": 70.90295386806201},
{"event_time": "2024-10-24T11:12:53.128922","value": 59.08298803735148}
```

2. 设置水印为 10 分钟。

3. 使用窗口长度为 5 分钟。

4. 输出结果为每个窗口内的事件数量。

【任务拓展】

假设你正在开发一个社交媒体分析应用程序,实时监控用户的推文(tweets),并分析推文中提到的主题(例如,天气、运动、新闻等)。应用程序需要处理来自不同用户的推文数据流,计算每个主题在不同时间段内的提及次数,并能够处理迟到数据。你还希望定期更新这些统计信息,以便生成实时报告。具体任务需求如下。

1. 输入数据使用 JSON 格式,包含以下字段。

① "tweet_time"(推文时间戳,格式为 ISO 8601)。

② "username"(用户名称)。

③ "content"(推文内容,可能包含主题标签)。

具体数据样式如下。

```
{"tweet_time": "2024-10-24T10:15:30Z", "username": "user1", "content": "Loving
the #weather today! Perfect for a walk."}
{"tweet_time": "2024-10-24T10:20:45Z", "username": "user2", "content": "Just
finished a great workout! #运动 #健康"}
{"tweet_time": "2024-10-24T10:22:10Z", "username": "user3", "content": "Check
out the latest news on #科技! Exciting innovations!"}
{"tweet_time": "2024-10-24T10:25:00Z", "username": "user4", "content": "Had an
amazing lunch! #美食 #推荐"}
{"tweet_time": "2024-10-24T10:30:15Z", "username": "user5", "content": "Feeling
great after that #健身 session!"}
{"tweet_time": "2024-10-24T10:35:20Z", "username": "user6", "content": "Who else
is excited about the upcoming #运动 event?"}
{"tweet_time": "2024-10-24T10:40:00Z", "username": "user7", "content": "Just
finished reading a fantastic book on #历史."}
```

{"tweet_time": "2024-10-24T10:45:50Z", "username": "user8", "content": "Can't believe the latest #电影 was so good!"}
{"tweet_time": "2024-10-24T10:50:30Z", "username": "user9", "content": "The #科技 advancements this year are mind-blowing!"}
{"tweet_time": "2024-10-24T10:55:15Z", "username": "user10", "content": "What a beautiful day for some #户外活动!"}

2. 设置水印为 5 分钟，以处理迟到的数据。

3. 设定时间窗口为 10 分钟，统计每个主题在每个窗口内的提及次数。

4. 使用 Trigger.ProcessingTime("1 minute")触发器，每分钟处理一次数据，并更新统计结果。

5. 将统计结果输出到控制台，显示每个主题及其在当前窗口内的提及次数。

项目 7

Spark 机器学习应用

    机器学习(Machine Learning,ML)是人工智能的一个分支,致力于让计算机系统通过数据自主学习并预测或决策,而无须显式地进行编程。其核心思想是利用数据和统计学方法来训练计算机模型,使其能够在未来的数据处理中做出合理的预测或决策。机器学习自然语言处理、计算机视觉、推荐系统、医疗保健、金融服务等在众多领域都有广泛的应用。Spark MLlib 是 Apache Spark 项目中的机器学习库,它为分布式机器学习提供了算法和工具,方便用户调用 MLlib 中的 API 并进行高效的机器学习任务处理。

    在本项目中,将通过完成 3 个具体任务,系统学习 Spark MLlib 编程基础,包括特征提取、算法应用及模型评估等。

【学习目标】

知识目标

1. 理解机器学习基本概念。
2. 掌握机器学习中的常见算法及适用场景。
3. 掌握 Spark MLlib 提供的机器学习算法和工具。
4. 掌握在 Spark 基础上构建和调整机器学习模型。

能力目标

1. 能够使用 Spark MLlib 构建和训练模型。
2. 能够选择合适的机器学习算法,并在 Spark 中实现。
3. 能够使用评估指标评估模型性能。

素质目标

1. 能够设计和实施完整的机器学习项目,包括数据准备、特征工程、模型选择、训练和部署。
2. 能够将学习到的知识和技能应用到真实场景中,解决实际的数据分析和预测问题。

【建议学时】

6 学时。

任务 1　产品表特征值处理

【任务提出】

产品表通常是指一个包含产品信息的数据表，用于记录和管理各种产品的详细信息。在电子商务或者零售业务中，产品表是核心的数据结构之一。在数据分析和机器学习任务中，对产品表进行特征转换和预处理是常见的操作，旨在为模型提供清晰、标准化的输入数据。

本任务中的数据来源于某电子商务平台的产品表，该表存储在 MySQL 数据库中，字段说明如表 7.1 所示。现需要对该表中的 price、weight 字段进行规范化(StandardScaler)处理，对 spu_id、tm_id、category3_id 进行独热编码处理。

表 7.1　实时订单数据字段说明

字　段　名	类　　型	说　　明
id	Bigint(20)	主键
spu_id	Bigint(20)	Spuid
price	Decimal(10,0)	价格
sku_name	Varchar(200)	商品名称
sku_desc	Varchar(2000)	商品描述
weight	Decimal(10,2)	重量
tm_id	Bigint(20)	品牌 id
category3_id	Bigint(20)	三级分类 id
sku_default_img	Varchar(200)	默认显示图片
create_time	datetime	创建时间

sku_info 表原始数据如图 7.1 所示。

id	spu_id	price	sku_name	sku_desc	weight	tm_id	category3_id	sku_default_img	create_time
1	1	2220	荣耀10青春版 幻彩渐变 2400万AI自	new sku_desc	0.24	2	61	http://AOvKmfRQEBRJJ11	2021-01-01 12:21:13
2	2	3321	TCL 55A950C 55英寸32核人工智能 HI	new sku_desc	15.24	4	86	http://JfJSvAnPkErYPcU	2021-01-01 12:21:13
3	3	3100	小米（MI）电视 55英寸曲面4K智能W	new sku_desc	15.24	1	86	http://LzpblavcZQeYEbw	2021-01-01 12:21:13
4	4	1442	小米Play 流光渐变AI双摄 4GB+64GB	new sku_desc	0.24	1	61	http://SXlkutIjYpDWWTE	2021-01-01 12:21:13
5	5	244	十月稻田 沁州黄小米 (黄小米 五谷	new sku_desc	2.50	5	803	http://INNButKuTkslasC	2021-01-01 12:21:13
6	6	145	北纯精制黄小米（小黄米 月子米 小	new sku_desc	2.20	5	803	http://lMddjKYNSaxpeAq	2021-01-01 12:21:13
7	1	1553	荣耀10青春版 幻彩渐变 2400万AI自	new sku_desc	0.24	2	61	http://IJwhvJSuwaMHaev	2021-01-01 12:21:13
8	7	8900	Apple iPhoneXSMax (A2104) 256GB	new sku_desc	0.24	3	61	http://RFCTOnWWRtrJdyg	2021-01-01 12:21:13
9	8	2452	荣耀10 GT游戏加速 AIS手持夜景 6GI	new sku_desc	0.24	2	61	http://hNuKrFXZgFIzzZx	2021-01-01 12:21:13
10	9	222	小米（MI） 小米路由器4 双千兆路由	new sku_desc	1.24	1	329	http://kAX11AQEzJWHwiE	2021-01-01 12:21:13
11	10	6399	联想(Lenovo)拯救者Y7000 2019新款	new sku_desc	4.25	6	285	http://kAX11AQEzJWHwiE	2021-01-01 12:21:13
12	10	6699	联想(Lenovo)拯救者Y7000 英特尔酷	new sku_desc	4.25	6	285	http://kAX11AQEzJWHwiE	2021-01-01 12:21:13
13	10	7299	联想(Lenovo)Y9000X 2019新款 15.6	new sku_desc	4.25	6	285	http://kAX11AQEzJWHwiE	2021-01-01 12:21:13
14	11	496	Dior迪奥口红唇膏送女友老婆礼物生	new sku_desc	0.01	7	477	http://kAX11AQEzJWHwiE	2021-01-01 12:21:13
15	12	252	迪奥（Dior）烈艳蓝金唇膏 口红 3.	new sku_desc	0.00	7	477	http://kAX11AQEzJWHwiE	2021-01-01 12:21:13

图 7.1　sku_info 原始数据

【任务分析】

本任务需要使用 Spark SQL 读取 MySQL 中的产品表,创建 DataFrame 后进行特征提取和转换,具体任务分析如下。

1. 读取产品表。
2. 对 price、weight 字段进行规范化处理。
3. 对 spu_id、tm_id 和 category3_id 进行独热编码处理。

【知识准备】

7.1 了解 Spark MLlib

机器学习依赖于大量的数据来训练模型,数据可以是结构化的(如表格数据)也可以是非结构化的(如文本、图像、视频等)。

常见的机器学习算法一般可分为监督学习、无监督学习和强化学习。

(1)监督学习指通过已标记的训练数据(输入和对应的输出)来训练模型,使其能够预测新的输入数据的输出。例如,使用支持向量机(SVM)或朴素贝叶斯(Naive Bayes)算法来将邮件分类为垃圾邮件或非垃圾邮件;使用线性回归或随机森林等算法,依据历史销售数据和市场趋势来预测未来产品的销售量等。

(2)无监督学习使用未标记的数据来训练模型,目的是发现数据中的模式或群组。例如,使用聚类算法如 K 均值(K-means)聚类,将市场中的消费者分为不同的群体,以便更好地制定市场策略;利用关联规则学习或基于内容的过滤方法,为用户推荐产品或内容,如电影推荐或购物推荐系统;使用主成分分析(Principal Component Analysis,PCA)或独立成分分析(Independent Component Analysis,ICA)等算法,将高维数据降低到较低维度,以实现数据可视化或更高效处理。

(3)强化学习指通过与环境的交互学习最优决策策略,其主要依赖于奖励和惩罚来指导学习过程。其应用场景之一为通过强化学习算法训练智能体来玩电子游戏,如 AlphaGo 使用深度强化学习算法打败人类围棋高手,或训练自动驾驶汽车做出正确的驾驶决策以提高安全性和效率等。

Spark MLlib 最早在 Spark 0.8.0 版本中引入,作为 Spark 核心模块的一部分。最初的版本包含了线性模型、逻辑回归、决策树等基础的机器学习算法。随着 Spark 1.0 版本的发布,MLlib 进入成熟阶段,增强了稳定性和性能,并引入了更多的机器学习算法和工具,如聚类算法、协同过滤、降维等。Spark 1.3 版本引入了 DataFrame API,使 MLlib 可以更方便地与结构化数据进行集成和操作。DataFrame API 的引入显著简化了特征工程和数据准备的流程。随着 Spark 1.6 版本的发布,MLlib 的机器学习组件逐渐迁移到新的 API 下,即 Spark ML(也称为 MLlib 2.0),这个新的 API 提供了更现代化的接口和管道(Pipeline)工具,便于进行特征处理、模型训练和评估。自 Spark 2.0 版本以来,MLlib 持续增加了新的算法及优化了功能,增加对流处理和增量学习的支持,使其在实时和批处理环境中都能够高效地进行机器学习任务。

随着 Spark 平台的发展,MLlib 也在不断演进和完善,以满足日益增长的大规模数据处理和机器学习需求。

7.2 特征工程

特征工程(Feature Engineering)是指在机器学习和数据挖掘任务中,对原始数据进行预处理和转换,将数据转换为能更好地表示潜在问题的特征的过程。特征工程在机器学习中非常关键,它直接影响了模型的训练效果和最终的预测能力,主要包含以下 5 方面。

(1)数据清洗和处理。将原始数据中的缺失值、异常值进行处理,确保数据质量。

(2)特征提取和选择。从原始数据中提取出对预测目标有用的特征,排除对模型无用或冗余的特征,提高模型的效率和准确性。

(3)特征转换和变换。对特征进行变换,如归一化、标准化等,使数据更符合模型的假设,提高模型的稳定性。

(4)特征构建。构建新的特征,如特征组合、多项式特征等,从而增加模型的表达能力,捕捉数据中的复杂关系。

(5)降维和压缩。对高维数据进行降维,减少特征空间的复杂度,同时保留最重要的信息,提高模型训练和预测的效率。

在实际应用中,特征工程往往需要对领域知识的深入理解,通过不断尝试,优化模型的性能,并提高预测的准确性。特征工程的质量直接影响了最终模型的效果,因此在机器学习项目中,特征工程通常是一个非常重要且耗时的工作阶段。

在 IntelliJ IDEA 中编写 Spark MLlib 程序时,需要在 pom.xml 文件中导入以下依赖。

```
<dependency>
  <groupId>org.apache.spark</groupId>
  <artifactId>spark-mllib_2.12</artifactId>
  <version>3.1.1</version>
</dependency>
```

7.2.1 基本数据类型

在 Spark MLlib 中,不同算法包的调用都要求输入特定的基本数据类型,这些数据类型如表 7.2 所示。

表 7.2 MLlib 中的基本数据类型

数 据 类 型	说　　明
Vector	向量是用来表示数值型特征的基本数据结构,包括稀疏向量 Sparse Vector 和稠密向量 Dense Vector。稠密向量存储向量的每一个值,稀疏向量只存储非零值,由索引数组和值数组两个并行数组表示
LabeledPoint	用于监督学习的数据结构,包含一个标签 Label(通常是数值型的类别标签)和一个特征向量 Vector

数 据 类 型	说　　明
Matrix	用于表示多个向量或多维数据集,包括稠密矩阵 Dense Matrix 和稀疏矩阵 Sparse Matrix。稠密矩阵将所有元素存储为一个连续的数组,稀疏矩阵只存储少数非零元素,用一个行指针数组、列索引数组和值数组表示

例 7.1　创建稀疏向量和稠密向量。

```
//导入 MLlib 包
import org.apache.spark.mllib.linalg
import org.apache.spark.mllib.linalg.Vectors
//创建稠密矩阵 dv1
val dv1: linalg.Vector = Vectors.dense(Array(1.0, 0.0, 3.0))
println(dv1)
//*******************运行结果*******************
[1.0,0.0,3.0]
//创建稀疏矩阵 sv1
val sv1: linalg.Vector = Vectors.sparse(3, Array(0, 2), Array(1.0, 3.0))
println(sv1)
//*******************运行结果*******************
(3,[0,2],[1.0,3.0])
//创建稀疏矩阵 sv2
val sv2: linalg.Vector = Vectors.sparse(3, Seq((0, 1.0), (2, 3.0)))
println(sv2)
//*******************运行结果*******************
(3,[0,2],[1.0,3.0])
```

在创建向量时,需要导入 org. apache. spark. mllib. linalg. Vectors 包,新版本 org. apache. spark. ml. linalg. Vectors 包中相应的用法是类似的。稠密向量 dv1 的值为(1.0, 0.0,3.0),可以使用 Vectors. dense()方法创建,传入包含数值的数组即可。Vectors. sparse()方法可用于创建稀疏向量,*sv1* 创建时传入的第一个参数为向量长度;第二个参数 Array (0,2)为非零位置的索引组成的数组,即索引为 0 和 2 的位置为非零元素;第三个参数 Array(1.0,3.0)为非零元素,即索引为 0 的元素为 1.0,索引为 2 的元素为 3.0。*sv2* 创建时传入两个参数,第一个参数同样为向量长度;第二个参数为一个 Seq,其中(0,1.0)表示索引为 0 的元素为 1.0,(2,3.0)表示索引为 2 的元素为 3.0,与 *sv1* 表示的是同一个向量。

toDense()方法可以将一个稀疏向量转换为稠密向量,toSparse()方法可以将一个稠密向量转换为稀疏向量。

例 7.2　稀疏向量与稠密向量之间的转换。

```
//将稀疏向量转换为稠密向量
val dv2 = sv1.toDense
println(dv2)
//*******************运行结果*******************
[1.0,0.0,3.0]
//将稠密向量转换为稀疏向量
val sv3 = dv1.toSparse
println(sv3)
//*******************运行结果*******************
(3,[0,2],[1.0,3.0])
```

现有数据 kmeans_data.txt,内容如下所示。

```
0.0 0.0 0.0
0.1 0.1 0.1
0.2 0.2 0.2
9.0 9.0 9.0
9.1 9.1 9.1
9.2 9.2 9.2
```

例 7.3 读取文件数据并转换为向量。mllib 包含基于 RDD 的算法 API,因此需要将数据读取为 RDD,然后进行转换。代码如下所示。

```
package book.sparkmllib

import org.apache.spark.{SparkConf, SparkContext}
import org.apache.spark.mllib.linalg
import org.apache.spark.mllib.linalg.Vectors
import org.apache.spark.rdd.RDD

object Ml1 {
 def main(args: Array[String]): Unit = {
  //读取 kmeans_data.txt,创建向量
  val sparkConf = new SparkConf().setMaster("local[*]").setAppName("createVector")
  val sc = new SparkContext(sparkConf)
  val data: RDD[Array[Double]] = sc.textFile("data/mllib/kmeans_data.txt")
   .map(line => line.split(" "))
   .map(x => x.map(x => x.toDouble))      //将 RDD 中的每个数组中的元素转换为
                                          //Double 类型
  val value = data.map(x => Vectors.dense(x))   //将 RDD 中的每个元素转换为稠密向量
  value.foreach(println(_))
 }
}
//******************运行结果******************
[0.0,0.0,0.0]
[9.1,9.1,9.1]
[9.2,9.2,9.2]
[0.1,0.1,0.1]
[0.2,0.2,0.2]
[9.0,9.0,9.0]
```

转换为向量时,要确保向量的每个元素均为数值类型。

7.2.2 特征提取

特征提取是机器学习和数据挖掘中的重要步骤,其主要目的是将原始数据转换为能够更好地反映数据特征和模式的特征表示形式。常见方法有 TF-IDF 算法、Word2Vec 算法等。

TF-IDF(Term Frequency-Inverse Document Frequency)算法是一种将文档转换成特征值的方法。TF 即词频,表示一个单词在当前文档中出现的频率,出现频率越高,代表该单词越重要;IDF 即逆文档频率,是语料库中文档的总数除以包含该词的文档数再取对数。一个词在整个语料库中出现的文档越少,其 IDF 值越高,区分能力也越强。

现有 tf-idf.txt 文档数据如下所示。现在使用 TF-IDF 对该文档特征向量化。

```
Hi I heard about Spark
I wish Java could use case classes
Logistic regression models are neat
```

例 7.4　TF-IDF 算法示例。

```
package book.sparkmllib

import org.apache.spark.mllib.feature.{HashingTF, IDF}
import org.apache.spark.{SparkConf, SparkContext}

object Ml2 {
 def main(args: Array[String]): Unit = {
  //tf-idf(mllib)
  val sparkConf = new SparkConf().setMaster("local[*]").setAppName("tf-idf")
  val sc = new SparkContext(sparkConf)
  val documents = sc.textFile("data/mllib/tf-idf.txt").map(x => x.split(" ").toSeq)
  val hashingTF = new HashingTF()
  val tf:RDD[Vector] = hashingTF.transform(documents).cache()
  val idf = new IDF().fit(tf)
  val tfidf:RDD[Vector] = idf.transform(tf)
  tfidf.foreach(println(_))
 }
}
//******************运行结果******************
(1048576,[91137, 376034, 552773, 766376, 859629],[0.6931471805599453, 0.28768207245178085,
0.6931471805599453, 0.6931471805599453, 0.6931471805599453])
(1048576,[13671, 394857, 429266, 615294, 928887],[0.6931471805599453, 0.6931471805599453,
0.6931471805599453, 0.6931471805599453, 0.6931471805599453])
(1048576,[376034, 379017, 409909, 424513, 583539, 807151, 978742],[0.28768207245178085,
0.6931471805599453, 0.6931471805599453, 0.6931471805599453, 0.6931471805599453,
0.6931471805599453, 0.6931471805599453])
```

该示例中首先通过 sc 对象加载文档数据，文档数据被切割成单词后转化为一个 Scala 序列，即 RDD[Seq[String]]。然后利用 HashingTF 对象将文档转换为稀疏特征向量，使用哈希函数将每个词语映射到一个固定的特征空间。cache()方法用于对 tf 数据进行持久化，因为后续步骤会多次使用该数据。idf 对象表示 tf 数据的逆文档频率，最后使用 transform() 方法将 tf 数据转换为 TF-IDF 数据，即将每个词语的词频向量转换为 TF-IDF 加权向量。转换后的每一条输出的第一个值为默认的 Hash 表的分桶个数，也就是特征空间的维度；第一个列表的数字代表文档中特定特征在特征空间的索引位置；最后一个列表的值对应于前面列出的特征索引的 TF-IDF 值。

org.apache.spark.ml 包中也有 TF-IDF 算法的 API。不同的是，ml 包是基于 DataFrame 进行数据的计算。

例 7.5　ml 包中的 TF-IDF 算法示例。

```
package book.sparkmllib

import org.apache.spark.ml.feature.{HashingTF, IDF, Tokenizer}
```

```
import org.apache.spark.sql.{DataFrame, SparkSession}

object Ml3 {
 def main(args: Array[String]): Unit = {
  val spark = SparkSession.builder().master("local[*]").appName("tf-idf").
getOrCreate()
  val df = spark.read.text("data/mllib/tf-idf.txt").toDF("sentence")
  val tokenizer = new Tokenizer().setInputCol("sentence").setOutputCol("words")
  val wordsData: DataFrame = tokenizer.transform(df)
  val hashingTF = new HashingTF()
     .setInputCol("words").setOutputCol("rawFeatures").setNumFeatures(20)
  val featurizedData: DataFrame = hashingTF.transform(wordsData)
  featurizedData.select("words","rawFeatures").show(false)
  val idf = new IDF().setInputCol("rawFeatures").setOutputCol("features")
  val iDFModel = idf.fit(featurizedData)
  val rescaledData = iDFModel.transform(featurizedData)
  rescaledData.select("features").show(false)
 }
}
```

TF-IDF 运行结果如图 7.2 所示。

```
+-----------------------------------------+------------------------------------------+
|words                                    |rawFeatures                               |
+-----------------------------------------+------------------------------------------+
|[hi, i, heard, about, spark]             |(20,[6,8,13,16],[1.0,1.0,1.0,2.0])        |
|[i, wish, java, could, use, case, classes]|(20,[0,2,7,13,15,16],[1.0,1.0,2.0,1.0,1.0,1.0])|
|[logistic, regression, models, are, neat]|(20,[3,4,6,11,19],[1.0,1.0,1.0,1.0,1.0])  |
+-----------------------------------------+------------------------------------------+


+----------------------------------------------------------------------------------------------------------+
|features                                                                                                  |
+----------------------------------------------------------------------------------------------------------+
|(20,[6,8,13,16],[0.28768207245178085,0.6931471805599453,0.28768207245178085,0.5753641449035617])          |
|(20,[0,2,7,13,15,16],[0.6931471805599453,0.6931471805599453,1.3862943611198906,0.28768207245178085,0.6931471805599453,0.28768207245178085])|
|(20,[3,4,6,11,19],[0.6931471805599453,0.6931471805599453,0.28768207245178085,0.6931471805599453,0.6931471805599453])|
+----------------------------------------------------------------------------------------------------------+
```

图 7.2　TF-IDF 运行结果

代码中,Tokenizer 对象 tokenizer 用于将"sentence"列的文本数据分词成单词,并将结果存储在新的列"words"中。tokenizer. transform(df)将 df 中的数据进行转换,生成新的 wordsData。HashingTF 对象 hashingTF 用于将分词后的单词数据转换成特征向量。setInputCol("words")指定输入列为"words",setOutputCol("rawFeatures")指定输出列为"rawFeatures",setNumFeatures(20)指定特征空间的维度为 20 维。hashingTF. transform (wordsData)将分词后的数据集 wordsData 转换为特征向量的 featurizedData。IDF 对象 idf 用于计算 TF-IDF 加权,setInputCol("rawFeatures")指定输入列为"rawFeatures",即上一步中生成的特征向量列,setOutputCol("features")指定输出列为"features"。idf. fit (featurizedData)根据输入数据 featurizedData 拟合 IDF 模型,生成一个 IDF 模型 iDFModel。最后,iDFModel. transform(featurizedData)将 TF 向量数据转换为 TF-IDF 加权向量,并将结果存储在新的 rescaledData 中。

Word2Vec 是一种用于学习单词嵌入(Word Embedding)的算法,它能够将单词映射到一个连续的向量空间中。这种连续向量表示的特性使得语义上相似的单词在向量空间中彼此相邻,从而更好地捕捉到单词之间的语义关系。Word2Vec 的主要作用是生成词向量,而词向量与语言模型关系密切。Word2Vec 模型在自然语言处理领域中有着广泛的应用,包括词语相似度计算、文本分类、词性标注、命名实体识别、机器翻译、文本生成等。其主要目的是将所有词语投影到 K 维的向量空间,使每个词语都可以用一个 K 维向量表示。

例 7.6 Word2Vec 算法示例。

```
package book.sparkmllib

import org.apache.spark.mllib.feature.Word2Vec
import org.apache.spark.{SparkConf, SparkContext}

object Ml4 {
 def main(args: Array[String]): Unit = {
  val sparkConf = new SparkConf().setMaster("local[*]").setAppName("word2vec")
  val sc = new SparkContext(sparkConf)
  val input = sc.textFile("data/mllib/sample_lda_data.txt").map(_.split(" ").toSeq)
  val word2Vec = new Word2Vec()
  val model = word2Vec.fit(input)
//寻找与"1"语义相同的 5 个词,输出相似的词及相似度
  val synonyms = model.findSynonyms("1", 5)
  for((synonym,cosineSimilarity) <- synonyms){
   println(s"$synonym $cosineSimilarity")
  }
 }
}
//*******************运行结果*******************
2 0.14566808938980103
4 0.1283070594072342
3 0.07812058925628662
0 0.05398909002542496
9 -0.08821642398834229
```

7.2.3 特征转换

在机器学习和数据分析中,特征转换指的是将原始数据中的特征经过某种变换或处理后得到新的特征的过程。这些变换可以帮助提高数据的表示能力、降低数据的维度、减少噪声、使数据更适合特定的机器学习算法等。常见的特征转换算法有字符串索引化(StringIndexer)、标准化(Normalization)、主成分分析(PCA)、独热编码等。

StringIndexer 将标签的字符串列编码为标签索引的列。索引在[0,numLabels)中,按标签频率排序,因此最频繁的标签得到索引 0。如果输入列是数字,则将其转换为字符串并为字符串值建立索引。

例 7.7 StringIndexer 算法示例,该算法出现在 spark.ml 包中。

```
package book.sparkmllib

import org.apache.spark.ml.feature.StringIndexer
import org.apache.spark.sql.SparkSession

object Ml5 {
```

```
def main(args: Array[String]): Unit = {
  val spark = SparkSession.builder().master("local[*]").appName("stringIndexer").
getOrCreate()
  val df = spark.createDataFrame(
  Seq((0, "a"), (1, "b"), (2, "c"), (3, "a"), (4, "a"), (5, "c"))
  ).toDF("id", "category")
  val indexer = new StringIndexer().setInputCol("category").setOutputCo
l("categoryIndexer")
  val indexed = indexer.fit(df).transform(df)
  indexed.show()
 }
}
//****************运行结果****************
+---+--------+----------------+
| id|category|categoryIndexer|
+---+--------+----------------+
|  0|       a|             0.0|
|  1|       b|             2.0|
|  2|       c|             1.0|
|  3|       a|             0.0|
|  4|       a|             0.0|
|  5|       c|             1.0|
+---+--------+----------------+
```

在上述示例中,"a"出现的频率最高,因此计算得到的索引为0.0。

Normalizer 是一种数据预处理方法,通常用于将向量数据按照一定的规则进行归一化,使其具有统一的尺度或范围。在机器学习中,归一化可以使不同特征的数值范围统一,有助于提升模型训练的效果和收敛速度。具体来说,Normalizer 的作用是将每个样本向量缩放到单位范数,单位范数是指将向量除以其范数,使得向量的范数为1。在 Normalizer 中,常用的单位范数计算方法包括 L1 范数和 L2 范数。

(1) L1 范数归一化也称为最大绝对值归一化,将向量中每个元素除以其绝对值的和。这样处理后,每个样本的所有特征之和为1。

(2) L2 范数归一化将向量中每个元素除以其平方和的平方根,这种方式保留了向量的方向,并且使得每个样本的特征向量都被归一化到单位圆上。

例 7.8 Normalizer 算法示例。

```
import org.apache.spark.ml.feature.Normalizer
import org.apache.spark.ml.linalg.Vectors
import org.apache.spark.sql.SparkSession

val dataFrame = spark.createDataFrame(Seq(
 (0, Vectors.dense(1.0, 0.5, -1.0)),
 (1, Vectors.dense(2.0, 1.0, 1.0)),
 (2, Vectors.dense(4.0, 10.0, 2.0))
)).toDF("id", "features")
val normalizer = new Normalizer()
 .setInputCol("features")
 .setOutputCol("normFeatures")
```

```
.setP(1.0)        //设置范数为1
val l1NormData = normalizer.transform(dataFrame)
l1NormData.show()
//******************运行结果******************
+---+--------------+-------------------+
| id|      features|        normFeatures|
+---+--------------+-------------------+
|  0|[1.0,0.5,-1.0]|      [0.4,0.2,-0.4]|
|  1| [2.0,1.0,1.0]|      [0.5,0.25,0.25]|
|  2|[4.0,10.0,2.0]|[0.25,0.625,0.125]|
+---+--------------+-------------------+
```

StandardScaler 是一种常用的数据预处理工具,用于将数据特征标准化为均值为 0,标准差为 1 的数据集。该方法有以下两个参数。

(1) withStd:值为 true 或 false,默认为 true,该参数表示是否将数据标准化到单位标准差。

(2) withMean:值为 true 或 false,默认为 false,该参数表示是否变换为 0 均值。

例 7.9 StandardScaler 算法示例。

```
import org.apache.spark.ml.feature.StandardScaler
val scaler = new StandardScaler()
 .setInputCol("features")
 .setOutputCol("standardFeatures")
 .setWithStd(true)
 .setWithMean(false)
val scaledData = scaler.fit(dataFrame).transform(dataFrame)
scaledData.show(false)
```

StandardScaler 算法运行结果如图 7.3 所示。

```
+---+--------------+----------------------------------------------------------------+
|id |features      |standardFeatures                                                |
+---+--------------+----------------------------------------------------------------+
|0  |[1.0,0.5,-1.0]|[0.6546536707079771,0.09352195295828246,-0.6546536707079772]    |
|1  |[2.0,1.0,1.0] |[1.3093073414159542,0.18704390591656492,0.6546536707079772]     |
|2  |[4.0,10.0,2.0]|[2.6186146828319083,1.8704390591656492,1.3093073414159544]      |
+---+--------------+----------------------------------------------------------------+
```

图 7.3 StandardScaler 算法运行结果

除了标准差归一化外,还有最大最小值归一化 MinMaxScaler(),该算法也针对每一维特征进行处理,将数据线性地映射到指定的区间中。

OneHotEncoder(独热编码)是一种用于将分类变量转换为二进制向量表示形式的数据预处理工具,主要用于处理分类特征。它将每个分类变量的每个可能取值转换为一个新的二进制特征,该特征的取值为 0 或 1,表示原始特征是否具有相应的取值。举例来说,如果有一个分类特征"颜色",可能的取值是"红色""蓝色"和"绿色",使用 OneHotEncoder 可以将这个特征转换为三个新的二进制特征:"颜色_红色""颜色_蓝色"和"颜色_绿色"。如果一个样本的"颜色"特征是"红色",则对应的特征值为(1,0,0)。

例 7.10 OneHotEncoder 算法示例。

```
import org.apache.spark.ml.feature.OneHotEncoder
//红色-0,蓝色-1,绿色 2
val frame = spark.createDataFrame(Seq(
 (0, 0.0),
 (1, 1.0),
 (2, 2.0)
)).toDF("id", "color")
val oneHotEncoder = new OneHotEncoder()
 .setInputCol("color")
 .setOutputCol("oneHotColor")
 .setDropLast(false)
oneHotEncoder.fit(frame).transform(frame).show()
//*****************运行结果*****************
+---+-----+-------------+
| id|color| oneHotColor|
+---+-----+-------------+
|  0|  0.0|(3,[0],[1.0])|
|  1|  1.0|(3,[1],[1.0])|
|  2|  2.0|(3,[2],[1.0])|
+---+-----+-------------+
```

独热编码解决了分类器难以处理属性数据的问题。然而,当类别数量很多时,特征空间会变得非常大。在这种情况下,一般可以用 PCA 来降低维度,其中 setDropLast 默认为 true,这意味着最后一个种类默认不包含。独热编码最后得到的是一个稀疏向量。

PCA 是一种常用的降维技术,该算法通过线性变换将原始数据投影到一个新的特征空间,使得投影后的数据具有最大的方差,从而达到降低数据维度、去除冗余信息、提取数据主要特征的目的。除了 PCA,常用的降维算法还有 SVD(Singular Value Decomposition,奇异值分解)。

例 7.11 PCA 算法示例,将 5 维向量降维为 3 维向量。

```
import org.apache.spark.ml.feature.PCA
val data = Array(
 Vectors.sparse(5, Seq((1, 1.0), (3, 7.0))),
 Vectors.dense(2.0, 0.0, 3.0, 4.0, 5.0),
 Vectors.dense(4.0, 0.0, 0.0, 6.0, 7.0)
)
val df = spark.createDataFrame(data.map(Tuple1.apply)).toDF("features")
val pca = new PCA()
 .setInputCol("features")
 .setOutputCol("pcaFeatures")
 .setK(3)
 .fit(df)
val result = pca.transform(df).select("pcaFeatures")
result.show(false)
//*****************运行结果*****************
+----------------------------------------------------------------+
|pcaFeatures                                                     |
```

```
+----------------------------------------------------------+
|[1.6485728230883807,-4.013282700516296,-5.524543751369388] |
|[-4.645104331781534,-1.1167972663619026,-5.524543751369387]|
|[-6.428880535676489,-5.337951427775355,-5.524543751369389] |
+----------------------------------------------------------+
```

VectorAssembler 是一个转换器,将一个给定的列列表组合为一个向量列。它接受以下输入列类型:所有数字类型、布尔类型和向量类型。在每一行中,输入列的值将按照指定的顺序连接到一个向量中。

例 7.12 VectorAssembler 算法示例。

```
import org.apache.spark.ml.feature.VectorAssembler
val dataset = spark.createDataFrame(
 Seq((0, 18, 1.0, Vectors.dense(0.0, 10.0, 0.5), 1.0))
).toDF("id", "hour", "mobile", "userFeatures", "clicked")

val assembler = new VectorAssembler()
 .setInputCols(Array("hour", "mobile", "userFeatures"))
 .setOutputCol("features")

val output = assembler.transform(dataset)
output.select("features", "clicked").show(false)
//*****************运行结果*****************
+-----------------------+--------+
|features               |clicked|
+-----------------------+--------+
|[18.0,1.0,0.0,10.0,0.5]|1.0    |
+-----------------------+--------+
```

该示例中,"hour""mobile""userFeatures"三列合并成一个向量"features"。

7.2.4 特征选择

特征选择指的是从原始数据中选择最相关或最有用的特征子集,以便用于建模和分析,它是机器学习和数据挖掘中非常重要的预处理步骤之一,其目的是降低数据集的维度,提高模型的计算效率,降低过拟合风险,提高模型的预测性能。此处以 VectorSlicer 算法为例,介绍特征选择的具体用法。

VectorSlicer 是一个用于从向量列中选择部分元素的转换器,适用于处理从大量特征的数据集中选择部分特征进行后续分析或建模的场景。

例 7.13 VectorSlicer 算法示例。

```
import org.apache.spark.ml.feature.VectorSlicer
val data = Seq(
 (0, Vectors.dense(1.0, 2.0, 3.0)),
 (1, Vectors.dense(4.0, 5.0, 6.0))
)
val df = spark.createDataFrame(data).toDF("id", "features")
val slicer = new VectorSlicer()
 .setInputCol("features")
```

```
 .setOutputCol("slicedFeatures")
  .setIndices(Array(0, 2))         //选择索引为 0 和 2 的元素
slicer.transform(df).show()
//*****************运行结果*****************
+---+-------------+---------------+
| id|     features|slicedFeatures |
+---+-------------+---------------+
|  0|[1.0,2.0,3.0]|     [1.0,3.0]|
|  1|[4.0,5.0,6.0]|     [4.0,6.0]|
+---+-------------+---------------+
```

7.2.5　流水线

Spark MLlib 对机器学习算法的 API 进行了标准化处理,使得多个算法更容易组合成一个流水线(Pipeline)或工作流。流水线技术可以将特征提取、转换、模型训练以及交叉验证等多种操作以流水线的形式串联起来,包含以下 5 个概念。

(1) 数据源 DataFrame。DataFrame 是 Spark SQL 中的数据模型,可以容纳多种数据类型。ML 中的 API 使用 DataFrame 保存数据,一个 DataFrame 可能有不同的列,用于存储文本、特征向量、真实标签和预测标签等。

(2) 转换器 Transformer。它实现了一个方法 transform(),该方法将一个 DataFrame 转换成另一个 DataFrame。它可以将一个不包含预测标签的测试数据集 DataFrame 转换成包含预测标签的 DataFrame。

(3) 评估器 Estimator。它是机器学习算法的概念抽象,通常被用来操作 DataFrame 并得到 Transformer。评估器实现了 fit()算法,能够接收一个 DataFrame 并产生一个转换器。

(4) 流水线 Pipeline。它将多个转换器和评估器连接在一起,按顺序执行以确定一个机器学习的工作流程。在结构上,一个流水线包含一个或多个 Stage,每个 Stage 完成一个任务。

(5) 参数 Parameter。它为所有转换器和评估器指定共享的参数。

构建一个机器学习流水线时,需要定义流水线中的各个 Stage,每个 Stage 是一个转换器或评估器,这些 Stage 按顺序依次执行,输入的 DataFrame 被依次传入各 Stage 执行计算。一个典型的流水线训练模型的工作流程如图 7.4 所示。

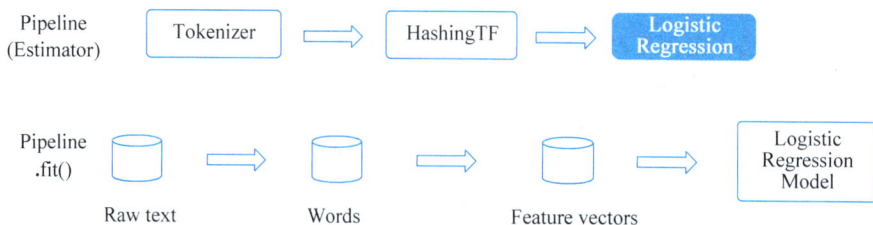

图 7.4　一个典型的流水线训练模型的工作流程

图 7.4 中的第一行表示该流水线有三个 Stage：Tockenizer、HashingTF 和 LogisticRegression,前两个都是转换器,第三个是评估器。第二行展示了流经流水线的数据。Tokenizer. transform()方法将初始 DataFrame 拆分成单词,并将结果添加在新列

words 中；HashingTF. transform()方法将 words 列转换为特征向量，并作为新列添加到 DataFrame 中；LogisticRegression. fit()方法产生 LogisticRegressionModel，这个模型也是一个转换器。使用已训练好的模型进行数据预测的工作流程如图 7.5 所示。

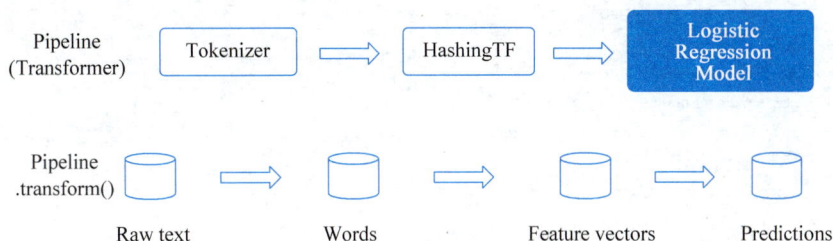

图 7.5 使用已训练好的模型进行数据预测的工作流程

图 7.4 与图 7.5 拥有相同数量的 Stage，不同的是，图 7.5 中的每个 Stage 均为转换器。Logistic Regression Model 的 transform()方法被调用后，输出预测值。以下代码为上述流程图的具体实现。

例 7.14 Pipeline 使用示例。

```scala
package book.sparkmllib

import org.apache.spark.ml.Pipeline
import org.apache.spark.ml.classification.LogisticRegression
import org.apache.spark.ml.feature.{HashingTF, Tokenizer}
import org.apache.spark.sql.SparkSession

object PipeLineDemo {
 def main(args: Array[String]): Unit = {
  val spark = SparkSession.builder().master("local[*]").appName("pipeline").
getOrCreate()
  val training = spark.createDataFrame(Seq(
   (1.0,"a b c spark"),
   (0.0,"b d"),
   (1.0,"spark f h"),
   (0.0,"mapreduce hello")
  )).toDF("label", "text")
  //创建 Tokenizer
  val tokenizer = new Tokenizer()
   .setInputCol("text")
   .setOutputCol("words")
  //创建 HashingTF
  val hashingTF = new HashingTF()
   .setInputCol(tokenizer.getOutputCol)
   .setOutputCol("features")
  //创建 LogisticRegression
  val lr = new LogisticRegression()
  //使用 setStages 方法设置每个 Stage
  val pipeline = new Pipeline().setStages(Array(tokenizer, hashingTF, lr))
  //调用 fit 函数,得到训练模型
  val model = pipeline.fit(training)
  //预测数据集
```

```
val test = spark.createDataFrame(Seq(
  (0, "spark j k"),
  (1, "h m"),
  (2, "hello world"),
  (3, "hadoop mapreduce")
)).toDF("id", "text")
//调用模型的 transform 函数对数据进行预测
model.transform(test).show(false)
  }
}
```

流水线示例代码运行结果如图 7.6 所示。

```
+---+-----------------+-------------------+--------------------------------------------+--------------------------------------+----------------------------------------------+----------+
|id |text             |words              |features                                    |rawPrediction                         |probability                                   |prediction|
+---+-----------------+-------------------+--------------------------------------------+--------------------------------------+----------------------------------------------+----------+
|0  |spark j k        |[spark, j, k]      |(262144,[68693,173558,213660],[1.0,1.0,1.0])|[-8.064165851180372,8.064165851180372]|[3.145144883061587E-4,0.9996854855116939]     |1.0       |
|1  |h m              |[h, m]             |(262144,[209078,248090],[1.0,1.0])          |[-3.7687356545074975,3.7687356545074975]|[0.022560503381571?,0.9774394966184283]     |1.0       |
|2  |hello world      |[hello, world]     |(262144,[60080,250593],[1.0,1.0])           |[10.629247310301222,-10.629247310301222]|[0.9999758027485537,2.419725144631179?E-5]  |0.0       |
|3  |hadoop mapreduce |[hadoop, mapreduce]|(262144,[132966,198017],[1.0,1.0])          |[10.629247310301222,-10.629247310301222]|[0.9999758027485537,2.419725144631179?E-5]  |0.0       |
+---+-----------------+-------------------+--------------------------------------------+--------------------------------------+----------------------------------------------+----------+
```

图 7.6　流水线示例代码运行结果

流水线可以将数据处理、特征工程、模型训练、评估等操作有序地组合在一起,明确了每个操作的顺序和依赖关系,使得整个机器学习过程更加结构化,简化了模型部署到生产环境的复杂性,提高了项目的开发效率和可维护性,适用于各种复杂的数据处理和预测任务。

【任务实现】

1. 步骤分析

首先,从 MySQL 数据库中读取数据创建 DataFrame,然后将 price、weight 列使用 VectorAssembler 转换成向量列,再依次对两列进行规范化,对其他相关三列进行独热编码处理。使用流水线处理,将使代码更易理解和维护。

2. 完成任务

(1) 启动 IntelliJ IDEA,右击项目文件夹,选择相应的 package,新建 scala 类。
(2) 在该类文件代码编辑窗口中输入如下代码。

```scala
package book.sparkmllib

import org.apache.spark.ml.Pipeline
import org.apache.spark.ml.feature.{OneHotEncoder, StandardScaler, VectorAssembler}
import org.apache.spark.ml.linalg.Vectors
import org.apache.spark.sql.SparkSession
import org.apache.spark.sql.types.{DoubleType, IntegerType}

import java.util.Properties

object Rw1 {
  def main(args: Array[String]): Unit = {
    val spark = SparkSession.builder()
```

```
    .master("local[*]")
    .appName("rw1")
    .getOrCreate()
 import spark.implicits._
 import org.apache.spark.sql.functions._
 val url = "jdbc:mysql://192.168.176.3:3306/shtd_store?useSSL=false"
 val properties = new Properties()
 properties.setProperty("user","root")
 properties.setProperty("password","123456")
 val sku_info = spark.read.jdbc(url, "sku_info", properties)
 sku_info.show(false)
 //将 price、weight 字段设置成向量
 val priceassembler = new VectorAssembler().setInputCols(Array("price")).
setOutputCol("price_v")
 val weightassembler = new VectorAssembler().setInputCols(Array("weight")).
setOutputCol("weight_v")
 //price、weight 字段进行规范化(StandardScaler)
 val pricescaler = new StandardScaler().setInputCol("price_v").setOutputCol
("priceStandard")
 val weightscaler = new StandardScaler().setInputCol("weight_v").setOutputCol
("weightStandard")
 //对 spu_id、tm_id、category3_id 进行独热编码处理
 val coder = new OneHotEncoder()
   .setInputCols(Array("spu_id","tm_id","category3_id"))
   .setOutputCols(Array("spu_id_hot","tm_id_hot","c3_id_hot"))
 //使用 Pipeline 进行连接
 val pipeline = new Pipeline().setStages(Array(priceassembler,weightassembler,
  pricescaler,weightscaler,coder))
 val model = pipeline.fit(sku_info)
  //输出结果
 val result = model.transform(sku_info)
 result.select("priceStandard","weightStandard",
  "spu_id_hot","tm_id_hot","c3_id_hot").show(false)
 }
}
```

（3）测试源代码，运行当前程序，结果如图 7.7 所示。

```
+----------------------+----------------------+-----------------+----------------+----------------+
|priceStandard         |weightStandard        |spu_id_hot       |tm_id_hot       |c3_id_hot       |
+----------------------+----------------------+-----------------+----------------+----------------+
|[0.7540412475564592]  |[0.04717108961255436] |(12,[1],[1.0])   |(7,[2],[1.0])   |(803,[61],[1.0])|
|[1.1280049473581084]  |[2.9953641903972024]  |(12,[2],[1.0])   |(7,[4],[1.0])   |(803,[86],[1.0])|
|[1.0529404808220826]  |[2.9953641903972024]  |(12,[3],[1.0])   |(7,[1],[1.0])   |(803,[86],[1.0])|
|[0.48978715269207845] |[0.04717108961255436] |(12,[4],[1.0])   |(7,[0],[1.0])   |(803,[61],[1.0])|
|[0.0828766055872865]  |[0.4913655167974413]  |(12,[5],[1.0])   |(7,[5],[1.0])   |(803,[],[])     |
|[0.04925044184490386] |[0.43240165478174836] |(12,[6],[1.0])   |(7,[5],[1.0])   |(803,[],[])     |
|[0.5274892150699014]  |[0.04717108961255436] |(12,[1],[1.0])   |(7,[2],[1.0])   |(803,[61],[1.0])|
|[3.0229581546182374]  |[0.04717108961255436] |(12,[7],[1.0])   |(7,[3],[1.0])   |(803,[61],[1.0])|
|[0.8328419545083053]  |[0.04717108961255436] |(12,[8],[1.0])   |(7,[0],[1.0])   |(803,[61],[1.0])|
|[0.07540412475564592] |[0.24371729633153089] |(12,[9],[1.0])   |(7,[1],[1.0])   |(803,[329],[1.0])|
|[2.1734729473485506]  |[0.8353213785556503]  |(12,[10],[1.0])  |(7,[6],[1.0])   |(803,[285],[1.0])|
|[2.2753704132345587]  |[0.8353213785556503]  |(12,[10],[1.0])  |(7,[6],[1.0])   |(803,[285],[1.0])|
|[2.4791653450065745]  |[0.8353213785556503]  |(12,[10],[1.0])  |(7,[6],[1.0])   |(803,[285],[1.0])|
|[0.16847047693153322] |[0.0019654620671897653]|(12,[11],[1.0])  |(7,[],[])       |(803,[477],[1.0])|
|[0.08559387134424672] |[0.0]                 |(12,[],[])       |(7,[],[])       |(803,[477],[1.0])|
+----------------------+----------------------+-----------------+----------------+----------------+
```

图 7.7　产品信息特征转换结果

【任务总结】

通过本任务的学习,读者可以掌握对数值型数据进行规范化处理、对字符串类型的数据进行独热编码处理等基本的特征转换方法,并使用流水线完成该任务。在整个任务实施过程中需要注意以下几点。

(1)在进行特征转换前,要确保相应的方法的输入数据类型的正确性。如对于规范化处理,需要输入数值型的特征列,因此首先要使用 VectorAssembler 进行特征列的转换,否则程序会报错。

(2)在使用机器学习算法时,要确认使用的算法属于 Spark MLlib 包还是 Spark ML 包。前者的处理数据基于 RDD 进行,后者基于 DataFrame,在进行数据处理时要保证数据格式、类型与算法的一致性。

(3)在使用流水线时,要验证每个步骤输出的数据是否符合预期,尤其是在多步骤流水线中,每个步骤的输入输出关系要清楚明确。

【巩固练习】

一、单选题

1. Spark MLlib 是(   )。
   A. 分布式图处理框架　　　　　　　B. 机器学习分布式计算框架
   C. 数据流处理框架　　　　　　　　D. 分布式数据清洗框架

2. Spark MLlib 中的 StringIndexer 用于(   )。
   A. 将字符串标签转换为数值索引　　B. 进行文本分词
   C. 执行主成分分析　　　　　　　　D. 实时 K-Means 聚类

3. 在 Spark MLlib 中,用于构建数据处理流水线的类是(   )。
   A. Pipeline　　　　　B. Transformer　　　C. Estimator　　　　D. DataSet

4. 流水线在 Spark MLlib 中的作用是(   )。
   A. 并行处理数据集　　　　　　　　B. 将多个数据处理步骤组织为一个整体
   C. 执行数据清洗操作　　　　　　　D. 进行模型评估

5. Spark MLlib 中的 VectorAssembler 主要用于(   )。
   A. 将多个特征组合成一个特征向量　B. 从数据集中删除无关特征
   C. 将字符串标签转换为数值索引　　D. 对数据进行标准化处理

6. 监督学习是(   )。
   A. 系统通过自主学习进行知识获取
   B. 通过示例和反馈进行学习
   C. 系统根据输入数据和输出标签进行学习
   D. 系统根据奖励进行学习

二、判断题

1. 机器学习是人工智能的一个子领域。　　　　　　　　　　　　　(　　)
2. 无监督学习算法总是需要标记好的数据集来训练模型。　　　　　(　　)
3. K-Means 是一种用于聚类的无监督学习算法。　　　　　　　　　(　　)
4. 特征提取和转换是相同的概念。　　　　　　　　　　　　　　　(　　)
5. 在 Spark MLlib 中，OneHotEncoder 可以将类别特征转换为二进制向量。 (　　)
6. PCA 是一种用于特征选择的算法，可以减少数据维度。　　　　　(　　)
7. 特征转换是指将原始数据转换成可供模型训练使用的格式。　　　(　　)

三、编程题

1. 将产品表中的 price、weight 使用最大最小值归一化进行规范化处理。
2. 将产品表中的 price、weight、tm_id、category3_id 合并成一个特征列。

【任务拓展】

帕尔默企鹅(Palmer Penguins)数据集是近年来在数据科学和机器学习领域受到关注的一个数据集，数据集包含了由 Dr. Kristen Gorman 和她的团队在南极半岛的 Palmer Station 收集的企鹅数据。

帕尔默企鹅数据集字段如表 7.3 所示。

表 7.3　帕尔默企鹅数据集字段说明

英文字段名	中文字段名	描　述
species	种类	Gentoo：巴布亚企鹅(也叫金图企鹅)；Adelie：阿德利企鹅；Chinstrap：帽带企鹅
culmen_length_mm	喙长(毫米)	喙的长度(毫米)
culmen_depth_mm	喙深(毫米)	喙的深度(毫米)
flipper_length_mm	鳍状肢长度(毫米)	鳍状肢的长度(毫米)
body_mass_g	体重(克)	体重(克)
island	岛屿名称	梦想岛、托尔格森岛、比斯科岛
sex	性别	企鹅的性别

请完成以下分析任务。

1. 读取原始数据，创建 DataFrame，并进行数据清洗，将包含空值字段的数据删除。
2. 对 culmen_length_mm、culmen_depth_mm、flipper_length_mm、body_mass_g 4 个字段进行标准化处理。
3. 对 island 进行字符串索引化。
4. 对 sex、species 进行独热编码。
5. 使用流水线完成特征提取及转换任务。

任务 2　产品类别预测

【任务提出】

在电商和零售行业,准确预测商品的三级分类,有助于电商平台更精准地为用户推荐相似商品。例如,如果一个用户经常购买某类商品,平台可以推荐同类别的其他商品,提高用户的购买满意度和转化率。同时,个性化营销策略可以通过对商品分类的精准预测,提高广告点击率和投放效果。

本任务以产品表作为原始数据,使用 Spark MLlib 的逻辑回归算法,以商品的价格"price"和品牌"tm_id"作为特征,来预测商品的三级分类 category3_id。

【任务分析】

本任务需读取产品表,进行特征转换,并使用逻辑回归算法,以价格和品牌为特征,预测产品的三级分类。具体的任务实施分析如下。

1. 读取 MySQL 中的产品表,创建 DataFrame。
2. 对原始数据进行特征转换。
3. 使用逻辑回归算法对商品的三级分类进行预测。
4. 观察结果。

【知识准备】

7.3　分类和回归算法

在机器学习中,分类算法和回归算法是两种基本的预测建模技术。

分类算法是一种监督学习方法,用于预测数据点所属的类别。其主要目标是根据已有的标记数据(带有标签的训练数据)来训练模型,使其能够预测新的未标记数据的类别。分类算法的输出是离散的类别标签,如预测一封电子邮件是"垃圾邮件"还是"非垃圾邮件",或是在图像识别中的对物体进行分类等。

回归算法也是一种监督学习方法,其目标是预测一个连续值的输出。回归问题通常涉及预测数值型数据,如预测房屋价格、股票价格、销售量等。回归算法的输出是一个连续的数值,其模型可以根据输入特征预测出相应的数值结果,如根据房屋的面积、地理位置等特征预测房价。

在 spark.mllib 包中,常见的分类和回归算法如表 7.4 所示。

表 7.4　spark.mllib 包中常见的分类和回归算法

问题类型	算　法
二分类	线性支持向量机 SVM、逻辑回归、决策树、随机森林、梯度上升树、朴素贝叶斯
多类分类	逻辑回归、决策树、随机森林、朴素贝叶斯
回归	线性最小二乘法、Lasso 回归、决策树、随机森林、梯度上升树

spark.mllib 包中的算法较为完善,且正逐步迁移到 spark.ml 包中。本节介绍的算法基于 spark.ml 包的算法和 API。

构造分类模型的过程一般分为训练和测试两个阶段,通常将数据集随机分为训练数据集和测试数据集。训练数据集通常占据整个数据集的较大比例,如 70%~80%,测试数据集通常占据数据集的剩余部分,如 20%~30%。在训练阶段,使用训练数据集来训练分类模型,在测试阶段,使用测试数据集来评估模型的性能和泛化能力。

7.3.1　朴素贝叶斯

贝叶斯分类算法基于贝叶斯理论公式 $P(A|B)=P(B|A)P(A)/P(B)$,其中 $P(A|B)$ 是后验概率,即事件 B 发生的条件下,事件 A 发生的概率;$P(B|A)$ 是事件 A 发生的条件下,事件 B 发生的概率;$P(A)$ 是先验概率,即事件 A 发生的概率;$P(B)$ 是事件 B 发生的概率。对于某个特定案例,假设存在三个特征 A_1、A_2 和 A_3,则特定条件下不同类别出现的概率为 $P(B_j|A_1A_2A_3)=P(A_1A_2A_3|B_j)P(B_j)/P(A_1A_2A_3)$。朴素贝叶斯假定各条件特征之间相互独立,即 $P(A_1A_2A_3|B_j)=P(A_1|B_j)P(A_2|B_j)P(A_3|B_j)$,然后依次计算各类别出现的概率,并将其归类为概率最大的类别。尽管这个假设在现实世界中并不总是成立,但朴素贝叶斯算法的简单性和高效性使其在实际应用中仍然非常有用,并且在许多情况下表现良好。

鸢尾花数据集(Iris dataset)是机器学习和统计学中经典的数据集之一,通常用于分类算法的示例和测试。该数据集由英国统计学家和生物学家 Ronald Fisher 在 1936 年创建,用来展示多种不同种类鸢尾花的特征。数据集包含来自三种不同种类的鸢尾花(Setosa、Versicolor 和 Virginica)各 50 个样本,共计 150 个样本。每个样本记录了鸢尾花的四个特征:萼片(Sepal)和花瓣(Petal)的长度和宽度(以厘米为单位)。该数据集如表 7.5 所示。

表 7.5　鸢尾花数据集部分数据

序　号	萼片长度	萼片宽度	花瓣长度	花瓣宽度	品　种
1	5.1	3.5	1.4	0.2	setosa
2	4.9	3	1.4	0.2	setosa
3	4.7	3.2	1.3	0.2	setosa
4	4.6	3.1	1.5	0.2	setosa
5	5	3.6	1.4	0.2	setosa
6	5.4	3.9	1.7	0.4	setosa
7	4.6	3.4	1.4	0.3	setosa
8	5	3.4	1.5	0.2	setosa
9	4.4	2.9	1.4	0.2	setosa
10	4.9	3.1	1.5	0.1	setosa
11	5.4	3.7	1.5	0.2	setosa
12	4.8	3.4	1.6	0.2	setosa

现在使用朴素贝叶斯算法对鸢尾花数据进行分类。读取数据后对 Species 字段进行字符串索引化,然后对四个特征字段进行向量合并,再将数据集进行随机分割,一部分用于进行模型训练,另一部分进行模型测试。具体代码如例 7.15 所示。

例 7.15　使用朴素贝叶斯算法对鸢尾花数据进行分类。

```scala
import org.apache.spark.ml.Pipeline
import org.apache.spark.ml.classification.NaiveBayes
import org.apache.spark.ml.feature.{StringIndexer, VectorAssembler}
import org.apache.spark.sql.SparkSession
import org.apache.spark.sql.types.DoubleType

val spark = SparkSession.builder().master("local[*]").appName("nativeBayes").
getOrCreate()
import spark.implicits._
val iris = spark.read.option("header", true).csv("data/book/iris.csv")
 .withColumn("SepalLength",$"SepalLength".cast(DoubleType))
 .withColumn("SepalWidth",$"SepalWidth".cast(DoubleType))
 .withColumn("PetalLength",$"PetalLength".cast(DoubleType))
 .withColumn("PetalWidth",$"PetalWidth".cast(DoubleType))
//对类别列进行索引化
val stringIndexer = new StringIndexer()
 .setInputCol("Species")
 .setOutputCol("label")
//合并特征向量
val assembler = new VectorAssembler()
 .setInputCols(Array("SepalLength", "SepalWidth", "PetalLength", "PetalWidth"))
 .setOutputCol("features")
//流水线
val pipeline = new Pipeline().setStages(Array(stringIndexer, assembler))
val irispipeline = pipeline.fit(iris).transform(iris)
//分割数据集
val array = irispipeline.randomSplit(Array(0.7, 0.3))
val (training, testing) = (array(0), array(1))
val model = new NaiveBayes().fit(training)
val result = model.transform(testing)
result.select("label","prediction").show(false)
val d = result.filter($"label" === $"prediction").count() *100 / result.count().
toDouble
println(s"预测准确率为$d%")
```

7.3.2　逻辑回归

逻辑回归是用于预测分类响应变量的一种流行方法,是广义线性模型的特例。在 spark.ml 库中,逻辑回归既可以预测二元分类,也可以用于多类分类,可以使用 family 参数来进行设置。

例 7.16　使用逻辑回归算法对鸢尾花数据进行分类。

```scala
import org.apache.spark.ml.classification.LogisticRegression
//逻辑回归分类
val model = new LogisticRegression()
```

```
 .setMaxIter(200)
 .setFamily("multinomial")
 .fit(training)
val result = model.transform(testing)
result.select("label","prediction").show(false)
```

LogisticRegression()参数及其含义如表 7.6 所示。

表 7.6　LogisticRegression()参数及其含义

参　　数	含　　义
family	设置描述模型的标签分类。 auto(默认值)：根据数据的标签类型自动选择,如果标签列是二元分类(0/1 或者 true/false),则选择"binomial"；如果是多元分类,则选择"multinomial"。 binomial：使用二元逻辑回归模型,适用于二分类问题。在这种模式下,标签必须是 0 或 1。 Multinomial：使用多类逻辑回归模型,适用于多分类问题。在这种模式下,标签必须是整数类型,代表多个类别
regParam	正则化参数,默认值为 0.0
elasticNetParam	ElasticNet 混合参数,结合 L1 正则化(Lasso)和 L2 正则化(Ridge)。取值范围为 [0,1],0 表示 L2 正则化,1 表示 L1 正则化,中间值表示混合
maxIter	最大迭代次数,默认值为 100
tol	迭代算法的收敛阈值,默认值为 1e-6
fitIntercept	是否拟合截距,默认值为 true
standardization	是否对特征进行标准化,默认值为 true
featuresCol	特征列的名称,默认为"features"
labelCol	标签列的名称,默认为"label"
predictionCol	预测结果列的名称,默认为"prediction"
weightCol	权重列的名称,默认为空
threshold	用于将预测类别转换为二进制分类结果的阈值,默认为 0.5。预测概率大于阈值的样本将被预测为正类
thresholds	多分类阈值,用于将预测概率转换为类别。默认情况下,使用 0.5 作为阈值

7.3.3　决策树

决策树是一种常见的机器学习方法。使用决策树分类时,从根节点开始,对实例的某一特征进行测试,根据测试结果,将实例分配到其子节点。这时,每个子节点对应着该特征的一个取值,如此递归地对实例进行测试并匹配,直至到达叶节点,最后将实例分到叶节点的类中,如图 7.8 所示。

决策树及其集成方法是机器学习中常用的分类和回归任务方法。决策树因其易于解释、能处理分类特征、可扩展到多类分类设置、不需要特征缩放,并能捕捉非线性和特征交互而被广泛应用。对于分类任务,用户可以获取每个类别的预测概率(称为类条件概率)；对于回归任务,用户可以获取预测的偏样本方差。

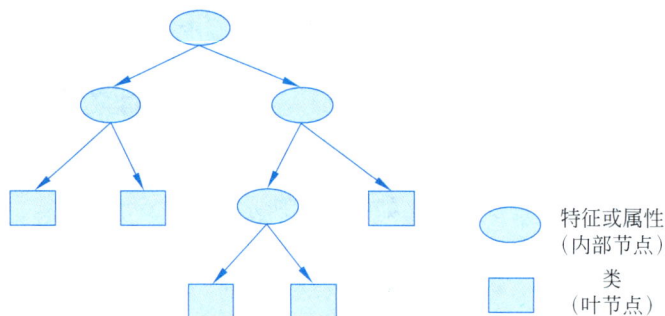

图 7.8　决策树原理图

例 7.17　使用决策树算法对鸢尾花数据进行分类。

```
import org.apache.spark.ml.classification.DecisionTreeClassifier
//决策树分类
val model = new DecisionTreeClassifier().fit(training)
val result = model.transform(testing)
result
 .select("label","prediction")
 .show(false)
```

DecisionTreeClassifier()参数及其含义如表 7.7 所示。

表 7.7　**DecisionTreeClassifier()参数及其含义**

参　　数	含　　义
maxDepth	决策树的最大深度,默认为 5
maxBins	连续特征离散化的最大数量,默认为 32
minInstancesPerNode	每个节点所需的最小样本数
minInfoGain	分裂节点所需的最小信息增益,要求≥0,默认为 0
maxMemoryInMB	决策树训练过程中允许使用的最大内存量
cacheNodeIds	是否缓存节点 ID,以便在预测时加速
checkpointInterval	设置检查点的间隔(≥1),或者禁用检查点(−1)。检查点有助于在训练过程中恢复树的状态,以便在失败后可以重新启动
featuresCol	特征列的名称,默认为"features"
labelCol	标签列的名称,默认为"label"
impurity	分裂节点时使用的不纯度度量。可选的值包括"gini"(基尼不纯度)和 "entropy"(信息增益)
seed	随机种类
subsamplingRate	训练时用于分割特征的子采样率。范围为（0，1］

7.3.4　支持向量机 SVM

支持向量机是一种监督学习算法,广泛应用于分类和回归任务。SVM 的核心思想是寻找一个超平面,使得两个类别之间的间隔最大化,从而实现良好的分类效果,其基本原理简化图如图 7.9 所示。

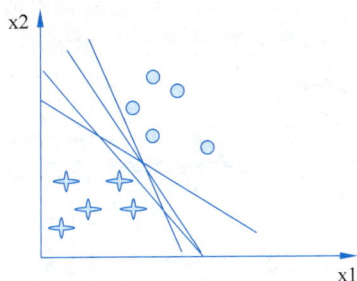

图 7.9　SVM 基本原理简化图

例 7.18　线性支持向量机使用示例。

```
import org.apache.spark.ml.classification.LinearSVC
//线性支持向量机
val data = spark.read.format("libsvm").load("data/mllib/sample_libsvm_data.txt")
val array = data.randomSplit(Array(0.7, 0.3))
val (training, testing) = (array(0), array(1))
val lsvc = new LinearSVC()
 .setMaxIter(10)
 .setRegParam(0.1)
val lsvcModel = lsvc.fit(training)
val result = lsvcModel.transform(testing)
result
 .select("label","prediction")
 .show(false)
```

LinearSVC()参数及其含义如表 7.8 所示。

表 7.8　LinearSVC()参数及其含义

参　　数	含　　义
maxIter	最大迭代次数,默认为 100
regParam	正则化参数,控制模型的正则化程度,默认为 0.0
standardization	指定是否在训练之前对输入特征进行标准化,默认为 true
threshold	分类阈值,用于在预测时将连续的预测转换为二进制分类标签的阈值,默认为 0.0
tol	收敛容差,用于控制模型训练的收敛性,默认为 1e-6
fitIntercept	是否拟合截距,默认为 true
thresholds	多分类阈值

7.4　聚类算法

聚类算法是一类无监督学习算法,用于将数据集中的对象分组(或聚类)成多个类别或簇,使得同一簇内的对象彼此相似,而不同簇之间的对象差异较大。聚类算法旨在发现数据中的内在结构和模式,而不需要预先定义类别标签。

K 均值算法聚类(K-Means)是最常见的聚类算法之一,其工作原理是首先选择 K 个初始聚类中心点,可以是随机选择或根据特定规则选择,将每个数据点分配到离其最近的聚类中心点所代表的簇,更新每个簇的聚类中心,通常是该簇中所有数据点的平均值,重复以上步骤,直到收敛,即簇中心不再变化或变化很小。以某数据集为例,不同 K 值的 K-Means 聚类结果如图 7.10 所示。

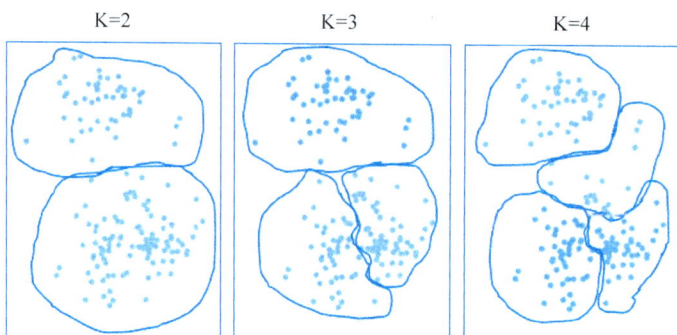

图 7.10　不同 **K** 值的 **K-Means** 聚类结果

例 **7.19**　K-Means 聚类示例代码。

```scala
import org.apache.spark.ml.clustering.KMeans
import org.apache.spark.ml.evaluation.ClusteringEvaluator
val dataset = spark.read.format("libsvm").load("data/mllib/sample_kmeans_data.txt")
//训练 K-Means 模型,将数据分为 2 类
val kMeans = new KMeans().setK(2).setSeed(1L)
val model = kMeans.fit(dataset)
//聚类计算
val predictions = model.transform(dataset)
predictions.show(false)
//模型评估
val evaluator = new ClusteringEvaluator()
val d = evaluator.evaluate(predictions)
println(d)
model.clusterCenters.foreach(println(_))
```

K-Means 聚类示例代码运行结果如图 7.11 所示。

其中,"label"和"features"列为原始数据,"prediction"列为预测的类别结果。代码中使用 ClusteringEvaluator 对象对模型进行评估,调用该对象的 evaluate()方法接收预测结果 predictions 作为参数,计算并返回聚类算法在数据集上的轮廓系数。轮廓系数是一种用于评估聚类算法效果的指标,它考量了样本与其所分配的簇的紧密度(与簇内其他点的距离)和分离度(与最近的其他簇的距离),其取值范围在[-1,1],值越接近 1 表示样本准确地被分配到正确的簇中,值越接近 0 表示样本处于簇的边界附近,值越接近-1 表示样本可能被错误地分配到了相邻簇中。示例中轮廓系数为

```
+-----+--------------------+----------+
|label|features            |prediction|
+-----+--------------------+----------+
|0.0  |(3,[],[])           |1         |
|1.0  |(3,[0,1,2],[0.1,0.1,0.1])|1    |
|2.0  |(3,[0,1,2],[0.2,0.2,0.2])|1    |
|3.0  |(3,[0,1,2],[9.0,9.0,9.0])|0    |
|4.0  |(3,[0,1,2],[9.1,9.1,9.1])|0    |
|5.0  |(3,[0,1,2],[9.2,9.2,9.2])|0    |
+-----+--------------------+----------+

0.9997530305375207
[9.1,9.1,9.1]
[0.1,0.1,0.1]
```

图 7.11　**K-Means** 聚类示例
代码运行结果

0.9997,表明模型计算结果比较准确。最后将划分好的簇中心点坐标打印出来,由结果可知,中心点坐标也准确地反映了两个簇的中心位置。

K-Means()参数及其含义如表7.9所示。

表7.9 K-Means()参数及其含义

参 数	含 义
k	要划分的簇的个数,默认为2
maxIter	迭代的最大次数,默认为20
tol	收敛阈值,默认为1e-4
initMode	指定簇中心的初始化模式,"random"表示随机选择数据中的点作为初始中心;"k-means‖"是一种改进的方法,可以更有效地选择初始中心点,特别是在大数据集上。默认为"k-means‖"
initSteps	初始化步骤数,默认为2
seed	随机种子

【任务实现】

1. 步骤分析

本任务需要读取产品表,对产品价格"price"和品牌"tm_id"字段进行特征转换,然后创建逻辑回归模型,对三级产品分类"category3_id"进行预测。

2. 完成任务

(1)启动 IntelliJ IDEA,右击项目文件夹,选择相应的 package,新建 scala 类。

(2)在代码编辑窗口中输入如下代码。

```scala
package book.sparkmllib

import org.apache.spark.ml.classification.LogisticRegression
import org.apache.spark.ml.feature.VectorAssembler
import orq.apache.spark.sql.SparkSession

import java.util.Properties

object Rw2 {
 def main(args: Array[String]): Unit = {
  val spark = SparkSession.builder().master("local[*]").appName("rw2").getOrCreate()
  val url = "jdbc:mysql://192.168.176.3:3306/shtd_store?useSSL=false"
  val properties = new Properties()
  properties.setProperty("user", "root")
  properties.setProperty("password", "123456")
  val sku_info = spark.read.jdbc(url, "sku_info", properties)
  //编写一个 Spark MLlib 的逻辑回归算法来预测商品的三级分类 category3_id,以商品的价
  //格 price 和品牌 tm_id 作为特征
  val assembler = new VectorAssembler()
   .setInputCols(Array("price", "tm_id"))
   .setOutputCol("features")
  val sku_features = assembler.transform(sku_info)
  val regression = new LogisticRegression()
   .setLabelCol("category3_id")
   .setFeaturesCol("features")
```

```
    val frame = regression.fit(sku_features).transform(sku_features)
    frame.select("price","tm_id","category3_id","prediction").show()
  }
}
```

（3）运行程序，三级分类预测结果如图 7.12 所示。可以看到，预测结果拥有较高的准确率。

```
+-----+-----+-----------+----------+
|price|tm_id|category3_id|prediction|
+-----+-----+-----------+----------+
| 2220|    2|         61|      61.0|
| 3321|    4|         86|      86.0|
| 3100|    1|         86|      61.0|
| 1442|    1|         61|      61.0|
|  244|    5|        803|     803.0|
|  145|    5|        803|     803.0|
| 1553|    2|         61|      61.0|
| 8900|    3|         61|      61.0|
| 2452|    2|         61|      61.0|
|  222|    1|        329|     329.0|
| 6399|    6|        285|     285.0|
| 6699|    6|        285|     285.0|
| 7299|    6|        285|     285.0|
|  496|    7|        477|     477.0|
|  252|    7|        477|     477.0|
+-----+-----+-----------+----------+
```

图 7.12　三级分类预测结果

【任务总结】

通过本任务的学习，读者可以掌握使用 spark.ml 包中的分类、回归、聚类算法进行机器学习的计算。在编程过程中，需要注意以下几点。

（1）数据准备与清洗。加载数据集时，要确保数据以 DataFrame 的方式进行读取和处理，对于存在缺失值的数据，需要进行清洗或填充，以确保算法能够正确处理。

（2）根据任务的需求，选择合适的特征尤为重要。本任务中的特征为产品价格和品牌，与产品类别有着密切的相关关系，保证了模型的准确率。

【巩固练习】

一、单选题

1. （　　）算法不属于 Spark MLlib 中的回归算法。

　　A. Linear Regression　　　　　　　　B. Decision Tree Regression

　　C. Gradient-Boosted Tree Regression　　D. K-Means

2. 关于决策树算法，（　　）是正确的。

　　A. 决策树可以用于分类和回归问题　　B. 决策树只能处理二分类问题

　　C. 决策树不支持特征重要性分析　　　D. 决策树的深度越深，模型越简单

3. 关于朴素贝叶斯算法,(　　)是正确的。

    A. 朴素贝叶斯只适用于二分类问题

    B. 朴素贝叶斯算法不考虑特征之间的相关性

    C. 朴素贝叶斯算法在处理连续特征时效果最好

    D. 朴素贝叶斯算法基于梯度下降优化

二、判断题

1. 逻辑回归又称为逻辑回归分析,是一种狭义的线性回归分析模型。　　　　(　　)

2. 决策树算法是一种监督学习算法。　　　　　　　　　　　　　　　(　　)

3. K-Means 算法是一种用于聚类的无监督学习算法。　　　　　　　　(　　)

4. SVM(支持向量机)可以用于解决回归问题。　　　　　　　　　　(　　)

5. 随机森林是一种集成学习算法,由多棵相同的决策树组成。　　　　　(　　)

三、编程题

在"项目 4 运用 Spark SQL 完成结构化数据处理"的"任务 2"部分的"任务拓展"中用到的房产数据中,包含多个影响房价的特征列,如总面积、卧室与浴室数量、楼层情况、是否紧邻主干道、是否设有客人房、有无地下室、是否配备热水供暖及空调系统,乃至停车便利性等。

观察该数据集,完成以下分析任务。

1. 对字符串类型的特征进行字符串索引化。

2. 对房屋总面积字段进行归一化处理。

3. 特征合并。

4. 使用 SVM 对房价进行预测。

【任务拓展】

利用帕尔默企鹅数据集中的特征,建立一个决策树分类器来预测企鹅的种类(Adelie、Chinstrap、Gentoo)。任务要求如下。

1. 使用决策树分类算法。

2. 使用适当的特征作为输入,将企鹅的种类作为目标变量。

3. 训练模型并输出预测结果。

任务 3　电商推荐系统实现

【任务提出】

电商推荐系统是一种基于用户行为数据和算法,向用户推荐他们可能感兴趣的商品或服务的技术。推荐系统能够根据用户的历史行为、兴趣爱好和购买记录,提供个性化的产品推荐,这种个性化体验可以帮助用户快速找到感兴趣的产品,减少搜索时间,提高购物满意度。

本任务需使用本项目前述任务中的产品列表,并结合购买记录,为用户生成推荐列表,完成推荐系统的构建。

【任务分析】

本任务需要根据产品特征,计算产品相似度,以实现推荐系统功能。具体实施步骤如下。

1. 读取产品信息,提取特征,进行特征转换。
2. 计算产品的余弦相似度。
3. 结合购买记录,为特定用户生成推荐列表。

【知识准备】

7.5 推荐算法

推荐算法是一类依据用户的历史行为、偏好或者其他特征,为用户推荐可能感兴趣的物品(如商品、文章、音乐等)的计算方法或技术。这类算法的主要目的是提升用户体验,增加用户对系统的黏性,从而促进交易或内容消费。

以下是几种常见的推荐算法。

(1)协同过滤算法,分为基于用户的协同过滤算法和基于物品的协同过滤算法。基于用户的协同过滤是指根据用户之间的相似性推荐物品,如果用户 A 和用户 B 喜欢的物品类似,那么可以向用户 B 推荐用户 A 喜欢的物品。基于物品的协同过滤是指根据物品之间的相似性推荐物品,即如果物品 X 和物品 Y 经常被同一用户喜欢,那么向喜欢 X 的用户推荐 Y。

(2)内容过滤算法,根据物品的属性、特征和描述信息,结合用户的偏好进行推荐。内容过滤算法不依赖于其他用户的行为数据,适用于新用户和冷启动问题。

(3)混合推荐算法,将多种推荐算法结合起来,利用各自的优点来提高推荐的准确性和覆盖度。例如,将协同过滤和内容过滤结合,以克服它们各自的局限性。

(4)基于矩阵分解的方法,如 ALS(Alternating Least Squares)算法,通过分解用户-物品评分矩阵或者其他相关矩阵,学习用户和物品的潜在因子,从而进行推荐。

(5)基于深度学习的推荐算法,利用神经网络等深度学习技术来学习用户和物品的复杂特征表示,例如,使用自编码器(Autoencoders)、卷积神经网络(CNN)或者递归神经网络(RNN)等模型进行推荐。

(6)基于关联规则的推荐算法,发现物品之间的关联性,例如,购物篮分析中的频繁模式挖掘,从而向用户推荐可能同时购买的物品。

(7)基于流行度的推荐算法,简单地向所有用户推荐热门或者流行的物品,适用于新用户或者数据稀疏的情况,但通常无法提供个性化推荐。

（8）上下文感知推荐算法，考虑用户当前的上下文信息（如时间、地点、设备等），以及物品的上下文信息（如新闻的话题、商品的属性等），增强推荐的精确性和适应性。

这些算法可以单独应用，也可以组合使用，根据具体的业务场景和数据特点选择合适的算法来构建推荐系统，以提升用户体验和平台价值。

现有电影评论数据，包含用户 ID、电影 ID、电影评分、时间戳四个字段，根据这些评论数据，对特定用户推荐相关电影。

7.5.1 基于用户相似度的推荐算法

基于用户相似度的推荐算法主要通过分析用户的历史行为和偏好，找到相似用户并利用这些相似用户的偏好来做推荐，其基本步骤如下。

（1）用户相似度计算。计算用户之间的相似度，通常使用皮尔逊相关系数、余弦相似度等方法。

（2）找出最相似用户。基于计算出的相似度，选择与目标客户最相似的用户作为备选。

（3）推荐生成。结合这些最相似用户对物品的评价或评分，预测目标可能感兴趣的物品，并生成推荐列表。

这种方法简单易实现，适用于用户较少但物品数量较多的场景。现根据电影评分数据，对 ID 为 0 的用户生成电影推荐列表，具体代码如例 7.20 所示。

例 7.20 基于用户相似度的推荐算法。

```
package book.sparkmllib

import org.apache.spark.rdd.RDD
import org.apache.spark.mllib.linalg.distributed.{CoordinateMatrix, MatrixEntry}
import org.apache.spark.sql.SparkSession

object UserRecmd {
 def main(args: Array[String]): Unit = {
  //基于用户的推荐系统
  val spark = SparkSession.builder().master("local[*]").appName("UserRecmd").
getOrCreate()
  val data = spark.sparkContext.textFile ("data/mllib/als/sample_movielens_
ratings.txt")
  val parseData: RDD[MatrixEntry] = data.map(_.split("::"))
  match {
   case Array(user, item, rate, timestamp) => MatrixEntry(user.toLong, item.
toLong, rate.toDouble)
  })
  //构造评分矩阵
  val ratings: CoordinateMatrix = new CoordinateMatrix(parseData)
  //   ratings.entries.collect().foreach(println(_))
  //得到某个用户对于所有电影的评分,以用户 0 为例
  val ratingsOfUser0: Array[(Long, Double)] = ratings.entries
     .filter(x => x.i == 0).map(x => (x.j, x.value)).sortBy(_._1).collect()
//  for(s<-ratingsOfUser0) println(s)
  //计算用户与用户的相似度矩阵
  val matrix = ratings.transpose().toRowMatrix()
```

```
   val similarities = matrix.columnSimilarities()
// similarities.entries.collect().map(x=>{
//   println(s"${x.i} -> ${x.j}-------------> ${x.value}")
// })
   //选出最相似的 N 个用户(此处 N 设置为 3)
   val N = 3
   val topNSimilarities = similarities.entries.filter(x => x.i == 0 && x.j != 0)
    .sortBy(_.value, false)
    .take(3)
   //获取用户 0 已经评价过的电影集合
   val ratedMoviesOfUser0 = ratings.entries.filter(_.i == 0).map(_.j).collect().toSet
   topNSimilarities.foreach(entry =>{
    val similarUser = entry.j
    //获取 similarUser 评价过且用户 0 未评论过的电影
    val recommendedMovies = ratings.entries
     .filter(r => r.i == similarUser && !ratedMoviesOfUser0.contains(r.j))
     .sortBy(_.value, false)
     .take(2)//假设每个用户推荐两部电影
   recommendedMovies.foreach(r=>println(s"用户${similarUser}给电影${r.j}的评分
${r.value}"))
   })
  }
}
```

该示例代码找出与用户 0 最相似的三个用户,从这三个用户里面每个用户找出两部用户 0 未评论过且评分最高的电影推荐给用户 0,代码运行结果如图所示。

用户1给电影62的评分4.0
用户1给电影85的评分3.0
用户25给电影33的评分4.0
用户25给电影1的评分3.0
用户6给电影25的评分5.0
用户6给电影43的评分4.0

图 7.13   基于用户的电影推荐系统示例代码运行结果

7.5.2   基于物品相似度的推荐算法

基于物品相似度的推荐算法通过分析物品之间的相似度,基于用户对物品的历史偏好来生成推荐,其基本步骤如下。

(1)物品相似度计算。计算物品之间的相似度,通常使用余弦相似度、皮尔逊相关系数或杰卡德相似度等方法,相似度越高的物品在用户推荐中越有可能一起出现。

(2)用户行为分析。记录用户对物品的评分或其他行为数据,如点击、购买等。

(3)推荐生成。找到用户喜欢的物品,查找与这些物品相似度最高的商品,生成推荐列表。

相比于用户相似度的方法,物品相似度算法更稳定,用户的兴趣变化通常不会影响物品相似度的计算,物品之间的相似性较为恒定。一旦物品相似度矩阵计算完成,推荐的效率较高,因为计算推荐只涉及物品之间的相似度和用户的历史行为,而不需要重新计算用户之间的相似度。但是当物品数量非常庞大时,相似度的计算就更加复杂,并且新物品在物品相似度中没有足够的历史数据,推荐系统可能无法对这些新物品做出合理推荐。

例 7.21   基于物品相似度的推荐算法实现。

```
package book.sparkmllib

import org.apache.spark.mllib.linalg.distributed.{CoordinateMatrix, MatrixEntry}
```

```
import org.apache.spark.rdd.RDD
import org.apache.spark.sql.SparkSession

object ItemRecmd {
 def main(args: Array[String]): Unit = {
  //基于物品的推荐系统
  val spark = SparkSession.builder().master("local[*]").appName("ItemRecmd").
getOrCreate()
  val data = spark.sparkContext.textFile("data/mllib/als/sample_movielens_
ratings.txt")
  val parseData: RDD[MatrixEntry] = data.map(_.split("::")
  match {
   case Array(user, item, rate, timestamp) => MatrixEntry(user.toLong, item.
toLong, rate.toDouble)
  })
  //构造评分矩阵
  val ratings: CoordinateMatrix = new CoordinateMatrix(parseData)
  val matrix = ratings.toRowMatrix()
  //计算电影的相似度
  val similarities = matrix.columnSimilarities()
//  similarities.entries.foreach(println(_))
  //当前用户0评价高的电影
  val user0HighRatingMovie = ratings.entries.filter(entry => entry.i == 0)
   .sortBy(_.value, false)
   .take(3)
   .map(_.j)
   .toSet
//  user0HighRatingMovie.foreach(println(_))
  //找出与之相似度最高的N个Movie(此处N为10)
  val recommands = similarities.entries.filter(entry => user0HighRatingMovie.
contains(entry.i))
   .sortBy(_.value, false)
   .take(10)
  recommands.foreach(r => println(s"与电影${r.i}相似度为${r.value}的电影${r.j}"))
 }
}
```

代码中计算出电影的相似度矩阵,并查找用户0评价最高的三部电影,从相似度矩阵中找出与这三部电影相似度最高的十部电影,将其推荐给用户0,计算结果如图7.14所示。

与电影2相似度为0.7381017469576845的电影58
与电影2相似度为0.6637460828011434的电影85
与电影2相似度为0.6303828861654276的电影95
与电影2相似度为0.6240377207533827的电影92
与电影2相似度为0.5977001626239169的电影53
与电影2相似度为0.5955500003825581的电影89
与电影2相似度为0.5707354170332848的电影67
与电影9相似度为0.5703845117952784的电影91
与电影9相似度为0.5701995122190424的电影68
与电影9相似度为0.5688154274122807的电影61

图7.14 基于物品的电影推荐系统示例代码运行结果

7.5.3 ALS算法

ALS全称为交替最小二乘法(Alternating Least Squares)算法,其核心思想是将用户-评分矩阵分解为两个低维矩阵的乘积,也就是用用户和物品的特征向量来表示。具体而言,首先初始化一个因子矩阵,使用评分矩阵获取另外的因子矩阵,通过交替计算,直到满足终止条件(最大迭代次数或收敛条件),其分解原理如图7.15所示。

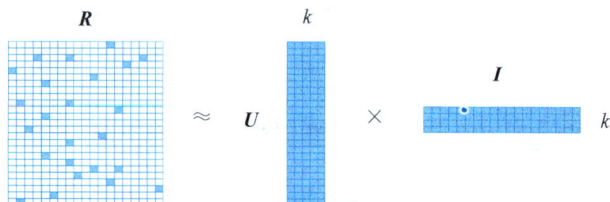

R:评分矩阵 U:用户矩阵 I:物品矩阵 k:低维因子

图7.15 ALS分解矩阵

假设原始矩阵为 X,用户矩阵为 U,物品矩阵为 I,ALS算法通过交替优化 U 和 I 来逼近原始矩阵 X。具体步骤如下。

1. 优化物品矩阵 I。固定 U,根据 U 和 X 计算 I,通过损失函数衡量 $U*I$ 与 R 之间的差异,找到使损失函数最小的 I。

2. 优化用户矩阵 U。固定 I,根据 I 和 X 计算 U,同样找到使损失函数最小的 U。

3. 交替重复上述步骤,直到达到某个收敛条件或达到迭代次数。

经过若干轮迭代后,得到了优化后的用户特征矩阵 U 和物品特征矩阵 I,这样对于任意一个用户 u 和一个物品 i,通过计算二者的乘积,就能得到用户 u 对物品 i 的预测评分。如图7.16所示。

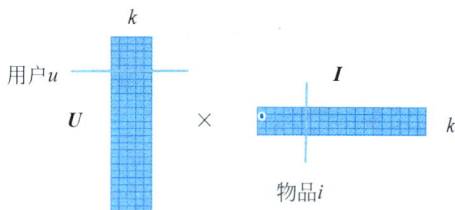

图7.16 用户 u 对物品 i 的评分

例7.22 ALS算法实现电影推荐。

```scala
package book.sparkmllib

import org.apache.spark.ml.evaluation.RegressionEvaluator
import org.apache.spark.ml.recommendation.ALS
import org.apache.spark.sql.SparkSession

object CollabrtFilter {
 case class Rating(userId: Int, movieId: Int, rating: Float, timestamp: Long)
 def main(args: Array[String]): Unit = {
```

```
  val spark = SparkSession.builder().master("local[*]").appName("collaborati-
veFilter").getOrCreate()
  import spark.implicits._
  val ratings = spark.sparkContext.textFile("data/mllib/als/sample_movielens_
ratings.txt")
   .map(string => {
    val fields = string.split("::")
    Rating(fields(0).toInt, fields(1).toInt, fields(2).toFloat, fields(3).toLong)
   })
   .toDF()
//  ratings.show()
  val Array(training, test) = ratings.randomSplit(Array(0.8, 0.2))
  val als = new ALS()
   .setMaxIter(5)
   .setRegParam(0.01)
   .setUserCol("userId")
   .setItemCol("movieId")
   .setRatingCol("rating")
  val model = als.fit(training)
  model.setColdStartStrategy("drop")
  val predictions = model.transform(test)
  val evaluator = new RegressionEvaluator()
   .setMetricName("rmse")
   .setLabelCol("rating")
   .setPredictionCol("prediction")
  val rmse = evaluator.evaluate(predictions)
  println(s"Root-mean-square error = $rmse")
  //为每个用户推荐 10 部电影
  val userRecs = model.recommendForAllUsers(10)
  userRecs.show(false)
  //为每部电影推荐 10 个用户
  val movieRecs = model.recommendForAllItems(10)
  movieRecs.show(false)
  //为某个特定用户推荐 10 部电影(用户 0)
  val users = ratings.select(als.getUserCol).distinct().filter("userId = 0")
  val userSubsetRecs = model.recommendForUserSubset(users, 10)
  userSubsetRecs.show(false)
  //为某些特定电影推荐 10 个用户
  val movies = ratings.select(als.getItemCol).distinct().limit(3)
  val movieSubSetRecs = model.recommendForItemSubset(movies, 10)
  }
}
```

ALS 算法能够有效处理大规模稀疏矩阵,适合用于大数据环境,如电商网站的推荐系统。由于 ALS 使用了交替优化的策略,通常能较快地收敛到一个较好的解。

7.5.4 基于内容的推荐算法

基于内容的推荐方法依赖于物品的特征信息,例如商品的描述、类别、属性等,它不考虑用户的行为历史,而是根据物品自身的特征来推荐相似的物品,适用于产品类别、内容标签明确的场景,如新闻推荐、电影推荐(基于电影类型、演员等特征)。

在计算相似度时,可以选用欧几里得相似度、余弦相似度、皮尔逊相似度等衡量物品的

距离。以余弦相似度为例,通过计算两个向量的夹角余弦值来评估其相似性。对于向量
$\boldsymbol{A}(x_1,x_2,x_3,\cdots,x_n)$ 和向量 $\boldsymbol{B}(y_1,y_2,y_3,\cdots,y_n)$,其夹角余弦值为 $\cos\theta=\left.\sum\limits_{i=1}^{n}(x_i\times y_i)\right/$

$\sqrt{\sum\limits_{i=1}^{n}x_i^2}\times\sqrt{\sum\limits_{i=1}^{n}y_i^2}$,取值在 $[-1,1]$,余弦越大表示两个向量的夹角越小,余弦越小表示两
向量的夹角越大。

现有电影数据,包括电影类型、导演、演员列表等特征,根据这些特征计算各电影的余弦
相似度,为用户生成推荐列表。具体代码如例 7.23 所示。

例 7.23　基于电影特征计算相似度生成推荐列表。

```scala
package book.sparkmllib

import org.apache.spark.ml.feature.{StringIndexer, VectorAssembler}
import org.apache.spark.ml.linalg.Vectors
import org.apache.spark.ml.stat.Correlation
import org.apache.spark.sql.{DataFrame, Dataset, Row, SparkSession}

object ContentRecmd {
 def main(args: Array[String]): Unit = {
  val spark = SparkSession.builder().master("local[*]").appName("ContentRecmd").
getOrCreate()
  import spark.implicits._
  //电影数据
  val movies = Seq(
   (1, "Movie A", "Action,Adventure", "Actor X,Actor Y", "Director Z"),
   (2, "Movie B", "Action,Thriller", "Actor X,Actor Z", "Director Y"),
   (3, "Movie C", "Comedy", "Actor Y,Actor W", "Director X")
  ).toDF("id", "title", "genres", "actors", "director")

  //用户观看列表
  val userHistory = Seq(
   (1, 2)
  ).toDF("userId", "watchedMovies")
//特征值处理
  def extractFeatures(df: DataFrame): DataFrame = {
   val indexerGenres = new StringIndexer().setInputCol("genres").setOutputCol
("genresIndex")
   val indexerActors = new StringIndexer().setInputCol("actors").setOutputCol
("actorsIndex")
   val indexerDirector = new StringIndexer().setInputCol("director").setOutputCol
("directorIndex")

   val dfIndexed = indexerGenres.fit(df).transform(df)
   val dfIndexed2 = indexerActors.fit(dfIndexed).transform(dfIndexed)
   val dfIndexed3 = indexerDirector.fit(dfIndexed2).transform(dfIndexed2)

   val assembler = new VectorAssembler()
    .setInputCols(Array("genresIndex", "actorsIndex", "directorIndex"))
    .setOutputCol("features")
```

```
  assembler.transform(dfIndexed3)
 }
 val movieFeatures = extractFeatures(movies)
 movieFeatures.show()
 //计算余弦相似度
 import org.apache.spark.ml.linalg.Vector
 def cosineSimilarity(v1:Vector,v2:Vector):Double = {
  val dotProd = v1.dot(v2)
  val norm1 = Vectors.norm(v1, 2.0)
  val norm2 = Vectors.norm(v2, 2.0)
  dotProd / (norm1 *norm2)
 }
 val featureMatrx: Array[(Int, Vector)] = movieFeatures.select("id","features").
rdd.map{
  case Row(id:Int,features:Vector)=>(id,features)
 }.collect()

 val similarities = for{
  i <- featureMatrx.indices
  j <- featureMatrx.indices
 } yield {
  val sim = cosineSimilarity(featureMatrx(i)._2,featureMatrx(j)._2)
  (featureMatrx(i)._1,featureMatrx(j)._1,sim)
 }
 val similarityDF = spark. createDataFrame (similarities). toDF ( "movie1",
"movie2", "similarity")
 similarityDF.show(false)
 //生成推荐列表
 val historyMovies = userHistory.select("watchedMovies").rdd.map(row => row.
getAs[Int](0)).collect()
 val recommandedMovies = similarityDF
.filter($"movie1".isin(historyMovies:_*) and !$"movie2".isin(historyMovies:_*))
  .sort($"similarity".desc)
 recommandedMovies.show(false)
 }
}
```

7.6 模型评估

在 Spark 机器学习中,模型评估是衡量模型性能的过程,以确保其在实际应用中的有效性。通过模型评估可以知道模型的好坏,预测分类结果的准确性,有助于对模型进行修正。常用的模型评估方法如表 7.10 所示。

表 7.10 常用的模型评估方法

问 题 类 型	方　　法	含　　义
分类问题	准确率(Accuracy)	预测正确的比例
	精确率(Precision)	正类预测中实际为正类的比例
	召回率(Recall)	实际正类中被预测为正类的比例
	F1 值	精确率和召回率的调和平均数

续表

问 题 类 型	方　　法	含　　义
回归问题	均方误差（MSE）	预测值与实际值差异的平方的平均
	均方根误差（RMSE）	MSE 的平方根
	平均绝对误差（MAE）	预测值与实际值差异的绝对值的平均

常用的评估类包括用于多类分类模型评估的 MulticlassClassificationEvaluator,用于二分类模型评估的 BinaryClassificationEvaluator,用于回归模型评估的 RegressionEvaluator 等,具体用法请详见 Spark 官网,此处不再赘述。

【任务实现】

1. 步骤分析

首先需要提取产品特征,进行特征转换。然后计算各商品的余弦相似度,最后结合某用户的购买记录,对该用户生成推荐商品清单。

2. 完成任务

（1）启动 IntelliJ IDEA,右击项目文件夹,选择相应的 package,新建 scala 类。

（2）在代码编辑窗口中输入如下代码。

```
package book.sparkmllib

import org.apache.spark.ml.feature.{StandardScaler, VectorAssembler}
import org.apache.spark.ml.linalg.Vectors
import org.apache.spark.rdd.RDD
import org.apache.spark.sql.SparkSession

import java.util.Properties

object Rw3 {
 def main(args: Array[String]): Unit = {
  val spark = SparkSession. builder ( ). master ( " local [ * ]"). appName ( " rw2 ").
getOrCreate()
   import spark.implicits._
   import org.apache.spark.sql._
   val url = "jdbc:mysql://192.168.176.3:3306/shtd_store?useSSL=false"
   val properties = new Properties()
   properties.setProperty("user", "root")
   properties.setProperty("password", "123456")
   val sku_info = spark.read.jdbc(url, "sku_info", properties)
//  sku_info.show()
  //获取特征,取 spu_id,price,weight,tm_id,category3_id
   val assembler = new VectorAssembler()
   .setInputCols(Array("spu_id", "price", "weight", "tm_id", "category3_id"))
   .setOutputCol("assemblerFeatures")
   val assemberdf = assembler.transform(sku_info)
//  assemberdf.show()
  //规范化特征值
```

```
val scaler = new StandardScaler()
  .setInputCol("assemblerFeatures")
  .setOutputCol("features")
val skudf = scaler.fit(assemberdf).transform(assemberdf)
skudf.show()
skudf.printSchema()
//计算余弦相似度
import org.apache.spark.ml.linalg.Vector
def cosineSimilarity(v1: Vector, v2: Vector): Double = {
  val dotProd = v1.dot(v2)
  val norm1 = Vectors.norm(v1, 2.0)
  val norm2 = Vectors.norm(v2, 2.0)
  dotProd / (norm1 * norm2)
}

val featureMatrx: Array[(Long, Vector)] = skudf.select("id", "features").rdd.map {
  case Row(id: Long, features: Vector) => (id, features)
}.collect()

val similarities = for {
  i <- featureMatrx.indices
  j <- i to featureMatrx.length-1
} yield {
  val sim = cosineSimilarity(featureMatrx(i)._2, featureMatrx(j)._2)
  (featureMatrx(i)._1, featureMatrx(j)._1, sim)
}
val similarityDF = spark.createDataFrame(similarities).toDF("id1", "id2",
"similarity")
similarityDF.show(false)
//对于用户 ID 为 2790,购买了产品 ID 为 4 和 5 的产品
val historydf = Seq(
  (2790, 4), (2790, 5)
).toDF("userid", "sku_id")
val historyIDs= historydf.select("sku_id").rdd.map(row => row.getAs[Int](0)).
collect()
val recommand = similarityDF.filter($"id1".isin(historyIDs: _*) and !$"id2".
isin(historyIDs: _*))
  .sort($"similarity".desc)
  .limit(3)
recommand.show()
 }
}
```

（3）测试源代码，运行程序。ID 为"2790"的用户购买了产品"4"和"5"，计算两个产品与其他产品的相似度后，取最相似的产品进行推荐。结果如图 7.17 所示。

```
+---+---+------------------+
|id1|id2|        similarity|
+---+---+------------------+
|  5|  6|0.9979879275314465|
|  4|  9|0.9943171230302351|
|  4| 11|0.9242059011222169|
+---+---+------------------+
```

图 7.17　推荐系统运行结果

【任务总结】

通过本任务的学习，读者可以理解几种常见的推荐算法运行原理，并掌握如何计算商品

的余弦相似度,根据相似度结果生成推荐列表。在使用时需注意以下几点。

(1)确保选择的特征能够有效描述用户或项目的属性。例如,在电商推荐系统中,可能会使用商品类别、重量、颜色、价格等特征。

(2)由于不同特征的数值范围可能有较大差别,因此需要进行特征向量的标准化,有助于提高模型的性能。

(3)对大规模数据集,计算所有项目之间的相似度可能会非常耗时,可以考虑使用近似方法或降维技术来提高计算效率。

【巩固练习】

一、单选题

1. 基于(　　)的协同过滤方法主要利用用户间的相似性来推荐产品。

　　A. 内容　　　　　　　B. 用户　　　　　　　C. 物品　　　　　　　D. 模型

2. 基于物品的协同过滤主要通过计算(　　)来生成推荐。

　　A. 用户对物品的评分　　　　　　　B. 用户个人信息

　　C. 物品之间的相似度　　　　　　　D. 用户之间的相似度

3. 基于内容的推荐算法主要通过(　　)来生成推荐。

　　A. 用户的历史行为　　　　　　　B. 物品的内容特征

　　C. 用户间的相似性　　　　　　　D. 物品间的相似性

4. 在基于内容的推荐中,(　　)技术通常用于将文本描述转换为数值特征。

　　A. 词袋模型　　　　　　　　B. K-Means 聚类

　　C. 主成分分析　　　　　　　D. 随机森林

5. 基于内容的推荐算法(　　)。

　　A. 不推荐新物品

　　B. 通过物品特征的内容生成推荐

　　C. 通过用户行为生成推荐

　　D. 使用用户之间的相似度生成推荐

二、判断题

1. 协同过滤算法仅依赖于用户之间的相似性来生成推荐。　　　　　　　　(　　)

2. 基于内容的推荐算法会根据物品的内容特征来生成推荐,而不是基于用户的评分数据。　　　　　　　　　　　　　　　　　　　　　　　　　　　　　　(　　)

3. 在协同过滤中,"冷启动"问题指的是推荐系统在没有足够用户数据时无法生成推荐。　　　　　　　　　　　　　　　　　　　　　　　　　　　　　　(　　)

4. 基于内容的推荐算法通常需要大量的物品特征数据来生成准确的推荐。(　　)

5. 混合推荐系统通过结合协同过滤和基于内容的方法,可以提高推荐的准确性。

　　　　　　　　　　　　　　　　　　　　　　　　　　　　　　　　(　　)

三、编程题

现有一份用户对商品的评分数据 user_rating.txt,包含字段用户 ID、商品 ID、评分值,部分数据如下所示。

```
1,101,5.0
1,102,3.0
1,103,2.5
2,101,2.0
2,102,2.5
2,103,5.0
2,104,2.0
3,101,2.5
3,104,4.0
```

请完成以下分析任务。

1. 使用基于用户相似度的推荐算法为用户"1"生成商品推荐列表。

2. 使用基于物品相似度的推荐算法为用户"1"生成商品推荐列表。

【任务拓展】

针对 user_rating.txt，使用 ALS 算法完成如下推荐。

1. 为用户"1"推荐 5 个产品。

2. 为产品"101"推荐 3 个用户。

项目 8

社交软件运营数据分析

随着科技的迅猛发展,网络社交已经成为现代生活中不可或缺的沟通方式。移动社交的用户规模庞大且逐年递增,这为社交软件平台带来了巨大的市场机遇。然而,面对如此激烈的竞争环境,这些平台在产品设计、运营维护、市场营销和专业服务等方面仍然面临不少挑战。例如,产品体验欠佳、开发与运营成本高昂、用户定位模糊以及营销策略的力度和深度不足等问题层出不穷。

在许多情况下,社交软件的改进往往依赖于人员的工作经验和直觉,而非充分利用数据分析。在引入数据作为决策的关键因素之前,企业在产品设计改进、平台存储与计算能力的购置、广告价格的设定与投放,以及用户个性化服务的实现等方面,常常缺乏系统的数据支撑。这种情况不仅导致了运营效率的低下,还可能造成巨大的经济损失。

为了应对业务部门和职能部门对低成本、高质量、高效率和高服务水平的营销需求,本项目将重点对社交软件的运营数据进行深入分析。通过科学的数据分析,我们将能够更精准地把握用户需求和市场动态,为产品设计提供依据,为平台优化提供参考,为营销活动制定更有效的策略。这不仅有助于提升用户体验,还能有效降低运营成本,提高整体业务的盈利能力。最终,我们希望通过数据驱动的决策,推动社交软件平台在激烈的市场竞争中实现可持续发展。

【学习目标】

知识目标

1. 掌握 Spark 的生态系统中 Spark SQL、MLlib 等组件的使用。
2. 掌握数据清洗、转换和聚合的常用操作。
3. 学习如何使用 Spark 进行大规模数据的离线分析和处理。
4. 学习如何构建和优化机器学习模型,以提高预测的准确性。
5. 学习使用 Spark 进行数据分析以提取有价值的信息和洞察。

能力目标

1. 提高对大数据集进行高效处理和分析的能力。
2. 能够运用 Spark 进行实际项目的开发和部署,提升技术实施能力。
3. 培养基于数据分析结果进行决策的能力,以推动业务策略的优化和执行。

素质目标

1. 能够分析和解决项目实施过程中遇到的技术难题,提升自我学习和应变能力。
2. 学会与团队成员沟通和协作,共同推进项目的进展。

【建议学时】

6学时。

【任务提出】

本项目的数据是从某聊天业务系统中导出的某日 24 小时的用户聊天记录,以 tsv 文本形式存储,共有两个文件,共 14 万条记录,主要记录了消息发送时间、发送人相关信息、接收人相关信息、消息类型、双方距离以及消息内容,项目数据字段说明如表 8.1 所示。

表 8.1 项目数据字段说明

字 段	类 型	解 释
msg_time	string	消息发送时间
sender_name	string	发送人昵称
sender_account	string	发送人账号
sender_gender	string	发送人性别
sender_ip	string	发送人 IP 地址
sender_os	string	发送人操作系统
sender_phonemodel	string	发送人手机型号
sender_network	string	发送人网络类型
sender_gps	string	发送人的 GPS 定位
receiver_name	string	接收人昵称
receiver_ip	string	接收人 IP 地址
receiver_account	string	接收人账号
receiver_os	string	接收人操作系统
receiver_phonetype	string	接收人手机型号
receiver_network	string	接收人网络类型
receiver_gps	string	接收人的 GPS 定位
receiver_gender	string	接收人性别
msg_type	string	消息类型
distance	string	双方距离
message	string	消息内容

本任务对社交软件运营数据进行分析,挖掘产品、平台、营销、服务等方面的深度需求,为相关部门制定针对性业务策略提供数据支撑。

数据分析从 5 个角度进行,如下所示。

(1) 时间角度。统计总消息量、发送和接收消息用户数。通过了解该日的整体消息量及活跃用户数,可以迅速掌握平台的使用情况。这一指标能反映平台的即时流量和用户参与度,有助于评估服务的稳定性,提升用户体验。分析这些数据可以帮助识别高峰时段,指导资源分配和系统优化,确保在高峰期为用户提供良好的服务体验。同时,这也能为后续市场营销和制定用户增长策略提供数据支持。按小时统计上述指标,能够揭示用户行为的细微变化,帮助识别出潜在的高峰时段和低谷时段。这对于实时监控平台性能和用户活跃度尤为重要。统计不同时段不同性别发送消息数,分析不同时段和性别之间的消息发送量,可以深入了解不同用户群体的使用习惯和偏好。这种细分数据有助于揭示潜在的市场趋势和用户行为模式。

（2）用户角度。统计发送和接收消息最多的 Top10 用户，有助于识别活跃用户。这些用户通常是平台的核心用户群体，他们的使用习惯和需求对产品改进至关重要。此外，可以利用这些用户的反馈进行深度分析，收集有价值的产品改进建议，并制定针对性的用户激励措施，增强用户黏性。查找关系最亲密的好友，可以帮助平台优化社交功能，设计更具吸引力的互动体验。例如，可以通过推荐系统鼓励用户与亲密好友一起参与活动，增加平台的活跃度和用户黏性。此外，识别亲密关系还可以为个性化推荐提供依据，比如，推荐共同感兴趣的内容或活动，进一步增强用户体验。

（3）地域角度。统计各地区消息发送数据量。了解各地区的消息发送量有助于合理分配资源，包括服务器负载、市场营销活动和用户支持服务。高活跃地区往往需要更多的关注和资源投入，以满足用户需求。同时，通过分析各地区的数据，可以识别市场潜力较大的区域，为未来的业务扩展和市场推广策略提供依据。低活跃地区可能意味着尚未被充分开发的市场。

（4）手机设备角度。统计消息发送人的手机型号分布、网络类型占比。不同手机型号的用户可能具有不同的使用习惯和偏好。通过分析手机型号分布，可以识别主要用户群体，为产品设计和功能优化提供依据。通过监测手机型号的变化趋势，可以洞察市场动向和用户需求变化，为产品发展和市场策略提供数据支持。不同网络类型（如 Wi-Fi、4G、5G 等）会影响用户的使用体验和行为。统计网络类型占比可以帮助了解用户的网络环境，进而优化应用性能。根据网络类型的使用情况，可以制定差异化的市场推广策略，针对网络条件较好的区域推出高数据需求的功能，吸引更多用户。

（5）用户聚类分析。通过分析用户特征，可以合理分配资源和优化产品设计。例如，针对某一特定用户群体优化产品功能或调整市场策略，确保资源的有效利用。通过针对不同用户群体提供定制化的服务，能够更好地满足用户的需求，提升用户的整体满意度和忠诚度。根据用户聚类结果，企业可以制定更加精准的营销策略，如特定渠道的广告投放、优惠活动设计等，从而提高营销的有效性和转化率。

【任务分析】

本任务使用了与社交媒体数据分析有关的大数据分析关键技术，具体任务包括以下 4 方面。

（1）数据分层设计及入库。将原始数据上传至 HDFS，并在 Hive 中创建表，完成数据导入。

（2）数据探索与预处理。使用 Spark SQL 对原始数据进行探索，并对异常值进行处理。

（3）数据分析。从时间、用户、地域、手机设备等角度对数据进行分析统计。

（4）用户聚类。根据用户的特征（如操作系统、网络类型、性别等）对用户进行聚类。

【知识准备】

8.1　通用的数据分层设计

分层是数据仓库解决方案中数据架构设计的一种数据逻辑结构，基于分层概念建立的数据仓库,具有出色的可扩展性,采用这种方式设计出来的模型架构,可以灵活地对仓库中的各组成部分进行增减或替换。标准的数据仓库可分为 ODS 数据运营层、DW 数据仓库层和 APP 数据应用层,具体如图 8.1 所示。

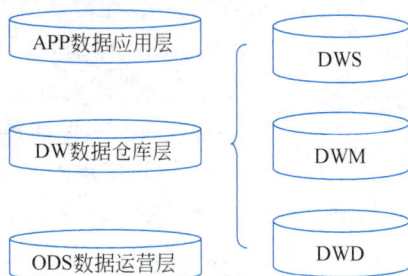

图 8.1 数据库分层示意图

ODS 层为历史存储层,与源系统数据同构,数据粒度最细。该层的表一般分为两种,一种是存储当前需要加载的数据,另一种存储处理完后的数据。

DW 层为数据仓库层,是数据仓库的主体,这一层和维度建模联系紧密。DW 层又细分为 DWD (Data Warehouse Detail)数据明细层、DWM(Data WareHouse Middle)数据中间层和 DWS(Data WareHouse Service)数据服务层。DWD 层主要用于存储经过清洗和转换的原始数据,通常包括所有业务事实和相关维度;DWM 层是中间层,主要用于对 DWD 层的数据进行进一步整合、聚合和优化,通常会生成一些预计算的数据集或汇总数据;DWS 层是数据仓库的服务层,主要用于向最终用户和应用提供数据服务和接口。

APP 层为应用层数据,主要为数据产品和数据分析提供数据,一般会存储在 ES、PostgreSql、Redis 等系统中,供线上系统使用,也可能会存储在 Hive 或者 Druid 中供数据分析和数据挖掘使用。

8.2 关键任务解析

8.2.1 数据入仓

根据聊天记录创建 Hive 外部表,需为每个字段选择合适的数据类型,然后将数据加载到表中。在 Hive 中创建表的语法结构如下。

```
CREATE [EXTERNAL] TABLE [IF NOT EXISTS] table_name
[(col_name data_type [COMMENT col_comment], ...)]
[COMMENT table_comment]
[PARTITIONED BY (col_name data_type [COMMENT col_comment], ...)]
[CLUSTERED BY (col_name, col_name, ...)
[SORTED BY (col_name [ASC|DESC], ...)] INTO num_buckets BUCKETS]
[ROW FORMAT row_format]
[STORED AS file_format]
[LOCATION hdfs_path]
```

各子句的语法解释如下。

(1) create table:创建一个指定名称的表。若已存在同名的表,则抛出异常;用户可以用 if not exists 选项来忽略该异常。

(2) external:允许用户创建外部表,在建表时需指定一个指向实际数据的路径(location)。Hive 创建内部表时,会将数据移动到数据仓库指向的路径。若创建外部表,仅记录数据所在的路径,不对数据的位置做任何改变。在删除表的时候,内部表的元数据和数据会被一起删除,而外部表只删除元数据,不删除数据。

（3）comment：为表和列添加注释。

（4）partitioned by：创建分区表。

（5）clustered by：创建分桶表。对于每一个表(table)或者分区，Hive 可以进一步组织成桶作为更细粒度的数据范围划分。

（6）sorted by：局部排序，保证每个 reducer 的输出文件是有序的。

（7）row format：用户在建表的时候可以自定义 SerDe 或者使用自带的 SerDe。如果没有指定 row format 或者 row format delimited，将会使用自带的 SerDe。在建表的时候，用户还需要为表指定列，用户在指定表的列的同时也会指定自定义的 SerDe，Hive 通过 SerDe 确定表的具体的列的数据。

（8）stored as：指定存储文件类型。常用的存储文件类型有以下 3 种。

① textfile：普通的文本文件格式。

② sequencefile：二进制序列文件。

③ rcfile：列式存储格式文件。

（9）location：指定表在 HDFS 上的存储位置。

创建好表后，也可以使用 Load 语句加载数据。语法格式如下。

```
LOAD DATA [LOCAL] INPATH 'filepath' [OVERWRITE] INTO TABLE tablename
[PARTITION(partcol1=val1, partcol2=val2 ...)]
```

8.2.2 数据探索与清洗

数据探索是指在数据分析过程中，对数据进行初步的检查和分析，以了解数据的结构、特征和潜在的模式。这一过程通常是数据分析的第一步，能帮助人们直观地理解数据，从而为后续的分析和建模提供基础。

数据探索的目的是观察数据的分布情况，包括均值、方差、偏度和峰度等。在探索的过程中，需识别缺失值和异常值，并加以处理，同时数据探索有助于理解变量之间的关系，为后续建模提供线索，并根据数据特征制定合适的分析方法和模型。

数据清洗是数据预处理的重要环节，旨在识别和修正数据中的错误、缺失和不一致，提高数据质量，确保数据准确、完整和一致，消除噪声和冗余，为后续的数据分析做好准备。

常见的数据清洗手段如下。

（1）处理缺失值。包括缺失值的删除、填充和插值。填充缺失值可以使用均值、中位数、众数或其他合适的方法进行，插值是指根据数据的趋势或模式估算缺失值。

（2）去除重复数据。检查并删除重复记录，以确保每条记录唯一。

（3）修正数据类型。确保每个变量的数据类型正确。

（4）处理异常值。识别和处理明显偏离正常范围的值，可以选择删除或调整。

（5）统一格式。确保数据格式统一，如日期格式、单位、文本大小写等。

（6）标准化和归一化。将数据缩放到同一范围，确保不同特征在同一尺度上进行比较。

（7）数据合并和拆分。根据需求合并多个数据源，或将一个变量拆分为多个变量。

8.2.3 数据分析

不同角度的数据分析是指从不同层面对数据进行分析，以便更全面、深入地理解数据的特征和潜在模式。这种分析方法在现代数据分析中至关重要,可以揭示数据中隐藏的关系和趋势,帮助人们全面理解数据,优化资源分配。数据分析任务如表8.2所示。

表8.2　数据分析任务

角　　度	任　　务
时间角度	需求指标1:统计今日消息量、发送和接收消息用户数
	需求指标2:统计今日每小时消息量、发送和接收消息用户数
	需求指标3:统计今日不同时段不同性别发送消息数
用户角度	需求指标1:统计今日发送消息最多的 Top10 用户
	需求指标2:统计今日接收消息最多的 Top10 用户
	需求指标3:查找关系最亲密的 10 对好友
地域角度	需求指标:统计今日各地区发送消息数据量
手机设备角度	需求指标1:统计发送人的手机型号分布情况
	需求指标2:统计发送人使用的网络类型占比情况

8.2.4　数据挖掘

数据挖掘是一种从大量数据中自动或半自动地发现有用信息和模式的过程。它结合了数据库技术、机器学习、统计学和人工智能的方法,旨在揭示数据中隐藏的关系、趋势和模式。数据挖掘技术广泛应用于商业、科学研究、医疗保健、金融服务等各个领域,如市场分析中的商品关联规则、销售预测、分类与聚类等。这些方法并非大数据时代的新生事物,但在大数据时代得到了新的发展,实现方法从单机程序发展到分布式程序,充分利用了计算机集群的并行处理能力提高分析效率。

机器学习是使计算机能够从数据中自主地学习出知识和模式,从而进行决策和预测,是数据挖掘的重要工具。数据挖掘不仅仅要研究、拓展和应用一些机器学习方法,还要通过许多非机器学习技术解决数据存储、数据噪声等更为实际的问题。而机器学习不仅可以用于数据挖掘,一些机器学习的子领域甚至与数据挖掘关系不大,例如增强学习与自动控制等。尽管它们在核心概念和目标上存在区别,但在实际应用中这两个领域之间的界限并不明确,很多时候是相互补充、相互依赖的。

使用 K-Means 或其他聚类算法对用户进行聚类,能够帮助识别不同的用户群体,从而为后续的市场分析、个性化推荐和用户行为研究提供支持。本任务中对用户进行聚类的关键步骤如下所示。

(1)特征选择。识别对聚类最有价值的特征,有助于提高模型的有效性和可解释性。本任务根据"性别""操作系统""网络类型"等字段作为用户特征进行数据挖掘,在实际生产环境下,可根据具体业务需求进行调整。

(2)标准化特征。不同特征可能具有不同的量纲和范围,标准化可以将特征转换到同一尺度(如均值为0,方差为1),防止某些特征主导聚类结果。标准化有助于提高聚类算法的稳定性和可靠性,确保每个特征对聚类计算的贡献相等。

(3)选择合适的 K 值。选择合适的 K 值(聚类数目)是聚类分析的关键。肘部法则通过计算不同 K 值下的聚类效果(如总方差),帮助识别最佳的 K 值,通常表现为总方差减少速度减缓的点。不当的 K 值可能导致聚类过于细分或过于粗糙,影响结果的可解释性和应用效果。合适的 K 值可以更好地反映数据的真实结构。

【任务实现】

1. 步骤分析

项目流程图如图 8.2 所示。

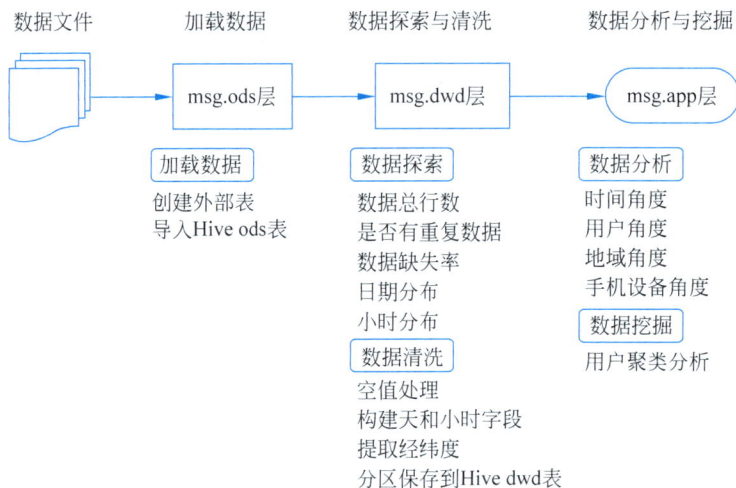

图 8.2　项目流程图

本项目需要将原始数据导入 Hive 中 msg 库的 ods 表,经过数据探索、清洗、分析和挖掘后,结果保存在 msg 库的 app 表,便于后续的数据可视化。

2. 完成任务

(1) 启动 IntelliJ IDEA,右击项目文件夹,选择相应的 package,新建 scala 类。

(2) 数据入仓。

① 开启 Hadoop 集群,开启 Hive metastore 服务。

```
[root@master ~]#hive --service metastore
2024-10-28 08:46:20: Starting Hive Metastore Server
SLF4J: Class path contains multiple SLF4J bindings.
SLF4J: Found binding in [jar:file:/usr/local/src/apache-hive-3.1.2-bin/lib/
log4j-slf4j-impl-2.10.0.jar!/org/slf4j/impl/StaticLoggerBinder.class]
SLF4J: Found binding in [jar:file:/usr/local/src/hadoop-3.1.3/share/hadoop/
common/lib/slf4j-log4j12-1.7.25.jar!/org/slf4j/impl/StaticLoggerBinder.class]
SLF4J: See http://www.slf4j.org/codes.html#multiple_bindings for an explanation.
SLF4J: Actual binding is of type [org.apache.logging.slf4j.Log4jLoggerFactory]
Loading class `com.mysql.jdbc.Driver'. This is deprecated. The new driver class
is `com.mysql.cj.jdbc.Driver'. The driver is automatically registered via the
SPI and manual loading of the driver class is generally unnecessary.
```

② 进入 Hive 客户端。

```
[root@master ~]#hive
```

```
which: no hbase in (/usr/local/src/apache-hive-3.1.2-bin/bin:/usr/local/sbin:/
usr/local/bin:/usr/sbin:/usr/bin:/usr/local/src/jdk/bin:/usr/local/src/
hadoop-3.1.3/bin:/usr/local/src/hadoop-3.1.3/sbin:/usr/local/src/apache-
zookeeper-3.5.7-bin/bin:/usr/local/src/kafka_2.12-2.4.1/bin:/usr/local/src/
apache-flume-1.9.0-bin/bin:/usr/local/src/scala-2.11.8/bin:/root/bin)
SLF4J: Class path contains multiple SLF4J bindings.
SLF4J: Found binding in [jar:file:/usr/local/src/apache-hive-3.1.2-bin/lib/
log4j-slf4j-impl-2.10.0.jar!/org/slf4j/impl/StaticLoggerBinder.class]
SLF4J: Found binding in [jar:file:/usr/local/src/hadoop-3.1.3/share/hadoop/
common/lib/slf4j-log4j12-1.7.25.jar!/org/slf4j/impl/StaticLoggerBinder.class]
SLF4J: See http://www.slf4j.org/codes.html#multiple_bindings for an explanation.
SLF4J: Actual binding is of type [org.apache.logging.slf4j.Log4jLoggerFactory]
Hive Session ID = cfe6b468-4a21-41d1-9afc-9935d13c19c1

Logging initialized using configuration in jar:file:/usr/local/src/apache-hive-
3.1.2-bin/lib/hive-common-3.1.2.jar!/hive-log4j2.properties Async: true
Hive Session ID = d8da516f-9944-4e5b-b113-91408fed4446
Hive-on-MR is deprecated in Hive 2 and may not be available in the future versions.
Consider using a different execution engine (i.e. spark, tez) or using Hive 1.X
releases.
hive> show databases;
```

③ 在 HDFS 上创建目录,将数据文件上传到 HDFS。

```
[root@master ~]#hdfs dfs -mkdir -p /data/msg
[root@master ~]#hdfs dfs -put /usr/local/src/data/chat1.tsv /data/msg
2024-10-28 08:49:49,530 INFO sasl.SaslDataTransferClient: SASL encryption trust
check: localHostTrusted = false, remoteHostTrusted = false
[root@master ~]#hdfs dfs -put /usr/local/src/data/chat2.tsv /data/msg
2024-10-28 08:49:58,788 INFO sasl.SaslDataTransferClient: SASL encryption trust
check: localHostTrusted = false, remoteHostTrusted = false
```

④ 在 Hive 中创建表,并加载数据。

```
#创建 ods 表
#-- 创建外部表
create external table msg.ods_chat(
msg_time string comment '消息发送时间',
sender_name string comment '发送人昵称',
sender_account string comment '发送人账号',
sender_gender string comment '发送人性别',
sender_ip string comment '发送人 IP 地址',
sender_os string comment '发送人操作系统',
sender_phonemodel string comment '发送人手机型号',
sender_network string comment '发送人网络类型',
sender_gps string comment '发送人的 GPS 定位',
receiver_name string comment '接收人昵称',
receiver_ip string comment '接收人 IP 地址',
receiver_account string comment '接收人账号',
receiver_os string comment '接收人操作系统',
receiver_phonetype string comment '接收人手机型号',
receiver_network string comment '接收人网络类型',
```

```
receiver_gps string comment '接收人的 GPS 定位',
receiver_gender string comment '接收人性别',
msg_type string comment '消息类型',
distance string comment '双方距离',
message string comment '消息内容')
row format delimited fields terminated by '\t'; --指定字段分隔符为制表符
```

加载数据。

```
load data inpath "/data/msg/*" into table msg.ods_chat;
```

⑤ 查询数据前 3 行并计算数据行数。

```
hive (msg) > select *from ods_chat limit 3;
OK
ods_chat.msg_time    ods_chat.sender_name    ods_chat.sender_account ods_chat.
sender_gender ods_chat.sender_ip    ods_chat.sender_os    ods_chat.sender_
phonemodel    ods_chat.sender_network ods_chat.sender_gps    ods_chat.
receiver_name ods_chat.receiver_ip ods_chat.receiver_account    ods_chat.
receiver_os    ods_chat.receiver_phonetype    ods_chat.receiver_network
ods_chat.receiver_gps ods_chat.receiver_gender    ods_chat.msg_type    ods_
chat.distance    ods_chat.message
2022-11-01 07:44:37    郯乐游 1825138366359 男    195.188.222.255 IOS 9.0 OPPO
A11X    5G    123.257181,48.807394    梁丘雨琴    136.66.109.160 1523699980735
Android 7.0    华为 荣耀 9X    4G    89.332566,42.956064    女    TEXT    5.14KM
你如那出水的芙蓉,亭亭玉立[lizhigushicom]。你是那样的美,美得让我无法自拔,笑容如春天
般清丽秀雅,秀发如柳丝细腻顺滑,眼眸如涟漪百媚丛生。宝贝,对我来说你是最好的。
2022-11-01 07:29:22    牛星海 1551023222496 女    184.147.145.6 Android 7.0    小
辣椒 红辣椒 8X 4G    113.39623,22.371406 赖美华 186.218.176.9 1593421890833 Android
8.0    小辣椒 红辣椒 8X 4G    108.980879,24.071738    女    TEXT    78.22KM 一点爱一
点情,日子甜甜又蜜蜜。一个我一个你,生活平淡不嫌腻。粗茶淡饭,吃出健康身体,简单衣着,也
能万种风情。幸福有你,如此心心相印!
2022-11-01 07:57:58    晁泰平 1898238221524 男    21.56.191.12    Android 6.0
一加 OnePlus    4G    117.885171,33.21035 犹妞    225.104.57.224 1331812911843
Android 6    小辣椒 红辣椒 8X 5G    104.639117,37.781842    男    TEXT    98.86KM
一朵花摘了许久枯萎了也舍不得丢,一把伞撑了许久雨停了也记不起收,一条路走了许久天黑了也
走不到尽头,一句话想了很久清楚了,才说出口:有你真好!
Time taken: 3.245 seconds, Fetched: 3 row(s)
hive (msg) > select count(*) from ods_chat;
Query ID = root_20241029083937_c849db64-cc10-4d57-91a3-0ba6272aa606
Total jobs = 1
Launching Job 1 out of 1
Number of reduce tasks determined at compile time: 1
In order to change the average load for a reducer (in bytes):
  set hive.exec.reducers.bytes.per.reducer=<number>
In order to limit the maximum number of reducers:
  set hive.exec.reducers.max=<number>
In order to set a constant number of reducers:
  set mapreduce.job.reduces=<number>
Starting Job = job_1730075957203_0002, Tracking URL = http://master:8088/proxy/
application_1730075957203_0002/
Kill Command = /usr/local/src/hadoop-3.1.3/bin/mapred job -kill job_1730075957203_0002
```

```
Hadoop job information for Stage-1: number of mappers: 1; number of reducers: 1
2024-10-29 08:39:58,880 Stage-1 map = 0%, reduce = 0%
2024-10-29 08:40:10,966 Stage-1 map = 100%, reduce = 0%, Cumulative CPU 2.99 sec
2024-10-29 08:40:20,669 Stage-1 map = 100%, reduce = 100%, Cumulative CPU 5.73 sec
MapReduce Total cumulative CPU time: 5 seconds 730 msec
Ended Job = job_1730075957203_0002
MapReduce Jobs Launched:
Stage-Stage-1: Map: 1 Reduce: 1 Cumulative CPU: 5.73 sec HDFS Read: 55414969 HDFS
Write: 106 SUCCESS
Total MapReduce CPU Time Spent: 5 seconds 730 msec
OK
_c0
140465
Time taken: 45.286 seconds, Fetched: 1 row(s)
```

（3）数据探索。

① 创建类 Tansuo.scala，编写 Spark SQL 代码读取 Hive 表，计算数据总行数。

```scala
import org.apache.spark.sql.{DataFrame, SparkSession}

object Tansuo {
 def main(args: Array[String]): Unit = {
  System.setProperty("HADOOP_USER_NAME", "root")
  val spark = SparkSession.builder()
   .appName("tansuo")
   .master("local[*]")
   .config("hive.metastore.uris", "thrift://master:9083")
   .enableHiveSupport()
   .getOrCreate()
  import spark.implicits._
  import org.apache.spark.sql.functions._
  val ods_chat = spark.table("msg.ods_chat")
//打印前 5 行数据
  ods_chat.show(5)
  //计算数据总行数
  println(ods_chat.count())
 }
}
```

程序运行结果如图 8.3 所示。

图 8.3 读取数据并计算总行数

② 探索是否有重复记录。

```
//是否有重复数据
println(ods_chat.count() - ods_chat.distinct().count())
```

运行结果为 0,表明没有重复记录。

③ 统计字段缺失率。

```
//数据缺失率
def missingCount(data: DataFrame, column: String): Unit = {
val missingRate = data.select(column).filter(s"$column = ' ' or $column is
NULL").count() *100 / data.count().toDouble
 println(s"$column 列缺失率为" + f"$missingRate%.2f" + "%")
}
val columnNames = ods_chat.columns.toList
for (column <- columnNames)
 missingCount(ods_chat,column)
```

字段缺失率统计结果如图 8.4 所示。

由统计结果可知,数据完整性较好,只有 sender_gps、receiver_phonetype、message 三个字段有较少部分数据的缺失。在进行数据清洗时,可根据后续业务处理的需求进行缺失值的处理。

④ 统计日期分布。

```
//统计日期分布
ods_chat.withColumn("msg_time",to_timestamp($"msg_time"))
 .agg(min("msg_time"),max("msg_time"))
 .show()
```

日期分布统计结果如图 8.5 所示。

```
msg_time 列缺失率为0.00%
sender_name 列缺失率为0.00%
sender_account 列缺失率为0.00%
sender_gender 列缺失率为0.00%
sender_ip 列缺失率为0.00%
sender_os 列缺失率为0.00%
sender_phonemodel 列缺失率为0.00%
sender_network 列缺失率为0.00%
sender_gps 列缺失率为1.00%
receiver_name 列缺失率为0.00%
receiver_ip 列缺失率为0.00%
receiver_account 列缺失率为0.00%
receiver_os 列缺失率为0.00%
receiver_phonetype 列缺失率为1.03%
receiver_network 列缺失率为0.00%
receiver_gps 列缺失率为0.00%
receiver_gender 列缺失率为0.00%
msg_type 列缺失率为0.00%
distance 列缺失率为0.00%
message 列缺失率为1.01%
```

图 8.4 字段缺失率统计结果

```
+------------------+------------------+
|     min(msg_time)|     max(msg_time)|
+------------------+------------------+
|2022-11-01 00:00:00|2022-11-01 23:59:59|
+------------------+------------------+
```

图 8.5 日期分布统计结果

数据为 2022-11-01 这一天 00:00:00~23:59:59 的聊天记录。

⑤ 统计小时分布。

```
//统计小时分布
ods_chat.withColumn("hour",hour(to_timestamp($"msg_time")))
 .groupBy("hour")
 .count()
 .orderBy("hour")
 .show()
```

小时分布统计结果如图 8.6 所示。

```
+----+-----+
|hour|count|
+----+-----+
|   0| 4383|
|   1| 2920|
|   2|  889|
|   3|  474|
|   4|  209|
|   5|  569|
|   6|  793|
|   7| 2339|
|   8| 4534|
|   9| 5082|
|  10| 6024|
|  11| 7094|
|  12| 7990|
|  13| 8090|
|  14| 5343|
|  15| 6984|
|  16| 7843|
|  17| 8987|
|  18| 8989|
|  19| 9087|
+----+-----+
only showing top 20 rows
```

图 8.6 小时分布统计结果

（4）数据清洗。创建类 Etl. scala,根据上述数据探索的结果对数据进行清洗,将结果保存在 msg. dwd_chat_etl 表中。

① 由于数据分析中需要使用 sender_gps 字段,因此将该字段缺失的数据删除,并打印删除了多少条记录。

```
import org.apache.spark.sql.{DataFrame, SaveMode, SparkSession}

object Etl {
 def main(args: Array[String]): Unit = {
  System.setProperty("HADOOP_USER_NAME", "root")
  val spark = SparkSession.builder()
   .appName("etl")
   .master("local[*]")
   .config("hive.metastore.uris", "thrift://master:9083")
   .enableHiveSupport()
   .getOrCreate()
  import spark.implicits._
```

```
import org.apache.spark.sql.functions._
val ods_chat = spark.table("msg.ods_chat")
// ods_chat.show(5)
//ETL需求1:
//将为空字段删除 sender_gps,receiver_phonetype,message(此字段可以为空)
val chat_dropnull = ods_chat.filter("sender_gps is NOT NULL and sender_gps!=''")
val l = ods_chat.count() - chat_dropnull.count()
println(s"清洗掉 $l 条数据")
 }
}
```

运行结果如图8.7所示。

② 通过时间字段构建天和小时字段,并从接收者GPS的经纬度字段中提取经度和维度。

清洗掉 **1403** 条数据

图 8.7　去除缺失值清洗的行数

```
//ETL需求2:通过时间字段构建天和小时字段
//ETL需求3:从 GPS 的经纬度中提取经度和纬度
val chat_etl = chat_dropnull
 .withColumn("day", to_date($"msg_time"))
 .withColumn("hour",hour(to_timestamp($"msg_time")))
 .withColumn("sender_lng",split($"sender_gps",",")(0))    //经度
 .withColumn("sender_lat",split($"sender_gps",",")(1))    //纬度
```

③ 将结果分区保存到 msg.dwd_chat_etl 表中。

```
//将数据保存到 Hive 的 dwd_chat_etl 表中
//需要在 hive 中关闭 set hive.exec.dynamic.partition.mode=nonstrict
spark.sqlContext.setConf("hive.exec.dynamic.partition.mode","nonstrict")
chat_etl.write
 .mode(SaveMode.Overwrite)
 .format("hive")
v.partitionBy("day","hour")
 .saveAsTable("msg.dwd_chat_etl")
```

从 HDFS 上查看保存结果,如图8.8和图8.9所示。

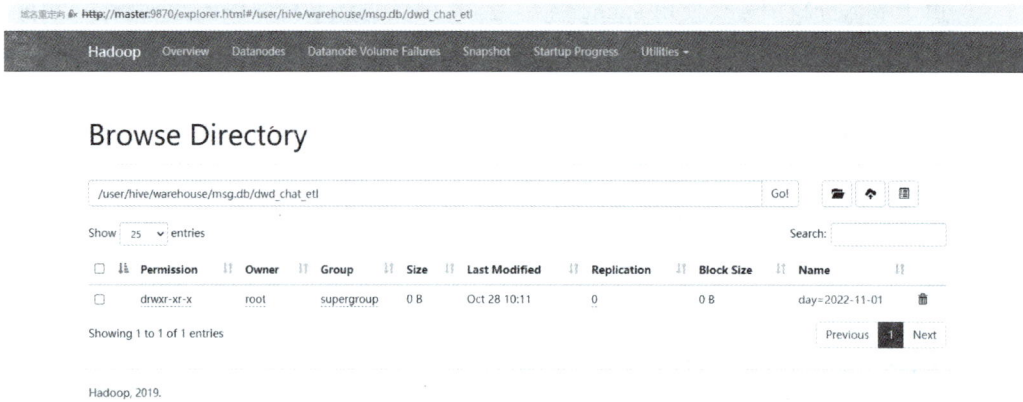

图 8.8　一级分区结果

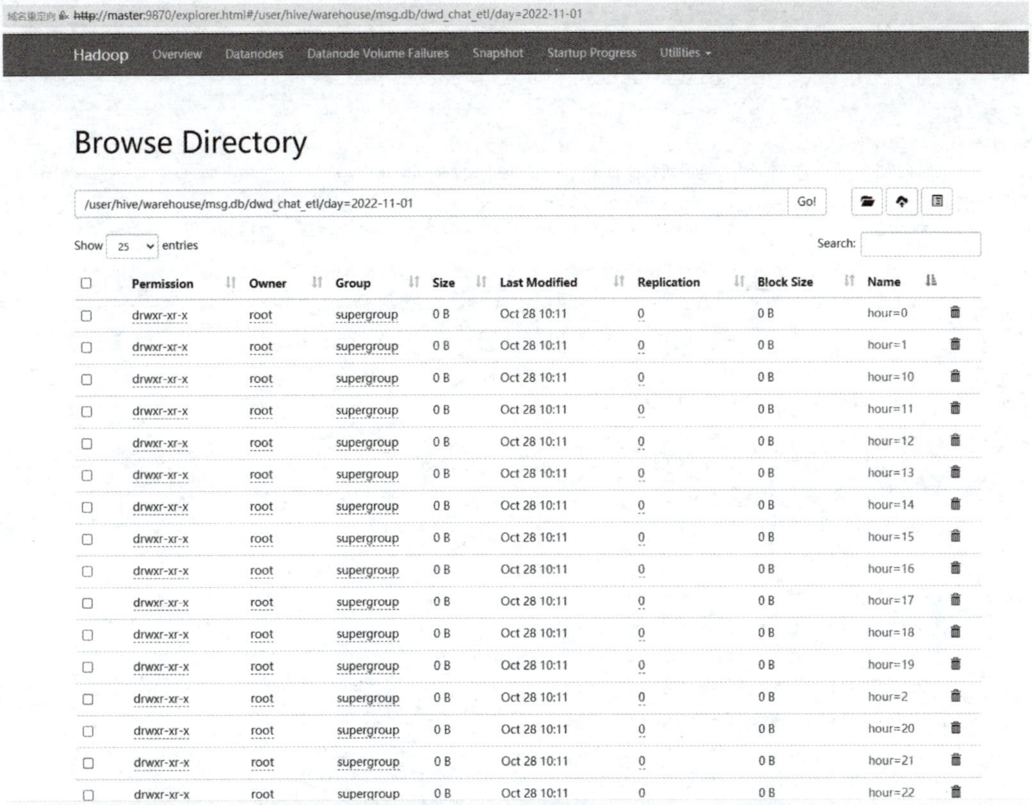

Permission	Owner	Group	Size	Last Modified	Replication	Block Size	Name
drwxr-xr-x	root	supergroup	0 B	Oct 28 10:11	0	0 B	hour=0
drwxr-xr-x	root	supergroup	0 B	Oct 28 10:11	0	0 B	hour=1
drwxr-xr-x	root	supergroup	0 B	Oct 28 10:11	0	0 B	hour=10
drwxr-xr-x	root	supergroup	0 B	Oct 28 10:11	0	0 B	hour=11
drwxr-xr-x	root	supergroup	0 B	Oct 28 10:11	0	0 B	hour=12
drwxr-xr-x	root	supergroup	0 B	Oct 28 10:11	0	0 B	hour=13
drwxr-xr-x	root	supergroup	0 B	Oct 28 10:11	0	0 B	hour=14
drwxr-xr-x	root	supergroup	0 B	Oct 28 10:11	0	0 B	hour=15
drwxr-xr-x	root	supergroup	0 B	Oct 28 10:11	0	0 B	hour=16
drwxr-xr-x	root	supergroup	0 B	Oct 28 10:11	0	0 B	hour=17
drwxr-xr-x	root	supergroup	0 B	Oct 28 10:11	0	0 B	hour=18
drwxr-xr-x	root	supergroup	0 B	Oct 28 10:11	0	0 B	hour=19
drwxr-xr-x	root	supergroup	0 B	Oct 28 10:11	0	0 B	hour=2
drwxr-xr-x	root	supergroup	0 B	Oct 28 10:11	0	0 B	hour=20
drwxr-xr-x	root	supergroup	0 B	Oct 28 10:11	0	0 B	hour=21
drwxr-xr-x	root	supergroup	0 B	Oct 28 10:11	0	0 B	hour=22

图 8.9 二级分区结果

(5) 数据分析。创建类 Analysis. scala，读取 Hive 中 msg. dwd_chat_etl 表，进行分析，分析结果保存到 Hive 中的 app 表中。保存代码请自行补上，此处不再赘述。

① 时间角度。

```
import org.apache.spark.sql.SparkSession

object Analysis {
def main(args: Array[String]): Unit = {
//  System.setProperty("HADOOP_USER_NAME", "root")
  val spark = SparkSession.builder()
   .appName("analysis")
   .master("local[*]")
   .config("hive.metastore.uris", "thrift://master:9083")
   .enableHiveSupport()
   .getOrCreate()
  import spark.implicits._
  import org.apache.spark.sql.functions._
  val dwd_chat_etl = spark.table("msg.dwd_chat_etl")
  dwd_chat_etl.show(5)
   //时间角度
  //需求指标 1: 统计今日消息量、发送和接收消息用户数
  dwd_chat_etl.agg(
```

```
    count("msg_time").as("day_cnt"),
    countDistinct("sender_account").as("sender_usr_cnt"),
    countDistinct("receiver_account").as("receiver_usr_cnt")
  )
//    .show()
  //需求指标2：统计今日每小时消息量、发送和接收消息用户数
  dwd_chat_etl.groupBy("day","hour")
   .agg(
   count("msg_time").as("hour_cnt"),
   countDistinct("sender_account").as("sender_usr_cnt"),
   countDistinct("receiver_account").as("receiver_usr_cnt")
   )
   .orderBy("day","hour")
//    .show()
  //需求指标3：统计今日不同时段不同性别发送消息数
  /*
  一天时间段的标准划分如下：
  (1)凌晨的时间段为 01:00:00~04:59:59
  (2)早上的时间段为 05:00:00~07:59:59
  (3)上午的时间段为 08:00:00~10:59:59
  (4)中午的时间段为 11:00:00~12:59:59
  (5)下午的时间段为 13:00:00~16:59:59
  (6)傍晚的时间段为 17:00:00~18:59:59
  (7)晚上的时间段为 19:00:00~22:59:59
  (8)子夜的时间段为 23:00:00~00:59:59
  */
  dwd_chat_etl.withColumn("time_span",
   when($"hour">=23 or $"hour"<1,"子夜")
    .when($"hour"<5,"凌晨")
    .when($"hour"<8,"早上")
    .when($"hour"<11,"上午")
    .when($"hour"<13,"中午")
    .when($"hour"<17,"下午")
    .when($"hour"<19,"傍晚")
    .when($"hour"<23,"晚上")
   )
   .groupBy("day","time_span","sender_gender")
   .count()
   .orderBy("day","time_span")
//    .show()
  }
}
```

程序运行结果如图 8.10～图 8.12 所示。

```
+-------+--------------+----------------+
|day_cnt|sender_usr_cnt|receiver_usr_cnt|
+-------+--------------+----------------+
| 139062|         10008|           10005|
+-------+--------------+----------------+
```

图 8.10 今日消息量、发送和接收消息用户数

```
+----------+----+--------+--------------+----------------+
|      day|hour|hour_cnt|sender_usr_cnt|receiver_usr_cnt|
+----------+----+--------+--------------+----------------+
|2022-11-01|   0|    4349|          3520|            3558|
|2022-11-01|   1|    2892|          2524|            2537|
|2022-11-01|   2|     882|           842|             838|
|2022-11-01|   3|     471|           463|             460|
|2022-11-01|   4|     206|           202|             205|
|2022-11-01|   5|     559|           552|             548|
|2022-11-01|   6|     784|           748|             762|
|2022-11-01|   7|    2314|          2066|            2073|
|2022-11-01|   8|    4487|          3595|            3612|
|2022-11-01|   9|    5027|          3968|            3961|
|2022-11-01|  10|    5975|          4489|            4508|
|2022-11-01|  11|    7019|          5070|            5032|
|2022-11-01|  12|    7908|          5472|            5452|
|2022-11-01|  13|    8024|          5548|            5479|
|2022-11-01|  14|    5280|          4083|            4106|
|2022-11-01|  15|    6911|          4978|            4955|
|2022-11-01|  16|    7750|          5409|            5378|
|2022-11-01|  17|    8904|          5933|            5858|
|2022-11-01|  18|    8907|          5927|            5916|
|2022-11-01|  19|    9020|          5972|            5949|
+----------+----+--------+--------------+----------------+
only showing top 20 rows
```

图 8.11 今日每小时消息量、发送和接收消息用户数

```
+----------+---------+-------------+-----+
|      day|time_span|sender_gender|count|
+----------+---------+-------------+-----+
|2022-11-01|     上午|           男|11357|
|2022-11-01|     上午|           女| 4132|
|2022-11-01|     下午|           女| 7645|
|2022-11-01|     下午|           男|20320|
|2022-11-01|     中午|           男|10916|
|2022-11-01|     中午|           女| 4011|
|2022-11-01|     傍晚|           男|13010|
|2022-11-01|     傍晚|           女| 4801|
|2022-11-01|     凌晨|           女| 1157|
|2022-11-01|     凌晨|           男| 3294|
|2022-11-01|     子夜|           女| 3629|
|2022-11-01|     子夜|           男| 9713|
|2022-11-01|     早上|           女|  997|
|2022-11-01|     早上|           男| 2660|
|2022-11-01|     晚上|           女|11287|
|2022-11-01|     晚上|           男|30133|
+----------+---------+-------------+-----+
```

图 8.12 今日不同时段不同性别发送消息数

② 用户角度。

```
//用户角度
//需求指标1：统计今日发送消息最多的Top10用户
dwd_chat_etl.groupBy("sender_name").count().orderBy($"count".desc).limit
(10).show()
//需求指标2：统计今日接收消息最多的Top10用户
dwd_chat_etl.groupBy("receiver_name").count().orderBy($"count".desc).limit
(10).show()
//需求指标3：查找关系最亲密的10对好友
dwd_chat_etl
```

```
    .withColumn("smaller_name",when($"sender_name"<$"receiver_name",$"sender_
name").otherwise($"receiver_name"))
    .withColumn("bigger_name",when($"sender_name">$"receiver_name",$"sender_
name").otherwise($"receiver_name"))
    .groupBy("smaller_name","bigger_name")
    .count()
    .orderBy($"count".desc)
    .limit(10)
    .show()
```

程序运行结果如图 8.13～图 8.15 所示。

```
+-----------+-----+              +------------+-----+
|sender_name|count|              |receiver_name|count|
+-----------+-----+              +------------+-----+
|      茹鸿晖| 1466|              |       畅雅柏| 1539|
|      卢高达| 1464|              |        春纯| 1491|
|      犁彭祖| 1460|              |       邝琨瑶| 1469|
|       沐范| 1459|              |        闭岚| 1459|
|       夫潍| 1452|              |       蹇彭泽| 1454|
|      烟心思| 1449|              |        宾适| 1448|
|      称子瑜| 1447|              |       招海女| 1448|
|      麻宏放| 1442|              |       潮凯捷| 1444|
|       郦时| 1439|              |        是涵| 1440|
|      养昆颉| 1431|              |       六悦可| 1440|
+-----------+-----+              +------------+-----+
```

图 8.13　今日发送消息最多的 Top10 用户　　　图 8.14　今日接收消息最多的 Top10 用户

```
+-----------+-----------+-----+
|smaller_name|bigger_name|count|
+-----------+-----------+-----+
|       东星宇|       党雨南|   32|
|       王正平|       祢冕丹|   30|
|       寒冷松|        贵舟|   30|
|       符振国|        闭岚|   29|
|        公翱|       答语梦|   28|
|       栾依波|       烟心思|   28|
|        宾适|       麻宏放|   27|
|        独职|       蓝清宁|   27|
|        勇颛|       叶曜瑞|   27|
|       潮凯捷|       符振国|   27|
+-----------+-----------+-----+
```

图 8.15　关系最亲密的 10 对好友

③ 地域角度。

```
//需求指标：统计今日各地区发送消息数据量
dwd_chat_etl
  .withColumn("sender_lng",$"sender_lng".cast("Double"))
  .withColumn("sender_lat",$"sender_lat".cast("Double"))
  .groupBy("day","sender_gps","sender_lng","sender_lng")
  .count()
  .show(10)
```

程序运行结果如图 8.16 所示。

```
+----------+------------------+----------+----------+-----+
|       day|        sender_gps|sender_lng|sender_lng|count|
+----------+------------------+----------+----------+-----+
|2022-11-01|116.707744,40.811622|116.707744|116.707744| 1362|
|2022-11-01| 120.313614,44.34531|120.313614|120.313614| 1386|
|2022-11-01|112.660338,28.384555|112.660338|112.660338| 1423|
|2022-11-01|119.651311,33.519113|119.651311|119.651311| 1361|
|2022-11-01|109.348825,33.395741|109.348825|109.348825| 1469|
|2022-11-01|108.392166,23.665665|108.392166|108.392166| 1424|
|2022-11-01| 91.319474,38.652724| 91.319474| 91.319474| 1394|
|2022-11-01| 80.060328,38.073303| 80.060328| 80.060328| 1431|
|2022-11-01| 99.340696,25.682909| 99.340696| 99.340696| 1352|
|2022-11-01|100.297355,24.206808|100.297355|100.297355| 1397|
+----------+------------------+----------+----------+-----+
only showing top 10 rows
```

图 8.16 今日各地区发送消息数据量(仅打印前 10 条结果)

④ 手机设备角度。

```
//手机设备角度
//需求指标 1：统计发送人的手机型号分布情况
dwd_chat_etl.groupBy("day","sender_phonemodel")
  .agg(countDistinct("sender_account").as("pm_cnt"))
  .show()
//需求指标 2：统计发送人使用的网络类型占比情况
dwd_chat_etl
  .groupBy("day","sender_network")
  .agg(countDistinct("sender_account").as("cnt"))
  .show()
```

程序运行结果如图 8.17、图 8.18 所示。

```
+----------+------------------+------+
|       day|  sender_phonemodel|pm_cnt|
+----------+------------------+------+
|2022-11-01|      小辣椒 红辣椒8X| 8745|
|2022-11-01|       一加 OnePlus| 7456|
|2022-11-01|    Apple iPhone 7| 2424|
|2022-11-01|      华为 荣耀畅玩9A| 8756|
|2022-11-01|        OPPO Reno3| 6718|
|2022-11-01|     华为 荣耀Play4T| 7853|
|2022-11-01|        华为 荣耀9X| 3433|
|2022-11-01|   Apple iPhone 10| 6749|
|2022-11-01|    Apple iPhone 8| 6753|
|2022-11-01|         OPPO A11X| 5624|
|2022-11-01|   Apple iPhone 11| 3441|
|2022-11-01|          VIVO U3X| 4252|
|2022-11-01|   Apple iPhone XR| 6220|
+----------+------------------+------+
```

```
+----------+--------------+------+
|       day|sender_network|   cnt|
+----------+--------------+------+
|2022-11-01|            3G|  3428|
|2022-11-01|            5G|  9872|
|2022-11-01|            4G| 10007|
+----------+--------------+------+
```

图 8.17 发送人的手机型号分布情况   图 8.18 发送人使用的网络类型占比情况

(6) 数据挖掘。新建类 Mlearning.scala,根据发送者的用户特征(操作系统、网络类型、性别)进行用户聚类,识别不同用户群体。此处使用 K-Means 聚类方法,基于肘部法则选取合适 K 值进行聚类,并对聚类结果进行评估。

```
import org.apache.spark.ml.Pipeline
import org.apache.spark.ml.clustering.KMeans
import org.apache.spark.ml.evaluation.ClusteringEvaluator
```

```
import org.apache.spark.ml.feature.{StandardScaler, StringIndexer, VectorAssembler}
import org.apache.spark.sql.SparkSession

object Mlearning {
 def main(args: Array[String]): Unit = {
  val spark = SparkSession.builder()
   .appName("ml")
   .master("local[*]")
   .config("hive.metastore.uris", "thrift://master:9083")
   .enableHiveSupport()
   .getOrCreate()
  import spark.implicits._
  import org.apache.spark.sql.functions._
  val dwd_chat_etl = spark.table("msg.dwd_chat_etl")
  dwd_chat_etl.show(5)
  //选择特征列
  val data = dwd_chat_etl.select("sender_account", "sender_gender", "sender_
os", "sender_phonemodel", "sender_network")
  //字符串索引
  val gender_indexer = new StringIndexer().setInputCol("sender_gender").
setOutputCol("gender_indexer")
  val os_indexer = new StringIndexer().setInputCol("sender_os").setOutputCol
("os_indexer")
  val phonemodel_indexer = new StringIndexer()
.setInputCol("sender_phonemodel").setOutputCol("phonemodel_indexer")
  val network_indexer = new StringIndexer()
.setInputCol("sender_network").setOutputCol("network_indexer")
  //特征值合并
  val assembler = new VectorAssembler()
.setInputCols(Array("gender_indexer", "os_indexer", "phonemodel_indexer",
"network_indexer"))
   .setOutputCol("assembler")
  //标准化特征
  val scaler = new StandardScaler().setInputCol("assembler").setOutputCol
("features")
  val pipeline = new Pipeline()
.setStages(Array(gender_indexer, os_indexer, phonemodel_indexer, network_
indexer, assembler, scaler))
  val frame = pipeline.fit(data).transform(data)
  frame.show(5,false)
  //选择合适的 K 值
  val costs = (2 to 20).map{k=>
   val kmeans = new KMeans().setK(k).setSeed(1L)
   val model = kmeans.fit(frame)
   val cost = model.summary.trainingCost
   (k,cost)
  }
  costs.foreach{case (k,cost) =>
   println(s"K: $k, SSE: $cost")
  } }
}
```

对于不同 K 值,分别计算 SSE 值,运行结果如图 8.19 所示。

```
K: 2, SSE: 450886.46064565657
K: 3, SSE: 341995.91634524893
K: 4, SSE: 273612.7308289886
K: 5, SSE: 245676.87055480285
K: 6, SSE: 204427.28807661452
K: 7, SSE: 185761.64140772793
K: 8, SSE: 160991.43303249124
K: 9, SSE: 147150.20675348485
K: 10, SSE: 135710.0844845831
K: 11, SSE: 133647.59104634667
K: 12, SSE: 118160.04002100734
K: 13, SSE: 99723.4246550933
K: 14, SSE: 97421.17706167867
K: 15, SSE: 95213.22175560937
K: 16, SSE: 89095.23199655066
K: 17, SSE: 78163.5594382357
K: 18, SSE: 80399.73418131148
K: 19, SSE: 74430.23418647274
K: 20, SSE: 68896.41403851996
```

图 8.19　不同 K 值的 SSE 值计算结果

绘制不同 K 值的 SSE 值分布图,结果如图 8.20 所示。

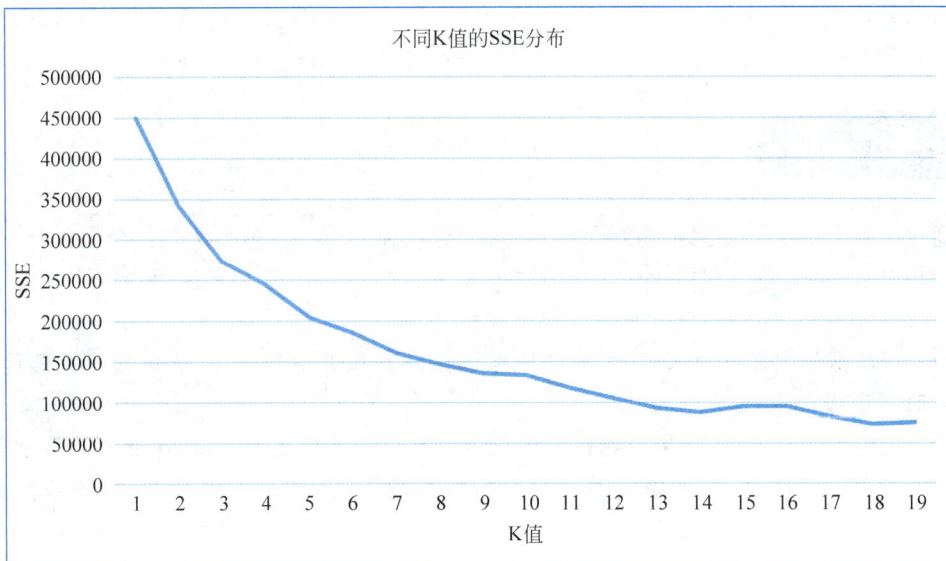

图 8.20　不同 K 值的 SSE 值分布图

根据肘部法则,选取 K＝12 对用户进行聚类。

```
val optimalK = 12
val finalModel = new KMeans().setK(optimalK).setSeed(1L).fit(frame)
val predictions = finalModel.transform(frame)
predictions.show()

val d = new ClusteringEvaluator().evaluate(predictions)
println(d)
```

K-Means 聚类结果如图 8.21 所示。

sender_account	sender_gender	sender_os	sender_phonemodel	sender_network	gender_indexer	os_indexer	phonemodel_indexer	network_indexer	assembler	features	prediction
1387416229778	女	IOS 12.0	一加 OnePlus	5G	1.0	5.0	3.0	1.0	[1.0,5.0,3.0,1.0]	[2.25033469459225...	4
1840277755256	男	IOS 12.0	Apple iPhone 8	5G	0.0	5.0	6.0	1.0	[0.0,5.0,6.0,1.0]	[0.0,2.5887873336...	8
1328514919298	男	Android 7.0	Apple iPhone 10	5G	0.0	1.0	4.0	1.0	[0.0,1.0,4.0,1.0]	[0.0,0.5177574667...	3
152965566264	男	Android 6.0	Apple iPhone XR	4G	0.0	0.0	7.0	0.0	(4,[2],[7.0])	(4,[2],[2.1034838...	1
1362100883351	男	Android 6.0	Apple iPhone 11	4G	0.0	0.0	10.0	0.0	(4,[2],[10.0])	(4,[2],[3.0049769...	1
1894449370439	女	IOS 9.0	小辣椒 红辣椒8X	5G	1.0	2.0	0.0	1.0	[1.0,2.0,0.0,1.0]	[2.25033469459225...	11
133886666857	男	Android 6.0	OPPO A11X	4G	0.0	0.0	8.0	0.0	(4,[2],[8.0])	(4,[2],[2.4039815...	1
1851632250259	男	Android 6	Apple iPhone 10	4G	0.0	4.0	4.0	0.0	[0.0,4.0,4.0,0.0]	[0.0,2.0710298668...	10
1830858223197	男	Android 6.0	VIVO U3X	4G	0.0	0.0	9.0	0.0	(4,[2],[9.0])	(4,[2],[2.7044792...	1
1355494476325	男	Android 6	一加 OnePlus	4G	0.0	4.0	3.0	0.0	[0.0,4.0,3.0,0.0]	[0.0,2.0710298668...	10
1305464345810	男	IOS 12.0	华为 荣耀畅玩9A	5G	0.0	5.0	1.0	1.0	[0.0,5.0,1.0,1.0]	[0.0,2.5887873336...	8
1760865899148	男	Android 7.0	Apple iPhone 11	4G	0.0	1.0	10.0	0.0	[0.0,1.0,10.0,0.0]	[0.0,0.5177574667...	1
1596910498367	男	IOS 12.0	Apple iPhone XR	4G	0.0	5.0	7.0	0.0	[0.0,5.0,7.0,0.0]	[0.0,2.5887873336...	7
1319259226052	男	Android 7.0	华为 荣耀9X	5G	0.0	1.0	11.0	1.0	[0.0,1.0,11.0,1.0]	[0.0,0.5177574667...	9
1865542170481	女	Android 7.0	华为 荣耀Play4T	4G	1.0	1.0	2.0	0.0	[1.0,1.0,2.0,0.0]	[2.25033469459225...	5
1551023222469	女	Android 8.0	华为 荣耀畅玩9A	4G	1.0	3.0	1.0	0.0	[1.0,3.0,1.0,0.0]	[2.25033469459225...	2
1561238873080	男	Android 6.0	华为 荣耀畅玩9A	4G	0.0	0.0	1.0	0.0	(4,[2],[1.0])	(4,[2],[0.3004976...	0
1397832530924	男	Android 6.0	OPPO Reno3	5G	0.0	0.0	5.0	1.0	[0.0,0.0,5.0,1.0]	[0.0,0.0,1.502488...	3
1896394119977	男	Android 8.0	华为 荣耀畅玩9A	4G	0.0	3.0	1.0	0.0	[0.0,3.0,1.0,0.0]	[0.0,1.5532724001...	10
1313551685051	男	Android 7.0	小辣椒 红辣椒8X	5G	0.0	1.0	0.0	1.0	[0.0,1.0,0.0,1.0]	[0.0,0.5177574667...	3

图 8.21 K-Means 聚类结果

轮廓系数是用于评估聚类效果的指标。它通过衡量每个样本与其所属聚类的相似度以及与其他聚类的分离度来衡量聚类质量。轮廓系数的值范围从−1 到 1,通常认为轮廓系数在 0.5 以上是一个较好的聚类结果,越接近 1 越好。如果轮廓系数低于 0,可能需要重新考虑聚类的算法或参数设置。本次聚类的轮廓系数为 0.54,本任务的案例是经过简化的实现版本,实际业务环境的工作版本更加完善与复杂,得到的聚类结果也更准确。

【任务总结】

通过本任务的学习,对原始数据进行系统的处理和分析。任务分为数据分层设计、数据探索与预处理、数据分析和用户聚类四个主要步骤。在整个任务实施过程中需要注意以下几点。

(1) 在数据分层设计及入库时,需要确保数据格式和类型与 Hive 表的定义相匹配,避免导入时出现错误。

(2) 在数据探索过程中,可以选择合适的统计方法和可视化工具,确保能全面理解数据特征。在处理异常值时,应考虑其对后续分析的影响,选择适当的处理方法,如替换或删除等。

(3) 在进行数据分析时,应确保分析方法的选择与数据特性相匹配,以提高分析的准确性,在维度分析中,注意数据之间的关联性,避免片面解读结果。

(4) 聚类算法的选择应与数据的性质相符,并对参数进行合理的调优,以确保聚类效果的优越性。

【巩固练习】

一、单选题

1. 数据仓库的主要目的是(　　)。

A. 实时交易处理　　　　B. 支持决策分析

C. 数据备份　　　　D. 数据生成

2. 在数据清洗过程中,通常需要处理(　　)问题。

    A. 数据存储格式　　　　　　　　　　　B. 数据冗余

    C. 数据加密　　　　　　　　　　　　　D. 数据加速

3. 数据探索的主要目标是(　　)。

    A. 开发新的数据库　　　　　　　　　　B. 识别数据模式和异常

    C. 提高数据存储效率　　　　　　　　　D. 生成报表

4. 在数据分析中,描述性统计主要用于(　　)。

    A. 预测未来趋势　　　　　　　　　　　B. 总结和描述数据特征

    C. 评估模型性能　　　　　　　　　　　D. 优化算法

5. (　　)不是数据挖掘的主要任务。

    A. 分类　　　　　　　B. 回归　　　　　　　C. 聚类　　　　　　　D. 数据备份

6. 数据清洗中的缺失值处理方法不包括(　　)。

    A. 删除缺失记录　　　　　　　　　　　B. 用均值填补

    C. 数据加密　　　　　　　　　　　　　D. 使用插值法填补

7. 在机器学习中,数据挖掘和数据分析的主要区别在于(　　)。

    A. 数据的来源　　　　　　　　　　　　B. 使用的算法

    C. 目标和方法　　　　　　　　　　　　D. 数据的规模

二、判断题

1. 数据仓库的主要功能是实时数据处理。　　　　　　　　　　　　　　　(　　)

2. 在数据清洗过程中,删除重复记录是常见的步骤。　　　　　　　　　　(　　)

3. 数据探索可以帮助分析师识别数据中的趋势和模式。　　　　　　　　　(　　)

4. 描述性统计只能用于数值型数据。　　　　　　　　　　　　　　　　　(　　)

5. 数据挖掘和数据分析是完全相同的概念。　　　　　　　　　　　　　　(　　)

6. ETL过程中的"L"代表加载(Load)。　　　　　　　　　　　　　　　(　　)

7. 聚类分析是一种无监督学习方法。　　　　　　　　　　　　　　　　　(　　)

8. 数据挖掘不涉及任何统计方法。　　　　　　　　　　　　　　　　　　(　　)

三、简答题

1. 数据清洗过程中常见的步骤有哪些? 请列举并简要说明。

2. 什么是数据仓库? 请简要描述其主要特征和用途。

【任务拓展】

近些年来,随着移动通信网络和互联网技术的融合与发展,移动互联网已渗入到人们日常工作和生活的各个领域,使用互联网的人数更是呈直线上升式增长。随着运营商(电信、移动、联通)业务规模的不断扩大,人们可以非常便捷地使用移动终端接入移动通信网络来访问互联网,可以进行网络购物、新闻浏览、视频观看、微信聊天、刷脸支付等。使用互联网时,所有的数据都需要通过运营商进行发送和接收。

对于每一次网络访问,运营商都可以获取到对应的请求信息,其中蕴含了海量的移动用户信息资源,如用户位置、设备类型、网络类型、请求的目标地址等,这些数据能够真实地反映用户的业务使用状况、网络访问内容、消费行为偏好、移动路线轨迹等潜在信息。因此,准确分析与挖掘这些数据背后的价值成为了通信运营商的当务之急。

本任务基于大数据分析技术,通过对收集的用户网络请求数据进行分析与挖掘,及时掌握互联网的动态和行业前沿。

1. 中国通信行业用户行为数据,数据格式为 JSON,字段说明如表 8.3 所示。

表 8.3 中国通信行业用户行为数据字段说明

字　段	字　段　说　明	示　例　值
client_ip	客户端请求的 IP 地址	139.209.23.25
device_type	请求的设备类型,手机 mobile 或者电脑 pc	mobile
time	请求的时间戳,毫秒数	1673063015000
type	上网的模式,4G、5G 或 WiFi	4G
device	上网设备的唯一标记	eea5879253e547d587a544cf8d28ac05
url	请求的目标地址	http://www.sohu.com/

数据样例如下。

```
{
    "client_ip": "139.209.23.25",
    "device_type": "mobile",
    "time": 1673063015000,
    "type": "4G",
    "device": "eea5879253e547d587a544cf8d28ac05",
    "url": "http://www.sohu.com/"
}
```

2. 2023 年日期数据。在 dim_date_2023.txt 文件中,存放着 2023 年一整年的数据,时间从 2023-01-01 到 2023-12-31,字段说明如表 8.4 所示。

表 8.4 2023 年日期数据字段说明

字　段	字　段　说　明	示　例　值
date_id	日期	2023-01-01
week_id	周	1
week_day	星期	7
day	一个月的第几天	1
month	第几个月	1
quarter	第几个季度	1
year	年度	2023
is_workday	是否工作日	0
holiday_id	国家法定假日	元旦

3. 中国地区数据。在 dim_area.txt 文件中,存放着中国地区数据。字段分隔符为制表符("\t"),主要记录了城市/区/县、省份和地区,字段说明如表 8.5 所示。

表 8.5　中国地区数据字段说明

字　　段	字 段 说 明	示　例　值
city	城市/区/县	怀柔区
province	省份	北京
area	地区	东部地区

具体任务要求如下。

1. 将用户行为原始数据加载到 Hive 的 ODS 层。

2. 使用 Spark 读取 ODS 层数据,获取客户端 IP、设备类型、上网模式、设备 ID、访问的资源路径、省份、城市和时间戳,将数据保存到 DWD 层中。

3. 将 dim_date_2023.txt 和 dim_area.txt 中的数据加载到 Hive 中的 DIM 维表层。

4. 读取 DWD 层和 DIM 层的数据,进行分析,分析维度有以下几方面。

(1) 地域维度。

• 需求指标 1:统计不同省份用户访问量。

• 需求指标 2:统计每天不同经济大区用户访问量。

(2) 时间维度。

• 需求指标 1:统计网站各时间段的用户访问量。

• 需求指标 2:统计网站各时间段在节假日和工作日时的平均用户访问量。

(3) 网站访问维度。

• 需求指标 1:不同网站访客的设备类型统计。

• 需求指标 2:不同网站的上网模式统计。

• 需求指标 3:不同域名的用户访问量。

参 考 文 献

[1] 肖芳,张良均.Spark 大数据技术与应用·微课版[M].2 版.北京：人民邮电出版社,2022.

[2] 林子雨,赖永弦,陶继平.Spark 编程基础·Scala 版[M].2 版.北京：人民邮电出版社,2022.

[3] 黑马程序员.Spark 项目实战[M].北京：清华大学出版社,2021.

[4] 黑马程序员.Spark 大数据分析与实战[M].北京：清华大学出版社,2019.

[5] 林子雨.大数据实训案例：电影推荐系统(Scala 版)[M].北京：人民邮电出版社,2019.

[6] 新华三技术有限公司.大数据平台运维(中级)[M].北京：电子工业出版社,2021.

[7] 林子雨.大数据导论[M].北京：人民邮电出版社,2020.

[8] 黑马程序员.Hive 数据仓库应用[M].北京：清华大学出版社,2021.

[9] 张伟洋.Spark 大数据分析实战[M].北京：清华大学出版社,2022.

[10] 王晓华,罗凯靖.Spark 3.0 大数据分析与挖掘[M].北京：清华大学出版社,2022.

[11] Chambers B,Zaharia M. Spark 权威指南[M].张岩峰,王方京,陈晶晶,译.北京：中国电力出版社,2020.

图书资源支持

感谢您一直以来对清华版图书的支持和爱护。为了配合本书的使用，本书提供配套的资源，有需求的读者请扫描下方的"书圈"微信公众号二维码，在图书专区下载，也可以拨打电话或发送电子邮件咨询。

如果您在使用本书的过程中遇到了什么问题，或者有相关图书出版计划，也请您发邮件告诉我们，以便我们更好地为您服务。

我们的联系方式：

清华大学出版社计算机与信息分社网站：https://www.shuimushuhui.com/

地　　　址：北京市海淀区双清路学研大厦 A 座 714

邮　　　编：100084

电　　　话：010-83470236　010-83470237

客服邮箱：2301891038@qq.com

QQ：2301891038（请写明您的单位和姓名）

资源下载：关注公众号"书圈"下载配套资源。

资源下载、样书申请　　　图书案例

书圈　　　清华计算机学堂　　　观看课程直播